装备科技译著出版基金

操控量子系统

美国原子、分子与光物理学发展评估报告

Manipulating Quantum Systems
AN ASSESSMENT OF ATOMIC, MOLECULAR, AND OPTICAL PHYSICS IN THE UNITED STATES

美国国家科学院、工程院和医学院 著
金贻荣 何军 杨仁福 译

国防工业出版社

·北京·

著作权合同登记　图字:01-2022-5982号

图书在版编目(CIP)数据

操控量子系统:美国原子、分子与光物理学发展评估报告/美国国家科学院、工程院和医学院著;金贻荣,何军,杨仁福译. —北京:国防工业出版社,2024.9

书名原文:Manipulating Quantum Systems: An assessment of atomic, molecular, and optical physics in the United States

ISBN 978-7-118-13276-2

Ⅰ.①操…　Ⅱ.①美…②金…③何…④杨…　Ⅲ.①量子—控制系统理论　Ⅳ.①O413 ②TP273

中国国家版本馆 CIP 数据核字(2024)第 083533 号

This is a translation of Manipulating Quantum Systems: An Assessment of Atomic, Molecular, and Optical Physics in the United States, National Academies of Sciences, Engineering, and Medicine; Division on Engineering and Physical Sciences; Board on Physics and Astronomy; Committee on Decadal Assessment and Outlook Report on Atomic, Molecular, and Optical Science © 2020 National Academy of Sciences. First published in English by National Academies Press. All rights reserved.
The simplified Chinese translation rights arranged through Rightol Media
本书中文简体版权经由锐拓传媒取得(Email:copyright@ rightol.com),授权国防工业出版社独家出版发行。
版权所有,侵权必究。

※

国防工業出版社出版发行

(北京市海淀区紫竹院南路 23 号　邮政编码 100048)
三河市天利华印刷装订有限公司印刷
新华书店经售

*

开本 710×1000　1/16　插页 8　印张 14½　字数 288 千字
2024 年 9 月第 1 版第 1 次印刷　印数 1—2500 册　定价 148.00 元

(本书如有印装错误,我社负责调换)

国防书店:(010)88540777　　书店传真:(010)88540776
发行业务:(010)88540717　　发行传真:(010)88540762

译者序

如果说20世纪物理学的主题是发现世界的底层运行规律,那么21世纪的主题,应该就是操控量子系统了。原子、分子和光,是量子世界最基本的组成单元,对这些物质的精细操控和探测,为我们探索更极端的物理、创造更好的工具、开发新的应用提供了无限可能。量子力学的百年历史告诉我们,对基本物质世界的深入理解,极大地拓展了人类的视野,提升了我们对物质世界的洞察力,开辟出大量新兴领域,创造出无数有用的技术和工具。进入21世纪,我们对那些在原子、分子和光物理学中已经发展出来的技术运用得更为娴熟,对物质的操控和探测,无论在能量、时间还是空间上都取得了极大的进步,因而有可能成为未来新兴技术和产业的摇篮,为经济发展提供新的引擎。

本书是美国国家科学院、工程院和医学院组织编撰的原子、分子和光物理学(AMO)过去十年取得的成果汇总,同时对该综合领域未来十年的新机遇、领域持续发展所面临的问题和挑战做了评估和展望。本书名为《操控量子系统》,正是指出了新世纪初至今量子领域发展的新特点。我们从原来的管中窥豹,逐步登堂入室,能够创造出新的人工量子体系,对量子系统进行精密的操控和测量,从而让量子系统按照我们的意愿发挥其超越经典的性能。

原子、分子和光物理学有着悠久的历史,正是对这些基本物质的不断探索,催生出了量子力学。经过了百余年的发展,我们对微观物质结构的了解,以及微观物质如何组装成日常所见的宏观物质,从未像今天这样清晰。这是不是意味着这个古老的领域即将走向终结呢?事实恰恰相反,这个领域如今更加生机勃勃。AMO领域不断提供着更高能、更快、更准的新工具和研究平台,为其他领域的发展提供新的手段,带动着包括量子信息处理、医学与生命科学、天文与宇宙学、凝聚态物理及其自身不断向前发展。

作为一本领域发展的中长期评估报告,本书汇集了数十位AMO领域顶级专家,联合了包括能源部、国家自然科学基金、空军科学研究办公室等多家美国联邦部门和机构,精心组织编撰而成。书中基本涵盖了AMO领域在几个重要的方面取得的最新成果，同时也包含了编委会对 AMO 及其细分领域发展的关键发现和建议。对我国相关领域的发展规划、科学战略布局、政策制定等具有重要的参考价值。尽管书中涉及大量的专业知识和术语，但确实点出了 AMO 发展及其辐射能力的一系列要点，作为译者，我们希望这本书中的内容能够被更广泛的读者接受，既能为相关领域的科研工作者提供一份大领域发展的概览，同时也能为关心这一综合领域发展、关心我国科技布局的科研管理人员和政策制定者们提供一份翔实的参考。

本书的翻译得到了装备科技译著出版基金的资助和国防工业出版社编辑团队的大力支持，对译稿和图片进行了多轮校对，几位译者在此表示衷心的感谢。翻译过程占用了不少空余时间，还要感谢家人们对我们的包容和理解。由于书中涉及的细分领域较多，而我们几位译者所能专精的领域有限，某些地方的翻译难免有不到位甚至谬误的地方，恳请读者们在发现之后不吝赐教，任何建议对我们而言都是难得的学习机会！

译著者
2023 年 1 月

前言

本书汇集了美国国家科学院、工程院和医学院开展的"AMO 2020"10 年期研究成果,评估了未来 10 年原子、分子和光物理学(AMO)领域科学与技术的发展机遇。本书由美国物理与天文学常设委员会、AMO 评估委员会、美国能源部(DoE)、国家科学基金会(NSF)、空军科学研究办公室(AFOSR)等联合资助。AMO 2020 编委会的主要任务是通过筹集资金,促进教育,加强产学研合作,为各领域科学家和联邦机构提供建议和决策依据,以期促进 AMO 新兴领域的发展。

AMO 2020 编委会通过本研究报告,总结了 AMO 学科领域研究现状和最新成果,评估了未来面临的科学问题和重要机会。开展本研究并参与撰写报告的编委会成员包括 AMO 物理界的众多同仁,以及领域外的一些著名科学家。通过对整个 AMO 学科领域的简要回顾,编委会描述了未来科学发现和新技术发展的机遇。报告围绕科学大挑战展开,其科学目标、工具开发和研究影响力贯穿主要章节。这些总结旨在作为主要参考,以确定当前和未来 10 年中 AMO 学科领域对新兴技术和国家需求的影响程度。

为完成本书,AMO 2020 编委会举办了五次现场会议,同时与众多成员进行了电话讨论,对文稿进行多次反馈和修改,在充分合作情况下完成了定稿。此外,AMO 2020 编委会还在线下会议中征集了专家们的宝贵意见,主要专家有 Phil Bucksbaum, Paul Corkum, Dave DeMille, Emily Domenech, Markus Greiner, Anna Krylov, Steve Leone, Chris Monroe, Oskar Painter, Adam Rosenberg, Daniel Savin, Jelena Vuckovic 等。同时,以下人员也代表联邦机构发表了观点:John Gillaspey(NSF/数学物理学部[MPS])、Grace Metcalf(AFOSR)和 Tom Settersten(DOE/化学、地球和生物学部[CSGB])。本研究报告也征求了大量社会团体的意见。2018 年 5 月于佛罗里达州 Ft. Lauderdale 举行的美国物理学会(APS)年会 AMO 物理分会上,进行了现场的市政厅意见征集会;2018 年 9 月于华盛顿举办的 APS 与美国光学学会光学前沿论坛上,由激光科学分会进行了意见征集。同时,AMO 2020 编委会还通过公共网站征求社会的意见,收到了众多反馈。编委会还查阅了一些关于 AMO 科学与光子学、量子信息和空间相关活动之间关系的报告。这里，AMO 2020 编委会感谢以下同仁们的宝贵意见，他们是 Alain Aspect, Paul Baker, Louis Barbier, Lisa Barsotti, Klaus Bartschat, Scott Bergeson, Klaus Blaum, Brad Blakestad, Immanuel Bloch, Doerte Blume, Stephen Boppart, Steven Boxer, Igor Bray, Paul Brumer, Dmitry Budker, Jaime Cardenas, Jenna Chan, Ignacio Cirac, Eric Cornell, Steve Cundiff, Tatjana Curcic, Brian DeMarco, John Doyle, Francesca Ferlaino, Debra Fischer, Graham Fleming, Nathan Goldman, Barbara Goldstein, Rudolf Grimm, Christian Gross, Richard Hammond, Ulrich Höfer, Matt Hourihan, Liang Jiang, Sabre Kais, Henry Kapteyn, Wolfgang Ketterle, Thomas Killian, Derek Jackson Kimball, H. Jeff Kimble, Tobias Kippenberg, David Kleinfeld, Svetlana Kotochigova, Ferenc Krausz, Anne L'Huillier, Todd Martinez, C. William McCurdy, William Moerner, Sarah Monk, Margaret Murnane, Frank Narducci, David Newell, Kang-Kuen Ni, Tilman Pfau, Nathalie Picque, Johannes Reimann, David Reis, Ana Maria Rey, Tara Ruttley, Dan Stamper-Kurn, Marc Ulrich, Pieter van Dokkum, Vladan Vuletic, Ronald Walsworth, Andrew Weiner, Jonathan Wheeler, Tommy Willis, Norm Yao, Linda Young 等。

美国多个国家组织和联邦机构对 AMO 研究给予了大力支持，并提供了资金资助模式、人口统计信息以及其他统计数据等，对以上信息给予了书面答复和积极反馈，在本报告第 8 章和附录中对这些数据进行了详细总结。AMO 2020 编委会还特别感谢国会负责资助立法的各位工作人员，他们提供了 AMO 科学与国家政策之间联系的重要背景材料。

AMO 科学和技术创新速度令人兴奋，其与物理学和生物学等多个学科的联系越来越紧密，AMO 正在成为现代科学和新兴技术的发展基石。我们特别关注到 AMO 在量子信息科学和技术领域中所起的变革性作用。AMO 已成为当前和未来经济发展的重要引擎。正是 AMO 科学界的精诚合作，使撰写这份报告成为一项愉快且意义重大的任务。AMO 2020 编委会衷心感谢我们的编委会成员，他们才华横溢、专业知识精湛，不懈努力，为本报告的完成做出了巨大贡献，同时感谢我们领域专家的宝贵意见和贡献。编委会特别感谢 Tom O'Brian 和美国国家标准与技术研究院对活动的大力支持。最后，编委会衷心感谢 Chris Jones 的奉献精神、专业知识和组织能力，感谢 Jim Lancaster 的独特见解和精心指导，感谢美国科学院的工作人员在撰写本报告期间为数据分析所做的许多重要工作。编委会还要感谢两位联合主席在本报告研究过程中务实、积极的精诚合作。

美国国家科学院、工程院、医学院

美国国家科学院(National Academy of Sciences)成立于1863年,基于美国总统林肯所签署的国会法案组建,是一个私人的非政府机构,负责就与科学技术相关的问题向国家提供咨询。成员是由在相关研究领域有突出贡献的科学家组成,并由同行推荐选举。院长是 Marcia McNutt 博士。

美国国家工程院(National Academy of Engineering)成立于1964年,在美国国家科学院章程指导下运行,旨在将工程实践技术推广应用。成员由在工程领域做出非凡贡献的人员组成,并由同行评议选出。院长是 John L. Anderson 博士。

美国国家医学院(National Academy of Medicine)成立于1970年,根据美国国家科学院章程,旨在就医疗和健康问题向全国提供咨询。成员由同行评议选出,以表彰他们对医学和卫生领域做出的杰出贡献。院长是 Victor J. Dzau 博士。

美国国家科学院、工程院和医学院共同工作,为国家提供独立、客观的分析和建议,并开展其他活动来解决复杂的问题,为公共政策决策提供信息。美国国家科学院也鼓励教育和研究,表彰卓越的知识贡献,并增加公众对科学、工程和医学的了解。

了解更多,请访问网站 www.nationalacademies.org。

AMO 评估和展望报告编委会

JUN YE(叶军),院士,JILA,美国标准技术研究院、科罗拉多大学,联合主席
NERGIS MAVALVALA,院士,麻省理工学院,联合主席
RAYMOND G. BEAUSOLEIL,惠普实验室
PATRICIA M. DEHMER,能源部(退休)
LOUIS DIMAURO,俄亥俄州立大学
METTE GAARDE,路易斯安那州立大学
STEVEN GIRVIN,院士,耶鲁量子研究所
CHRIS H. GREENE,院士,普渡大学

TAEKJIP HA,院士,约翰斯·霍普金斯大学
MARK KASEVICH,斯坦福大学
MICHAL LIPSON,哥伦比亚大学
MIKHAIL LUKIN,院士,哈佛大学
A. MARJATTA LYYRA,天普大学
PETER J. REYNOLDS,陆军研究办公室
MARIANNA SAFRONOVA,特拉华大学
PETER ZOLLER,院士,因斯布鲁克大学

编委会职员

CHRISTOPHER J. JONES,项目办公室,研究主管
JAMES C. LANCASTER,主管,物理与天文委员会
NEERAJ P. GORKHALY,项目管理助理
NATHAN BOLL,项目管理助理(2019年4月之前)
LINDA WALKER,项目协调
AMISHA JINANDRA,研究助理
BETH DOLAN,财务助理
HENRY KO,研究助理(2019年1月之前)

物理与天文委员会

ABRAHAM LOEB,哈佛大学,主席
ANDREW LANKFORD,加州大学欧文分校,副主席
WILLIAM BIALEK,院士,普林斯顿大学
JILL DAHLBURG,海军研究实验室
FRANCIS DESALVO,康奈尔大学
LOUIS DIMAURO,俄亥俄州立大学
WENDY FREEDMAN,院士,芝加哥大学
TIM HECKMAN,院士,约翰斯·霍普金斯大学
WENDELL HILL III,马里兰大学
ALAN HURD,洛斯阿拉莫斯国家实验室
NERGIS MAVALVALA,院士,麻省理工学院
LYMAN PAGE,JR.,院士,普林斯顿大学

STEVEN RITZ,加利福尼亚大学圣克鲁兹分校
SUNIL SINHA,加利福尼亚大学圣迭戈分校
WILLIAM ZAJC,哥伦比亚大学

物理与天文委员会职员

JAMES C. LANCASTER,主管
GREGORY MACK,高级项目主管
CHRISTOPHER J. JONES,项目主管
NEERAJ P. GORKHALY,项目主管助理
BETH DOLAN,财务助理
AMISHA JINANDRA,研究助理
LINDA WALKER,项目协调

目录 | CONTENTS

第1章 操控量子系统：未来10年的AMO科学 ········· 001
- 1.1 引言与概述 ········· 001
- 1.2 第2章：光造工具 ········· 003
- 1.3 第3章：从少体到多体系统中的新现象 ········· 003
- 1.4 第4章：量子信息科学与技术基础 ········· 004
- 1.5 第5章：时域和频域中的量子动力学 ········· 005
- 1.6 第6章：精密测量前沿与宇宙本源 ········· 005
- 1.7 第7章：AMO科学更广泛的影响 ········· 006
- 1.8 第8章：AMO科学与美国经济社会的生态融合 ········· 007
- 1.9 AMO科学与国家政策的结论和建议 ········· 007
- 1.10 发现与建议 ········· 009
- 1.11 各章节的发现与建议 ········· 012
  - 1.11.1 第2章：光造工具 ········· 012
  - 1.11.2 第3章：从少体到多体系统中的新现象 ········· 013
  - 1.11.3 第4章：量子信息科学与技术基础 ········· 013
  - 1.11.4 第5章：时域和频域中的量子动力学 ········· 014
  - 1.11.5 第6章：精密测量前沿与宇宙本源 ········· 015
  - 1.11.6 第7章：AMO科学更广泛的影响 ········· 015
  - 1.11.7 第8章：AMO科学与美国经济社会的生态融合 ········· 016

第2章 光造工具 ········· 018
- 2.1 产生极端特性的光 ········· 018
  - 2.1.1 强度 ········· 019
  - 2.1.2 时间 ········· 022
  - 2.1.3 频率、带宽和相干性 ········· 024
- 2.2 控制光的特性 ········· 025
  - 2.2.1 光谱操控 ········· 025

  2.2.2 空间操控 ·· 026
  2.2.3 量子调控 ·· 027
  2.2.4 光场压缩态 ·· 028
2.3 新兴平台 ·· 028
  2.3.1 固态色心的光学控制 ·· 029
  2.3.2 集成光学 ·· 030
  2.3.3 光力学 ·· 032
  2.3.4 阿秒光源 ·· 033
2.4 光特性的使用 ·· 034
  2.4.1 超快X射线计量 ·· 034
  2.4.2 光钟的产生 ··· 035
  2.4.3 光的传播：传感与控制 ··· 036
2.5 光造新工具的未来 ·· 038
2.6 发现与建议 ·· 039

第3章 从少体到多体系统中的新现象 ································ 041

3.1 引言 ··· 041
3.2 从少体到多体：复杂性的形成 ··· 043
3.3 离子相关的超冷物理过程 ·· 046
3.4 原子简并量子气体研究进展 ·· 049
  3.4.1 幺正量子气体 ··· 049
  3.4.2 强偶极与偶极相互作用的超冷气体 ································· 050
  3.4.3 超冷原子极化子物理学 ·· 052
3.5 超冷分子多体系统 ·· 054
  3.5.1 完全量子调控的分子停获与冷却 ·································· 054
  3.5.2 基于超冷分子的多体系统 ·· 056
3.6 强关联量子多体系统的量子模拟仿真 ·································· 057
  3.6.1 不同空间维度的Fermi–Hubbard模型量子模拟 ······················· 058
  3.6.2 偶极相互作用的量子模拟 ·· 060
  3.6.3 人工设计规范势 ··· 061
  3.6.4 冷原子拓扑物质 ··· 062
  3.6.5 非平衡量子多体动力学 ·· 064
  3.6.6 多体局域化测量 ··· 065
  3.6.7 开放系统量子模拟：光子晶体波导 ································· 067
  3.6.8 从类比量子模拟到量子信息科学 ··································· 067
3.7 发现与建议 ·· 068

第 4 章 量子信息科学与技术基础 ……………………………… 070

4.1 引言 ………………………………………………………… 070
4.2 理解、探测与利用量子纠缠 ……………………………… 072
4.3 操控量子多体系统 ………………………………………… 074
4.3.1 离子阱量子计算 …………………………………… 075
4.3.2 从量子计算机到可编程量子模拟机 ……………… 077
4.3.3 腔和电路量子电动力学 …………………………… 081
4.4 用于量子模拟的受控多体系统 …………………………… 083
4.4.1 模拟多体系统的量子动力学 ……………………… 083
4.4.2 从多体物理到格点规范理论和高能物理 ………… 085
4.4.3 量子化学应用 ……………………………………… 089
4.5 贝尔不等式、量子通信与量子网络 ……………………… 090
4.5.1 从贝尔不等式到量子通信 ………………………… 090
4.5.2 长距离量子通信和纠缠分发的应用 ……………… 093
4.6 用于传感和计量的量子信息科学 ………………………… 095
4.6.1 实现自旋压缩 ……………………………………… 095
4.6.2 量子传感的新应用 ………………………………… 096
4.7 巨大的挑战和机遇 ………………………………………… 099
4.7.1 巨大挑战：实现大规模量子机器和网络 ………… 099
4.7.2 巨大挑战：大规模量子机的应用 ………………… 099
4.7.3 巨大挑战：可编程多体系统和量子模拟机带来的新基础科学 …………………………………………… 100
4.7.4 量子信息与 AMO 物理：新的机遇 ……………… 101
4.8 发现与建议 ………………………………………………… 102

第 5 章 时域和频域中的量子动力学 …………………………… 104

5.1 挑战和机遇 ………………………………………………… 106
5.2 阿秒科学：电子的时间尺度 ……………………………… 106
5.2.1 阿秒时间尺度下的一些基本问题 ………………… 107
5.2.2 强激光－物质相互作用：通往阿秒科学之门 …… 109
5.2.3 固体和纳米结构中的强场阿秒物理 ……………… 110
5.2.4 阿秒计量学：电子动力学计时方法 ……………… 111
5.2.5 理论挑战 …………………………………………… 112
5.2.6 阿秒科学的未来 …………………………………… 112
5.3 分子的时间尺度：从飞秒到皮秒 ………………………… 114

  5.3.1 分子动力学与飞秒分子电影的概念 ·· 114
  5.3.2 超快 X 射线无处不在 ·· 116
  5.3.3 通过超快衍射进行分子成像 ·· 117
  5.3.4 用光来控制反应路径 ·· 119
  5.3.5 分子动力学的量子计算 ·· 119
  5.3.6 量子化学在谱学和动力学中的角色 ··· 120
  5.3.7 时间分辨分子动力学的未来 ·· 121
5.4 动力学的频域方法：散射和相关性 ·· 122
  5.4.1 频率梳：宽带高精度光谱学的新前沿 ······································· 122
  5.4.2 通过散射物理研究动力学 ·· 124
  5.4.3 潘宁电离 ·· 124
  5.4.4 涉及物理的反应过程：拓扑物理 ·· 124
  5.4.5 散射动力学研究的广泛影响 ·· 125
  5.4.6 动力学和关联频域研究的未来 ·· 126
5.5 极端光带来的新奇物理 ·· 127
  5.5.1 XFEL 激光光源带来的极端物理 ·· 127
  5.5.2 使用拍瓦激光源触及 AMO 科学之外 ······································ 129
  5.5.3 极端光源的应用前景 ·· 129
5.6 发现与建议 ·· 130

第 6 章 精密测量前沿与宇宙本源 ··· 131

6.1 引言 ·· 131
6.2 现代基础物理学的危机 ·· 132
6.3 精密测量技术 ·· 134
  6.3.1 原子钟 ·· 134
  6.3.2 基于关联态的量子计量 ·· 136
  6.3.3 原子干涉惯性传感器 ·· 137
  6.3.4 引力波探测 ·· 137
  6.3.5 引力波探测中的量子工程学 ·· 140
  6.3.6 空间引力波天文台 ·· 140
  6.3.7 未来探测引力波的物质波干涉法 ·· 141
  6.3.8 磁场精密测量 ·· 143
6.4 理论研究的意义与近期理论进展 ·· 146
6.5 寻找超越标准模型的新物理学 ·· 147
  6.5.1 搜寻永久电偶极矩 ·· 147
  6.5.2 暗物质、基本常数、第五种力 ·· 151

6.5.3　轴子和类轴子粒子的探测 ································ 152
　　　6.5.4　基于时钟的基本常数测量与暗物质探测 ················ 153
　　　6.5.5　搜索第五种力 ··· 154
　　　6.5.6　将来利用引力波探测器寻找暗物质和新作用力 ········ 155
　　　6.5.7　宇称破缺：弱相互作用的 AMO 测试 ···················· 155
　　　6.5.8　测试量子电动力学：迄今为止所有物理理论中最
　　　　　　精确的验证 ··· 156
　　　6.5.9　精细结构常数的测定 ··································· 157
　　　6.5.10　质子半径之谜 ··· 157
　　　6.5.11　基于高电荷离子进行基本相互作用精密测量和
　　　　　　 基本常数测定 ·· 157
　　　6.5.12　电荷-宇称-时间和洛伦兹对称性的检验 ··············· 159
6.6　基本常数和计量基准 ·· 160
6.7　总结、发展潜力和重大挑战 ··· 161
　　　6.7.1　总结 ·· 161
　　　6.7.2　发展潜力 ··· 162
　　　6.7.3　重大挑战 ··· 162
6.8　发现与建议 ··· 163

第7章　AMO 科学更广泛的影响 ·· 164

7.1　生命科学与 AMO ··· 164
　　　7.1.1　用 X 射线自由电子激光测量蛋白质结构 ··············· 164
　　　7.1.2　单分子测量技术 ··· 165
　　　7.1.3　超分辨成像 ·· 166
　　　7.1.4　原生细胞和组织的实时成像 ··························· 167
　　　7.1.5　医学影像 ·· 168
　　　7.1.6　生命科学领域非传统研究实体对 AMO 的影响 ········ 171
7.2　天文学、天体物理学、引力、宇宙学和 AMO ···················· 171
　　　7.2.1　系外行星 ·· 171
　　　7.2.2　分子宇宙 ·· 173
　　　7.2.3　重力与宇宙学 ··· 174
7.3　统计物理、量子热化、经典世界的形成、AMO ·················· 176
7.4　凝聚态物质与 AMO ·· 177
　　　7.4.1　玻色-爱因斯坦凝聚极化子 ····························· 178
　　　7.4.2　光诱导的物质相 ·· 179
7.5　先进加速器的概念 ··· 180

XV

7.6 集成光学和 AMO ……………………………………………… 180
 7.6.1 可编程纳米光子处理器的动力学控制 ………………… 180
 7.6.2 神经形态计算与通信 …………………………………… 181
7.7 AMO 和经济机遇 ……………………………………………… 181
 7.7.1 基础科学推动工业发展新技术 ………………………… 181
 7.7.2 现有商业技术促进新基础科学 ………………………… 182
 7.7.3 AMO 创造商业新技术 ………………………………… 183
7.8 联合资助跨学科研究实验室 …………………………………… 184
7.9 发现和建议 ……………………………………………………… 185

第 8 章   AMO 科学与美国经济社会的生态融合 …………… 187
8.1 对 AMO 研究的投资：资金、合作和协调 …………………… 187
 8.1.1 联邦资金 ………………………………………………… 187
 8.1.2 AMO 科学的跨机构跨行业合作 ……………………… 191
 8.1.3 AMO 研究成果的产业化 ……………………………… 192
 8.1.4 AMO 科学的国际化 …………………………………… 193
8.2 劳动力、教育和社会需求 ……………………………………… 196
 8.2.1 教育与劳动力发展情况 ………………………………… 196
 8.2.2 AMO 科学从业者：人口统计 ………………………… 200
 8.2.3 全球化视角看美国劳动力的发展与竞争力 …………… 203
8.3 发现与建议：充分发挥 AMO 科学的潜力 …………………… 204
8.4 小结 ……………………………………………………………… 205

附录 A 任务说明 ……………………………………………… 206
附录 B 报告的组织结构 ……………………………………… 206
附录 C 往年美国科学院关于 AMD 科学的报告回顾 ……… 207
附录 D 编委会成员履历 ……………………………………… 211
附录 E 数据征集 ……………………………………………… 215

第1章
操控量子系统:未来10年的AMO科学

1.1 引言与概述

原子、分子和光物理学(atomic, molecular and optical, AMO)是一门基础物理学科。它研究光、物质及其相互作用,并在量子水平上处理电子、原子、分子和光,这些物质的基本组成成分在量子水平下的行为为人们提供了对宇宙的基本理解。与此同时,AMO对于经济发展、国家安全和人类未来的努力而言也至关重要,它为这些领域提供了不可或缺的关键技术基础。这一互补特性——从最基础到最实用——使得AMO物理独具特色。换句话说,AMO具备科学发现和技术进步之间快速发展和强耦合循环的特点。而AMO科学另一个强大的特点是,它往往能为某些科学和技术目标提供最好的,有时是唯一可行的平台,比如在传感和计量领域。因此,AMO物理学在科学领域的突出地位近年来一直保持着持续的显著增长。在精确操控原子、分子和光的同时保持其在量子区间内的相互作用、相互关联,对于塑造人们理解大自然的基本规律起着决定性作用。现在,研究人员利用这种操控能力能够操控量子系统以解决复杂物质中的突出问题,探索自然界难以捉摸的秘密,同时产生改变人类社会的新技术。AMO正以这种方式为基础科学和应用技术提供了深刻而无处不在的关联。

从历史的视角上来看往往很有说服力。正是在AMO(或者更传统的光谱学)方面的努力才使100多年前量子力学的诞生,自那时起AMO就一直保持在探索自然界最基础法则的前沿,并不断促进新科学学科的诞生,为现代社会提供越来越复杂的技术基础。目前,AMO正引领量子物理学的复兴,并酝酿着一场信息处理和计量学的新革命。

发明、开发和构建前沿研究工具是AMO文化的历史性力量,其中包含激光的发明、量子信息处理平台的发展等。它另一个独特之处是实验和理论之间异常紧密的合作。这些文化使得AMO科学打开了许多探索更深层次的科学问题的新窗口,同时也为经济发展提供了关键的技术支撑。在最近催生的两项主要的美国国家倡议(国家光子倡议(national photonics initiative,NPI)和国家量子倡议(national quantum initiative,NQI))中,AMO 科学充当着基础技术的基石,以及经济影响力的关键驱动力,包括劳动力培训、教育、产业链和产品开发等各个方面。

对物理系统的控制能力(直到单量子水平)上,AMO 技术是当之无愧的领导者,这种能力有助于从特定物理系统中获得严苛的理解和一般性特征,同时也为解决日益复杂的问题提供了基础。操控作为一种赋能,为构建物理理解提供了一个很自然的途径,并由此可自下而上地设计系统。精确控制也为自上而下的分析和系统构建提供了启发性的指导。现在对简单量子系统常用的控制手段都是从单个光子、单个原子和分子开始的。以此为基础,这种控制能力为 AMO 科学家提供了一个丰富的舞台,既可以应对更为复杂的系统,也可以处理相互作用更强的系统。举例来说,这种能力对量子信息科学(quantum information science,QIS)的出现和基础技术发展至关重要。控制能力还可以弥合从少体到多体物理的鸿沟,并理解和操纵量子相干性、复杂性和动力学。综合这些特点,AMO 将推动下一次测量革命,为一些最基本的物理学问题提供答案,并为探索科学和技术的重大挑战提供新的机会。

如前所述,AMO 在连接知识前沿和技术基础方面扮演着核心角色,在所有的物理学科中占有重要地位。它的重要性不仅限于 AMO 物理范畴,而是非常广泛的,涉及天体物理学、凝聚态、等离子体、高能、粒子和核物理、引力和宇宙学、化学、生物学和健康等,它是量子信息革命的关键驱动力。许多 AMO 研究人员的成就获得国际认可,每年的诺贝尔奖或许是最广为接受的顶级荣誉。自 2004 年以来,已有 20 位科学家因与 AMO 科学相关的研究而获得诺贝尔物理学奖,包括:阿什金的光镊技术及其在生物系统中的应用(2018);Mourou 和 Strickland 在产生超强超快光脉冲方面的贡献(2018);Weiss、Thorne 和 Barish 在引力波观测方面(2017);赤崎勇、天野浩和中村修二发明蓝色发光二极管,使明亮节能的白光光源成为可能(2014);Haroche 和 Wineland 测量和操纵单量子系统的新方法(2012);高锟的光纤通信传输(2009);Boyle 和 Smith 发明的成像半导体电路-电荷耦合传感器(CCD,2009);Glauber 的相干光量子理论(2005);霍尔和 Hänsch 的精密光谱学和光频率梳(2005)。AMO 科学的影响力甚至超越了物理学,2014 年诺贝尔化学奖授予了 Betzig、Hell 和 Moerner,以表彰他们开发的超分辨荧光显微镜。

除了诺贝尔奖,卡弗里奖、突破奖和沃尔夫奖都是对科学卓越地位的认可。在这些奖项中,AMO 科学也取得了很好的成绩,在过去的 10 年中有近 12 个与 AMO 相关的奖项被授予。

对 AMO 研究最大的国际认可或许就是所有领先的工业化国家对 AMO 的广泛支持,这包括不断增加的国家资金和教育改良方面的投入。本报告的目的是正确反映这些成功,并指出 AMO 科学目前最紧迫的挑战和未来最有前景的机遇。

本着这种精神,委员会制定了这份10年报告,以回顾过去10年的科学成就,并指出AMO科学领域未来的巨大机遇。这些包括AMO的科学发现和基于它们的广泛应用。委员会概述了构成AMO科学核心的6个主要科学主题,并在以下6章中分别呈现:"光造工具""从少体到多体系统中的新现象""量子信息科学与技术基础""时域和频域中的量子动力学""精密测量前沿与宇宙本源""AMO科学更广泛的影响"。

1.2 第2章:光造工具

新光源的发明从来都是获取对物理世界更深层次理解的途径之一,从探寻其更精细的结构到追踪更快的变化行为等。与此同时,光源的开发本身就是一项科学冒险,它需要对原子和分子、加速电子、原子集体状态和固态环境的极限控制。AMO领域致力于创造和驾驭各种新光源,从多个度量角度来发展对电磁辐射的控制,如从极紫外(extreme ultraviolet,XUV)到X射线范围的超短脉冲、超强激光、高度非经典光、极相干光等。这些光源都是为相应的科学探索而专门研制的,使得研究人员能够拓展光谱学前沿,建立量子通信和计算的新网络,并探索在超高场强或超短时间尺度的极端条件下发生的现象。与此同时,光和物质以新型纳米光子结构或大规模干涉仪等形式的集成。这两个例子为制造大规模和可移动的设备提供了下一个技术前沿。

1.3 第3章:从少体到多体系统中的新现象

通过精确探索量子物质中新现象的微观基础,可以研究和理解相互作用的多体量子系统。在这个过程中人们对支配复杂材料的普遍法则的涌现有了新的见解,并激发了探索物理世界未知角落的新奇量子测量方法。一方面,相互作用的多体量子系统对理解其性质提出了根本性的挑战;另一方面,这样的系统一旦被理解和控制,就会变成测量和信息处理方面的基础工具,同时扩大科学的范围并创造出新的技术。

为了给复杂性的新发现提供使能技术能力和关键见解,研究人员需要用良好可控的量子粒子和激发来构建量子物质,其种类从光子、原子、分子到纳米量子组分等。这里一个共同的主题是在仍然能进行单粒子水平测量的同时聚集更多种类。需要通过含时驱动、可调储层、受控几何和拓扑、无序和阻挫以及量子纠缠等一些关键技术,来理解和操纵单个量子粒子之间的相互作用。量子物质新形式的实现促进了人们对复杂量子行为的理解,并为发现先进材料和新技术提供了指导原则。此外,这一研究领域所必需的精确控制的量子系统为量子信息处理提供了很自然的平台,这是第4章讨论的主题。

1.4 第4章:量子信息科学与技术基础

量子比特的制备、传输和使用为计算、模拟、通信、传感和网络提供了超越当前技术限制的巨大前景。量子信息处理(quantum information processing, QIP)很可能依赖多种平台来存储、操作和传输量子信息,而每种平台都有不同的优缺点,巨大的机遇和挑战并存。一方面,与量子信息科学(quantum information science, QIS)基础相关的开放性问题仍有待探索和解决;另一方面,为了促进量子技术的发展,需要开发一系列基于精确可控和可测量量子系统的新型量子工具和技术。

AMO系统包括超冷中性原子和分子、离子阱和光的量子态,对量子信息科学与技术(quantum information science and technology, QIST)所有领域的发展都是必不可少的。光晶格或光镊与超冷原子结合,很快又扩展到分子,构建出全同量子比特的大阵列,量子信息可以存储在其超精细或其他内部能级状态上,并具有原则上无限长的能量弛豫时间,其中的每个量子比特都可以用激光进行处理和测量。高度聚焦的光阱提供了一种全新的、快速的手段来组装这样的量子比特阵列。阱内离子的全同线性链可能是最早实现数字量子计算的系统之一,具有非常高的可控性和门保真度。量子光学系统为量子信息的传输和量子保密通信提供了资源。中性原子和离子阱平台使大规模的量子模拟,特别是研究材料中的量子效应成为可能,并为量子系统的非平衡动力学提供了前所未有的实验途径。在AMO系统中,对量子相干态的高水平控制在传感和精密测量中得到了直接应用。正是通过这些应用,如今保真度不到100%、中等规模的量子技术将可能在基础科学和广泛的技术领域中产生巨大的影响。

AMO科学将一如既往在QIST这一令人兴奋的研究方向中发挥主导作用。为了广泛推进QIP的目标,多个重要的技术发展必须同时进行。尽管"技术"在不断推进,但所有这些仍然需要重大的科学发展。这些科学探索和技术发展将为科学界进一步理解基础量子物理做好准备,并建立一个先进的QIS基础。其包含以下几个方面。

(1)通信:采用基于纠缠的、可逆的、分布式的量子网络,以保证数据传输的安全性和信息的长期安全。

(2)计算:采用可编程的、高保真度的量子计算机来解决超出现有能力或想象力的问题。

(3)模拟:通过将化学过程、新材料以及基础物理理论等重要问题以模拟或数字方式映射到可控的量子系统上来理解并解决这些问题。

(4) 传感和计量：通过对量子对象的相干操控来达到前所未有的测量和诊断灵敏度、精确度和分辨力。

1.5 第5章：时域和频域中的量子动力学

一个关键的科学目标是观察不同形式的量子物质在其自然时间尺度上的动力学演变，这个时间尺度跨越10个数量级。这些非平衡动力学经常涉及或创造强烈的关联和纠缠，并且非常难以观察和理解，需要在实验和理论上开发新的研究工具。这对科学和技术应用都是一个巨大的挑战。

在超快的时间尺度上，可以从最快的电子动力学中将化学和生物转变从相对较慢的结构变化中解析出来的分子影像，提供了洞察基本原理以及发展生化应用的环境。此外，分子和固体中相干、亚飞秒电子动力学的控制可以揭示和改变重要的材料特性，同时对信息处理技术也有影响。对这些动力学的探索是通过能产生跨越红外到硬X射线光谱范围的飞秒和亚飞秒脉冲的前沿光源实现的。由于可以完全控制光场的振幅、相位和时间结构，高能光源为许多强大的应用提供了理想的工具，包括捕获物质中最快的电子动力学，并帮助揭示电子散射和屏蔽如何在亚飞秒时间尺度上发生。

转化动力学可以在非常不同的时间尺度上发生，尽管它们可能受相同的基础物理支配，从超低（如第3章讨论的冷原子）到超快（见第5章讨论的量子动力学），通过时间分辨光谱学对其进行探测，从而为本书中不同主题之间的联系提供了一个切入点。例如，分子量子态控制（见第3章）和频率梳谱（见第2章和第5章）的结合，在时间和频率上同时具有高分辨率，允许直接和实时检测化学物质，这为理解反应动力学提供了方法。

1.6 第6章：精密测量前沿与宇宙本源

基于AMO的测量科学已经增强了人们对物理世界的基本理解，但令人惊讶的是宇宙最深处的秘密仍有待发现。AMO中的一个主要科学主题是设计新的量子系统的能力，以提供下一代测量技术，探索新的物理学。此外，量子力学的基础可以在简单的基于AMO的桌面实验和基本模型中探索。利用AMO技术以及从可控量子态和关联中获得的基本理解，可以将它们转化为量子资源，以广泛推进测量科学。将设计出新的桌面AMO实验，现有的实验将被推向下一个性能前沿。这些进展将扩大探索基础科学范围，为高能、粒子和天体物理学的现有方法提供补充。

AMO 在寻找新物理学中做出的努力，在过去的十年里尺度和探索潜力都得到了大幅提升。AMO 基础物理学现在涵盖了范围广泛的各种实验，包括：寻找永久电偶极矩，测试基本的对称性（如电荷、宇称及时间（charye parity and time，CPT）和洛伦兹对称性）；探索基本常数的变化；研究宇称破缺；量子电动力学检测；广义相对论与等效原理检验；暗物质、暗能量和额外力的探测；自旋统计定理的检验等。伴随着新技术的发展，AMO 理论的进步，以及丰富的新探索思路，这些进展有望在未来 10 年中进一步加速。

AMO 科学在宇宙天体物理探测中也发挥着重要作用，例如最近激光干涉仪引力波天文台（laser interferometer gravitational-wave observatory，LIGO）和处女座引力波天文台的精密干涉仪发现了引力波源。由于在探测新作用力和建立基于 AMO 技术的宇宙新天文台方面具有重要的潜力，科学界应更加认真地考虑 AMO 在太空中的潜力了。进入太空和微重力环境是 AMO 科学的一个独特方式，由此可以实现更高精度的测量，并有可能进行在地球上不可能的实验。美国在早期的太空实验中扮演着领导角色，1992 年的 Lambda 实验，该实验使用 STS-52 上的超流氦来探测相变的重整化群理论。目前，美国国家航空航天局（NASA）投入了大量精力在国际空间站上建立冷原子实验室。其他国家现在已经在这一领域赶上了美国，在某些方面的能力甚至超过了美国。开展太空 AMO 研究还可牵引其他关键技术进步，如在轨道上放置用于导航的量子传感器和建立量子通信网络等。

1.7 第 7 章：AMO 科学更广泛的影响

AMO 一直并将继续发挥核心作用，为其他科学和技术发展领域提供促人奋进的科学见解和能力，这些领域跨越基础物理学到物理学的其他分支学科，以及化学、生物学和材料科学、先进制造和工程、劳动力培训和工业伙伴关系等。AMO 与其他领域的联系促进了前瞻性和协同性的研究方向，虽然有时有必要区分是否为 AMO 的核心领域，但这些边界必须是透明的，以加强双向的灵感交流，促进 AMO 进化，以应对其他的科学领域中的新发展，并最大化该领域潜在的更广泛影响。例如，AMO 科学在生物系统、天体物理、等离子体、核物理、高能物理、量子和经典信息技术等领域都有已知和未探索的应用，这些联系必须得到培育，同时不失对 AMO 科学核心任务的关注。

另一个至关重要的"更广泛影响"涉及工业和下一代劳动力的教育，这些劳动力能够推动日益科技化的现代社会。AMO 一向与工业界携手合作，改善先进实验所用元件的性能，同时提供新的创新商机。激光、光学和光电探测器的制造商为先进的 AMO 实验平台提供了前所未有的精度和控制，这些系统反过来刺激了实用传感器、工业标准和计量仪器的发展。

1.8 第8章:AMO科学与美国经济社会的生态融合

第2~7章着重介绍 AMO 在过去10年所取得的惊人成就,并指出未来10年科学发现和新科技发展的机会。通过这些梳理,委员会提供了对 AMO 科学领域的一个整体综述,并采用 AMO 科学中特定的、非优先的子学科的案例研究来描述 AMO 科学对其他科学领域的影响。本书的结构旨在帮助读者更容易地识别科学上的重大挑战,其中科学目标、工具研发和影响都交织在了各个章节中,这使得人们能够识别与特定领域以及跨学科领域研究相关的机遇和挑战。此外,这些汇总为确定 AMO 科学在现在和不久的将来对新兴技术和满足国家需求方面提供了指导方针。

在以上6个技术章节的简要汇总之后,委员会转向讨论本书主要目标之一——为科学家和联邦机构之类的部门提供已建立的和新兴的 AMO 领域探索机会方面的见解,包括资金、教育、工业合作伙伴关系等。当然,最重要的观察结果是过去的成就为新的发现奠定了基础。

然而,AMO 科学并不能脱离社区运作与其所在的经济和社会结构而独立存在。第8章探讨了 AMO 科学领域与这些结构的关系,并讨论了资金、劳动力发展和人口挑战等问题。应注意,越来越多的人对美国日益严格的移民政策和健康的国际合作感到担忧。当然,这些问题不是相互独立的,委员会试图在可能的情况下将它们联系起来。通过委员会收集和分析的数据,通过完善调查结果和建议,委员会试图解决以下任务声明的组成部分,并在第8章中进行更详细的说明。

(1)通过与国际上正在进行的类似研究相比,评估美国对 AMO 科学研究的近期投资趋势,并在适当的情况下为如何确保美国在 AMO 科学的某些子领域的领导地位,或加强此类研究支持的合作与协调提供建议。

(2)为 AMO 科学确定未来的劳动力、社会和教育需求。

(3)就美国研发企业如何充分发挥 AMO 科学的潜力提出建议。

1.9 AMO 科学与国家政策的结论和建议

本书指出的重大挑战,以及 AMO 科学更广阔的前沿领域要持续取得进展,将依赖一些关键因素:

首要的是 AMO 下一代科学家的培养。必须努力激发和培养学生在学习初期对 AMO 的兴趣。对于有才华的青年研究人员,应提供充足的机会,培养他们成为 AMO 的下一代领军人物。考虑到社会人口结构的变化,需要解决的是如何进一步多元化未来的 AMO 人才队伍,以最大限度地挖掘才能。为了促进实际应用的发展和技术转让,必须考虑和实施有效的劳动力培训与行业伙伴关系。

为了确保各种各样的从业人员都能获得 AMO 科学发展中的机会并从中受益,委员会致力于审查女性和少数族裔群体的参与程度。为此,委员会从专业协会和资助或支持 AMO 研究的联邦基金机构收集了可用的数据。不过,在某些情况下不可能得到准确的数据。关于 AMO 资助和教育的人口趋势数据的缺乏(无论这些数据是没有收集的还是没有提供给这项研究),这是解决任务声明中某些要素的一个重大障碍。只要有可能,这些数据就可用于推断女性和代表性不足的少数族裔的教育、职业发展和筹资机会。

与整个 AMO 领域有关的其他重要因素包括检验理论和实验的支持是否平衡。AMO 的一个非常成功的要素是实验和理论之间强有力的合作。一些科学家既是实验专家又是优秀的理论学家,并且理论学家积极参与实验设计和数据分析,已经是 AMO 文化的一部分。如果能进一步加强各领域的专业知识和卓越水平,以及各领域之间的合作,则 AMO 一定能应付未来 10 年的挑战。

另一个需要考虑是桌面实验和大规模实验之间的平衡。灵活而小规模的实验系统是 AMO 特色,然而 AMO 在历史上确实催生了一些大规模的科学研究。目前,人们正面临着前所未有的机遇来解决一些科学上的重大问题——基于 AMO 的方法。其中一些需要更大规模的合作,而不是一般的桌面实验,比如寻找标准模型之外的新物理或引力波探测等。委员会认为,这些新的机会应该得到鼓励和支持,因为它们有可能加速带来突破性的发现。正如第 6 章所指出的,AMO 科学与空间环境之间的联系也应以新的热情和强有力的支持建立起来,因为这里有巨大的发展机会。

AMO 科学的迅速发展是联邦政府研究和发展机构对 AMO 研究人员工作大力投资的直接结果。为了评估联邦资助对 AMO 研究的影响,并找到进一步提高其有效性的方法,委员会还就资助趋势和分配问题寻求答案。这些将在第 8 章中详细介绍。然而,委员会在这里指出,不同机构收集数据的方式不同,甚至 AMO 的定义也不尽相同。因此,委员会在给出结论时视野和眼界在某种程度上是受限的。

AMO 科学已经在学术界、国家实验室和工业领域受到追捧,并且通过这些研究场所之间的合作而取得了极大发展。委员会还发现,探索和理解跨部门活动和伙伴关系,从而加强这种合作是很重要的,特别是在需要解决重大挑战问题的领域。例如,美国国家科学基金会(NSF)、美国国家标准技术研究院(NIST)和美国能源部(DOE)正在讨论如何共同致力于量子信息相关的项目,从而整合资源与力量来推动少数关键量子技术的突破。国际间的联系与合作在促进 AMO 科技的发展和取得成就,以及实现共同的教育目标方面一直发挥着关键作用。事实证明,要获得比现有数据更多的其他数据,以了解各机构、行业和国际之间的现有联系是特别困难的,因此委员会主要依靠集体经验,而不是死的数据。

正如美国国家研究委员会最近关于 NQI 的报告所概述的那样,本次 AMO 10 年调查的时间线与不断增加的 QIST 方面的努力很好地契合起来(第 4 章专门讨论这一重要议题)。委员会强调 AMO 将继续在 QIST 中发挥关键作用。AMO 不仅有助于解决与量子态调控、纠缠产生和测量、量子比特数量的可控扩展等相关的一些最基本的问题,而且提供了关键的使能技术和一些对 QIS 至关重要的最佳平台。从 NQI 强有力的支持中可以看出国家对 QIST 强烈的兴趣,显然无论是基础科学还是新兴技术方面,AMO 都将继续获得广泛的支持,并将在提供新的机会、促进基本发现,为 QIST 发展提供关键使能技术等方面扮演关键角色。

1.10 发现与建议

本书委员会就 AMO 科学工作及政府对 AMO 研究的支持情况给出了一些调查结果及建议。对于每项建议,委员会提供了一系列的调研发现作为支持,这些调研结果是在本次的研究过程中发现的。采纳这些建议有助于加强人们对特定重大挑战的回应,并广泛推进整个 AMO 科学的前沿发展。

发现:AMO 的历史优势在于其核心的好奇心驱动的 AMO 研究项目,这些项目是许多新的科学发现和创新技术背后的驱动力,包括最近兴起的量子技术。

建议:美国政府应将好奇心驱动的原子、分子和光学科学视为对经济和国家安全利益的关键投资,并大力继续这种投资,以便探索一系列不同的科学思想和方法。这一点至关重要。

发现:QIST 研发进展迅速,虽然投入到现有特定平台的量子技术的时机已经成熟,但仍有大量不断增长的新系统和平台可以用于构建量子机器。

发现:量子技术的发展仍处于非常早期的阶段,而目前的技术发展非常迅速,现在制定政府标准还为时过早。然而,为了该领域的健康发展,委员会发现,研究社区迫切需要开发平台无关的基准指标来衡量量子优势,并描述量子优势的真正科学影响。

建议:在现有平台和新兴平台上的科学、工程和应用领域的基础研究都需要得到广泛的支持,包括对量子机器在不同平台上不同应用的交叉验证技术的研究。具体来说,该委员会建议国家科学基金会、能源部、国家标准与技术研究院和国防部应该为基于 AMO 的量子信息系统的科学发展、工程和早期应用提供协同支持。

发现:由单一首席研究员(principal investigator,PI)带领的小组进行的科学创新是 AMO 科学的核心。该领域在这些独立研究者的基础上做得最好,但它正进入一个新的阶段,在这个阶段,与规模灵活的团队合作将带来令人兴奋的新发现。

发现:量子技术的发展给传感和精密测量带来了新的机遇。然而,创造这些影响其他科学领域的机会,需要跨越传统学科边界的长期投资。

发现：值得一提的是，AMO 技术在精度和能力方面的快速进步，极大地提高了基于 AMO 的技术发现标准模型之外的新物理的潜力。当前，缺乏一个专门用于支持高能物理和 AMO 交叉领域研究的联邦资助计划，成为充分利用大量新发现机会的一个限制因素。

建议：能源部的高能物理、核物理、基础能源科学等项目应该为量子传感的研究提供资金，并通过基于 AMO 的项目来探索标准模型以外的基础物理问题。

发现：AMO 的工具、技术和数据使人们能够观测和深入了解各种天体物理现象。

发现：最先进的天体物理观测表明，理论和实验 AMO 物理学需要进一步发展，这有助于深入了解宇宙。抓住这些机会，需要强有力的机构间协调来支持 AMO 和天体物理学发展。

发现：将最近研发的 AMO 工具和技术应用于太空任务的时机已经成熟。

建议：美国国家航空航天局应与其他联邦机构合作，加大对太空和实验室内 AMO 科学理论与实验基础研究的投资，以解决天文学、天体物理学和宇宙学的关键问题。

发现：在阿秒和 X 射线科学中，AMO 工具用于探索广泛的跨学科课题，在化学、材料科学和技术等方面均有影响。美国与欧洲和亚洲各国相比，在这一领域的投资和商业化水平已经减弱。

发现：2018 年美国国家科学院、工程院和医学院给出了一个报告《超强超快激光的新机遇：追求最明亮的光》，建议能源部领导制定一项高强度激光器的全面跨部门战略，包括大型的以国家实验室为主体的项目和中等规模以大学为主体的项目的开发和运作。

建议：美国联邦机构应该投资于利用超快 X 射线光源设施的广泛科学领域，同时保持一个强有力的单一首席研究员资助模式。这包括在中等规模、大学主导的设施中建立用户开放系统。

发现：AMO 的实验科学已经变得非常昂贵，而一个新的实验项目需要大量启动经费，这已经成为 AMO 年轻科学家获得学术长聘职位的障碍。

发现：强大的理论与实验合作对于维持 AMO 科学的健康发展至关重要。然而，从事 AMO 理论的教师职位数量有限。

发现：在美国和欧洲一些国家，已有一些成功的快捷资助模式，比如 NIH（美国国家卫生研究院）- K99、欧洲研究理事会的资助等，这些模式可以用于帮助教师早期职业发展。然而，NIH - K99 的一个不适合美国物理科学界的方面是其对研究努力水平的要求，这使得它与标准教学期望不相容。

发现：院系之间的界限为年轻的 AMO 领域博士后进入相关学科和院系制造了障碍，如在量子信息科学、计算机科学、电气和机械工程等专业，AMO 的培训在这些领域可以发挥关键作用。

建议：AMO 资助机构应该开发快捷的奖学金资助模式，以支持 AMO 的理论和实验科学家顺利过渡到长聘职位。

发现：AMO 科学和其他物理学科一样，仍然难以吸引各层次的女性和代表性不足的少数族裔。

发现：很明显，AMO 的教育和劳动力发展与国家人口结构变化不匹配，这将错失许多机会。

建议：整个 AMO 的科学事业应该找到利用不断增长的全国女性和代表性不足的少数族裔人才的办法。因此，委员会认可了美国国家科学院、工程院和医学院的报告《21 世纪研究生 STEM 教育和扩大代表性不足的少数群体参与》中的相关建议。

发现：量子技术跨越了 AMO 之外的科学技术领域，因此受到了传统资助机制的阻碍。

发现：美国国家科学基金会最近的量子跃进计划正是一种新的管理模式，以期打破传统的原则性障碍。

发现：传统的 AMO 培养侧重于物理；然而，量子技术的发展需要跨学术和工业领域以充分利用 AMO 的影响力。

发现：AMO 技术并没有像 AMO 科学本身的发展那样迅速地转移到其他应用领域。让其他领域意识到 AMO 变得越来越重要。AMO 的快速发展使委员会相信，其他社区将会因更深入了解 AMO 而受益。

建议：美国国家科学基金会、能源部、国家标准与技术研究院和国防部等应该通过促进与其他学科的科学家和工程师的合作，例如支持跨学科互动的讲习班和类似机制等，来增加 AMO 科学进展向其他领域转移的机会。

建议：为了最大限度地提高联邦投资的效率，学术界应该允许并鼓励在 AMO 科学领域与计算机科学、数学、化学、生物学、工程以及工业领域之间迅速发展的交叉领域聘用理论学家和实验学家。

发现：AMO 科学的健康发展很大程度上依赖强有力的国际合作。然而，存在一些技术和监管障碍，包括工作量认证、知识产权所有权政策和利益冲突规则方面的重大差异，以及无资金资助的外部审计要求和不合理的货币兑换要求等，所有这些都使得美国大学难以接受和管理来自欧盟等国家的资助。虽然委员会认识到潜在的国家安全问题的重要性，但有顶级科学家访问美国对国家是很有好处的。由于持续的重大问题影响到对国家研究设施的使用，以及国际学生、合作者和会议发言人过度的签证延误，这一好处正面临风险。

发现：与国际合作共同资助研究的机制推动了 AMO 科学的集体进步。

建议：委员会认识到在公开的国际合作中存在着现实的安全问题。然而，由于开放合作对原子、分子和光物理学的发展至关重要，科学技术政策办公室和联邦资助机构应该与国务院及政府关系委员会这样的学术联盟合作，以消除国际合作的障碍。存在如下迫切的需求：
(1)不同国家的资助机构相互接受对方的资助管理规定的一揽子协议。
(2)规范合作项目联合资助机制。
(3)消除国际学生、合作者和在美国会议和研讨会上发言者签证申请过度延迟的机制。

1.11 各章节的发现与建议

1.11.1 第2章:光造工具

发现:在过去的10年中,超快光源的发展取得了革命性进步,跨越了XUV和X射线光谱区间。控制和操作这些由光组成的工具的能力使新的应用扩展到AMO物理之外。在QIS、遥感和全物相计时超快电子动力学等方面都出现了新的平台。因此,前沿存在于物理、工程、化学、材料科学和生物学的跨学科交叉之中。

发现:超快X射线科学的进展对资源的要求越来越高,超出了单个PI资助模式的能力。X射线自由电子激光器是需要由国家实验室来进行基础设施管理的大型设备。然而,桌面系统,比如阿秒级和拍瓦级激光器,已经发展到了中型设施的水平,需要运行管理和安全基础设施。美国在利用这些中等规模的设施带来的机遇、培训掌握尖端技术的劳动力以及工业增长带来的经济效益方面落后于世界其他国家。

建议:**美国联邦机构应投资于利用超快X射线光源设施的广泛科学领域,同时保持强有力的单一PI资助模式。这包括在中等规模的大学中建立用户设施。**

发现:尽管基于硅的集成线性和非线性光子学取得了巨大进步,但仍需要超低损耗的平台,以便能够以超高效率产生、切换和检测光,特别是与量子相关的应用。这样的平台可能是通过在硅上集成多种材料而形成的。

发现:具有强的光子与光子相互作用的系统目前正在探索,以实现一些独特的应用,如光场的"量子对量子"的控制、单光子开关和晶体管、全光阻微量子逻辑、实现长距离量子通信的量子网络,以及对光和物质强关联新状态的探索等。

发现:随着纳米制造技术和高光学品质、低热耗散材料的发展,机械振子的设计和控制将变得更加复杂精细。未来振子的低热噪声将允许其运动完全由量子涨落支配,甚至在室温下为各种应用创造一个全能的量子资源。

建议:**联邦政府应该同时为基础和应用研究提供资助机会,以促进工业平台(如集成电路代工厂)和跨学科学术实验室的发展,从而支持光子学和量子物质工程的结合。**

1.11.2 第3章:从少体到多体系统中的新现象

发现: 少体物理一直是确定和检验量子物理普遍性范围的持续受关注领域,这源于人类内在的智力探索乐趣、与多体物理的关联、以及加强少体和多体量子系统的可控性等目的。开发能够定量预测日益复杂的原子和分子的行为和相互作用的理论工具对这些领域的进一步发展至关重要。

发现: 由于近年来的理论和实验突破,超冷分子已成为一个非常有前途的研究平台,能够处理各种多体现象并探索基本反应过程,某些分子为精密测量科学提供了可行的目标。

发现: 离子阱系统、中性原子系统、具有长程相互作用的系统(如基于分子和里德堡原子的系统)、离子-中性原子杂化系统等是量子信息处理和模拟以及研究化学动力学过程的主要候选者。

建议:AMO 科学界应该努力探索,同时联邦机构积极支持冷原子和冷分子操控领域,这是量子信息处理、精密测量和多体物理未来发展的基础工作。

发现: 原子和分子的量子气体使得对平衡与非平衡多体物理,以及量子信息处理和量子计量中纠缠态的产生与操纵的可控探索成为可能,并进一步加深了人们对热化性质、多体局域、远离平衡态的稳定量子物质等的理解。

建议: 联邦基金机构应该启动新的项目来支持强关联平衡态和非平衡多体系统,及其新应用的跨学科研究。

发现: 基于 AMO 的量子模拟器有能力在短期内证明真正超过经典计算设备的量子优势,而无须掌握通用数字量子计算机所需的复杂量子门操作。借助于这些系统,人们对凝聚态物质和高能物理的复杂模型提供独特的见解,并可以开发和测试有用的量子算法。

建议: 联邦基金机构应该启动涉及开发、工程化和部署最先进的可编程量子模拟器平台的新项目,并使这些系统对更广泛的科学家和工程师社群开放。

1.11.3 第4章:量子信息科学与技术基础

发现: 构建量子机器有许多可能的系统和平台。技术发展仍处于非常早期的阶段,而且发展非常迅速。

发现: 联邦政府决定对 QIS 推行"科学第一"的政策。

建议: 为了支持国家量子计划,联邦基金机构应该广泛支持量子信息科学的基础研究。

建议: 学术界和产业界应该共同努力,支持和整合前沿基础研究,辅以量子信息科学平台最先进的工程性努力。

建议:美国能源部和其他联邦机构应该鼓励学术界、国家实验室和工业界在量子信息科学方面进行中等规模的合作。

发现:长期以来,美国国防部一直将支持 AMO 研究作为其使命的一部分。这已经得到了大量的回报,包括激光、GPS、光学和多种传感器的发展。最近,NIST 和 NSF 与国防部联合,使得 QIS 各个方面获得新生和成长。能源部将在 NQI 中发挥主要作用。

建议:①美国国防部(DoD)应该继续为新技术发展和由此产生的衍生技术开发提供基础支持;②参与国家量子倡议(NQI)的美国资助机构应该相互合作,并与国防部合作,以量子信息科学悠久的历史为基础制定他们在 NQI 框架下的计划;③能源部及其实验室应与领先的学术机构和其他美国资助机构开展强有力的合作,以充分发挥 QIS 的潜力。

1.11.4　第 5 章:时域和频域中的量子动力学

发现:这是超快科学的一个独特时期,因为超快光源的普及和可控性已跨越太赫兹到硬 X 射线区间。这些资源的开发和应用推动了本章所述的大部分进展。

发现:在分子和凝聚态系统中控制超快电子动力学具有巨大的潜力,其影响远远超出 AMO 科学,包括在技术和工业层次。同样,分子电影的持续发展将推动基础层面的进步,并通过增进对光驱动生物过程的理解而有望带来社会效益。

发现:这些挑战性课题的持续推进需要多个 PI 的专业知识和中型基础设施相结合,因为它们涉及许多不同元素的先进设施,或者因为它们本质上是多学科的,包括 AMO、凝聚态物理、化学、激光技术和大规模计算等。与物理前沿中心或多学科大学研究计划类似的资助机制是至关重要的,在这些机制中,来自实验和理论的多个 PI 团队朝着一个共同的目标工作。

建议:美国联邦机构应投资于利用超快 X 射线光源设施的广泛科学领域,同时保持强有力的单一首席研究员资助模式。这包括在大学环境中建立中等规模的开放用户设施。

发现:碰撞物理学和光谱学收集的数据被广泛使用,这些数据是天体物理学、等离子体物理学和核医学等领域的应用和分析所需要的,大学支持的碰撞物理学和光谱学小组在逐渐减少。

建议:国家实验室和 NASA 应该确保在他们的研究组合中对碰撞物理学和光谱学专业技术支持的可持续性。

1.11.5　第6章:精密测量前沿与宇宙本源

发现:AMO 技术在精度和能力方面的快速进步,极大地提高了基于 AMO 技术发现标准模型之外的新物理的潜力。目前缺乏一个专门用于支持高能物理和 AMO 交叉领域的此类研究的联邦基金项目,这是利用大量新发现机会的一个限制因素。

发现:支持 AMO 物理学、粒子物理学、引力物理学、天体物理学与宇宙学之间更强的联合,对于促进 AMO 科学的创新思想和重大挑战、发现的新机遇是必要的。

发现:美国在部署各种 AMO 精密测量平台和将工具集成到专用设备以最大限度地发挥探索潜力方面正在逐步落后。

发现:要充分实现 AMO 基础科学发现潜力,需要国际合作。

建议:美国能源部的高能物理、核物理和基础能源科学项目应该资助量子传感研究,并通过 AMO 科学项目探寻标准模型之外的基础物理问题。

建议:联邦资助机构应修改资助结构——允许理论和实验合作,旨在进行基于 AMO 科学的新物理探索和开发各种 AMO 精密测量平台,包括更大的(5 个以上 PI)、长期的(10 年)项目。

建议:美国联邦机构应建立机制,与其他全球资助机构共同资助在新物理学的精密探索方面的国际合作。

1.11.6　第7章:AMO 科学更广泛的影响

发现:其他科学领域,如生命科学,也从 AMO 科学及其工具中受益匪浅,单分子荧光显微镜和自适应光学被用于近自然条件下的超分辨率细胞成像。合成化学和材料科学的后续进展极大地提高了 AMO 科学及其工具的覆盖范围和影响,超出了传统 AMO 科学的范畴。然而,AMO 和其他领域之间的交叉融合还没有以最快速度发生,因为在新工具、新方法和新技术的认识和可用性方面缺乏外延。

建议:美国联邦机构应该为其他科学领域的研究人员提高最新 AMO 技术的可用性并提高他们的认识。此外,各机构应创造资助机会,将最新的 AMO 技术与其他学科连接起来,特别是针对早期的使用者。

发现:AMO 相关科学和技术的发展促进经济的发展。以罗切斯特大学、爱荷华大学、中佛罗里达大学、亚利桑那大学和蒙大拿州立大学等为例,州资助的 AMO 领域的卓越中心将大学不同学科的研究人员和学生聚集在一起,使得州政府与工业界建立联系,从而促进劳动力发展。在大学的学生则通过直接接触工业研发需求从而在选择课程时能直接接触到更广阔的视野。同时,这也促进了大学的交叉学科研究,并增强了高校教员从外部获取资助的机会,从而启动新的交叉研究项目。

建议:州政府应利用州资金和/或产业联合支持,鼓励探索大学的 **AMO** 相关科学和技术用户设施角逐经济发展方面的机会。

发现:在第 2 章和第 4 章中关于量子物质工程的讨论,描述了一个重要的新兴领域,它将 AMO 物理学的几个学科结合在一起,极大地增加了材料和电磁量子态之间的相互作用。科学家和工业界在转化技术方面有很大的合作潜力,这些转化技术可以缩小和扩大基于实验室的量子传感器的范围,包括光钟和频率梳等。这一进展将需要大幅增加用于硅和 III - V 族材料中的纳米光子学结构的现代先进光刻技术的可用性。此外,AMO 领域的学生将那些以英国工程和物理科学研究理事会资助的博士培训中心为模型、专注于量子技术博士培养的中心中受益匪浅。

建议:美国国家科学基金会和国防高级研究计划局应该为学术界和工业界之间强有力的多学科合作创造资金机会,将量子物质工程中的现有的电子束光刻方法转移到先进的光刻试验线中去。

建议:国家科学基金会研究培训生项目应该扩大,以确保下一代博士后研究人员准备好应对工程和物理科学领域的研究和创新挑战,特别是在量子工程领域。

建议:联邦政府应该为那些使工业化平台,如晶圆代工厂的发展成为可能的基础研究提供资助机会,以支持光子学和量子物质工程的集成。

发现:天文观测暴露了我们对 AMO 科学认识的重大缺陷,这需要重大的科学进步来解决。为了最大限度地发挥地面和卫星观测的效益,需要 AMO 理论和实验的新贡献来对观测样本进行分类,并详细了解在天体物理环境中发生的基本原子和分子过程。

建议:美国国家科学基金会、美国能源部和美国航空航天局应该支持一支有能力进行实验室实验、发展理论、进行计算的强化教员社群,以使天体物理观测的收益最大化,并鼓励其他资助机构加强支持。

1.11.7 第 8 章:AMO 科学与美国经济社会的生态融合

发现:对 AMO 科学的资助趋势显示,经过通货膨胀的修正后,即使在美国的 AMO 科学家数量有所增加的情况下,在过去的 10 年中几乎也没有增长。

关键建议:美国政府应大力继续投资于由好奇心驱动的 **AMO** 科学,以使各种科学思想和方法的探索成为可能。**AMO** 是对经济和国家安全利益的重要投资。

发现:随着 AMO 实验室项目的启动投资越来越大,对早期职业研究人员的研究培育变得越来越必要。

建议:联邦政府应发展种子基金和快捷奖学金资助模式,以支持原子、分子和光学理论家与实验人员过渡到教员职位。

发现：美国从事 AMO 理论研究的教师职位数量一直很低（在 AMO 的某些子领域更是濒危式的低）。AMO 理论是 AMO 科学的重要组成部分，为美国科学家提供了一个机会，为一个充满活力和激动人心的领域做出贡献。

建议：一个充满活力的理论项目需要通过资助机会来激励，如一个快捷的奖学金计划，以及一个持续的培养和聘用理论 AMO 物理学家的机制。

发现：女性在 AMO 科学领域的参与度低得惊人，在受教育、职业晋升机会和成果方面（相对于白人男性）存在很大差距。更广泛参与的系统性障碍包括社会和机构对这些群体的偏见，通常是无意的，但仍然有影响，导致本已很小的群体在每个职业阶段都在下降。这种文化规范和做法，为这些群体创造了不受欢迎的工作场所。

建议：接受联邦资助的机构应采取更强有力的机制，以确保在创造包容性工作环境方面的高标准问责。资助机构也可能探寻这方面的激励方法。

发现：关于代表性不足的少数族裔的数据很少，但从掌握的数据来看，这个数字显然更低。委员会要求提供联邦基金和专业协会成员中代表性不足少数族裔的数据，但由于涉及的人数非常少，可获得的信息非常少。没有高质量的人口统计数据，某些群体的代表性不足进一步被降级为揣测和猜想。让美国社会的大部分人参与 AMO 科学，以及所有的科学、技术、工程和数学领域的巨大机会正在被浪费。AMO 科学家中代表性不足少数族裔所占比例大大低于普通大众中的这一比例，表明那些受益于 AMO 教育和资助机会的人群不能反映国家人口结构的变化，对于整个 AMO 科学领域而言这是一个失去的机会。

建议：整个 AMO 科研机构应该找到多种途径来切入这个不断增长的人才库。

第 2 章
光造工具

光的研究在自然探索中扮演着重要角色,来自遥远恒星的光可以揭示宇宙的奥秘,也可以成为帮助人类实现环宇探索的工具。研究人员 18 世纪就知道存在一种特殊的光,直到 1895 年,伦琴(Wilhelm Röntgen)才真正识别并开始使用这种我们现在称为 X 射线的光。1901 年,伦琴凭借此发现及其社会影响力荣获他的第一个诺贝尔物理学奖。科学家很快认识到,不同颜色的光、来自星星的可见光与伦琴发现的 X 射线本质是一样的,它们都是真空中传播速度相同的电磁波。在 19 世纪,研究人员发现等离子体气体或火焰不仅会发出特征可见光,而且这些光的颜色可以分辨。这些违背牛顿力学定律的观测现象促进了 20 世纪初量子力学的诞生。将光按照颜色分开,覆盖从 X 射线到无线电频谱的光谱拓展,揭示了物质的量子化结构及宇宙的秘密。

1960 年,西奥多·梅曼(Theodore Maiman)首次发明了激光,这不仅在科学和工程领域,甚至在整个社会都具有革命性的影响。激光具有一定的特殊性:光或光子表现出一种集体特性,即相干性;激光成分接近单一频率且集体瞬时受激辐射输出,这使激光具有类似光束一样的指向性。伦琴 X 射线的发现激发了人们的探索热情,研究人员正在学习操纵和使用光,并将可操控的光频段扩展到 X 射线频段。

在过去的 10 年里,激光操控的进步已经产生了具有实用价值的工具,其在量子信息传输、基本物理量精确测量以及物质运动成像领域有了前所未有的应用。正如通过观察星光的不同颜色和强度能够揭示宇宙的部分本质一样,基于光干涉原理的探测器为引力波探测提供了观察宇宙的新视角。本章将展开讨论相关问题:光有什么特别之处。

2.1 产生极端特性的光

激光已经渗透到人们的日常生活中,它无处不在,以至于人们通常会忽略其存在。激光的应用包括商店收银台条形码扫描、测距仪测量、娱乐影音蓝光光盘读取、外科手术精密工具等。激光的发明及发展源于原子、分子和光(AMO)物理的基础研究。实际中光的研究与应用相辅相成:设计新型光源可以促进科学研究,而研究需求则会推动新光源的开发,这是标准流程。本书编委会将从激光强度(亮度)、持续时间、频率(颜色)以及相干性(单一性)等方面介绍其最新进展。

2.1.1 强度

强度是光的一个度量参数,其定义为单位面积上的传输功率。功率定义为单位时间内的能量(总光子数)。峰值功率取决于光子数的时间分布。因此,持续1s的光子数如果压缩到1ns内,其峰值功率将增加10亿倍。目前,科学家们已经获得了拍瓦($1PW=10^{15}W$)的峰值功率,这相当于在阳光明媚的中午,加利福尼亚州、亚利桑那州和内华达州太阳照射的总功率;但是这种能量只能持续100fs,与1s相比,时间相当短。强度与光束的面积成反比,光束面积与垂直于传播方向的径向尺寸的平方成正比。激光腔或外部光学器件定义了光束面积不能小于波长的平方。将拍瓦级激光束聚焦到一个波长的光束直径($1\mu m=10^{-6}m$)产生强度为$10^{23}W/cm^2$,这基本是当前技术所能达到的最高水平。图2.1显示了激光强度或等效电子能量的逐年变化。在早期激光发展过程中,一些新技术(调Q、锁模)推动了极限光强的提高,但随着光强的增加,强光导致的材料致命性损伤成为提高光强的技术瓶颈,如图2.1所示,从1970开始进展迟缓。直至1986年,Mourou和Strickland通过啁啾脉冲放大(CPA,图2.2)这一革命性的技术解决了这个问题,他们因此获得了2018年诺贝尔物理学奖。此后,类似于计算机芯片的摩尔定律,激光强度迅速提升。这些进展将产生极限光强的激光系统从大型设施缩小到桌面系统,从而促进了其在AMO物理与等离子体物理的广泛应用。CPA激光器可以产生接近原子内场强度的光强(相当于氢原子质子束缚电子的场强),其加速了超快与极端非线性科学领域的进展(相关内容见第5章)。在目前获得光强$10^{23}W/cm^2$条件下,电子相对论效应明显。也就是说,电子速度运动接近光速,必须用拓展的麦克斯韦方程组来描述。另外,这些高强度激光在气体与固体等离子体中产生的次级粒子(X射线、质子、中子)在国家安全、天体物理学及癌症治疗中应用广泛。

韩国、中国、日本和欧洲一些国家开展的CPA前沿研究正在将这项技术推向新的极限。引人注目的是欧盟超强激光器计划(ELI)。ELI由位于匈牙利、捷克共和国和罗马尼亚的三部分装置组成,这些装置将把当前激光强度提高100倍,基于此可以探索光驱动的粒子加速、核物理及仄秒($10^{-21}s$)脉冲。很明显,欧洲与亚洲在这项美国首创的技术上处于领先地位,其后果是美国的技术能力和工业创新将持续衰退。

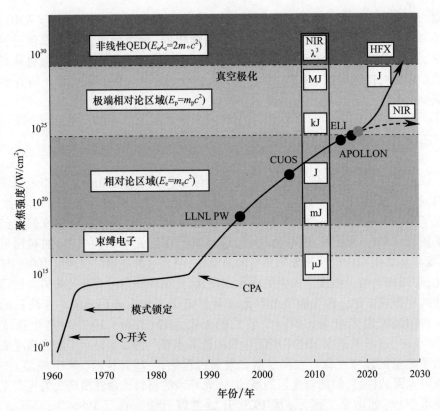

图 2.1 高强度激光技术的持续发展使得探索光与物质相互作用的
新领域成为可能(图中彩色区域所示)

ELI—超强激光器计划;LLNL—劳伦斯·利弗莫尔国家实验室;NIR—近红外;PW—拍瓦;QED—量子电动力学。
注:1986 年,啁啾脉冲放大结构的出现是激光工程领域的一个开创性工作,这项技术持续推动激光强度屡创新高,并推动美国科学家开发出第一台拍瓦激光器(LLNL,现已退役)。在未来几年里,有几个项目正在推动该领域的顶尖技术,但这些项目都在欧洲(ELI、APOLLON)、亚洲开展。不过,当前近红外结构的激光规模将在不久的将来达到饱和(虚线表示近红外)。此外,还需要新的激光结构方案以达到非线性量子电动力学(从真空中创造物质)的施温格极限。一种高强度的激光方案由图中的 HFX 线表示,该方案提出产生焦耳级 X 射线(资料来源:Jonathan Wheeler 博士和 Gerard Mourou 博士提供)。

如图 2.1 所示,CPA 项目通常是增加放大器几何尺寸来增加功率,与之前结果类似,光强增强最终会进入平台区(见虚线)。为了突破这一限制,需要开发新的光学结构。值得一提是"lambda 立方捷径"方法,其思想是利用短波长激光通过减小光束面积和持续时间来增加强度。

另一个革命性的事件是在 2009 年秋季,美国国家加速器实验室 SLAC 运行了世界上首台 X 射线自由电子激光器(XFEL)。自由电子激光器的概念在很多方面都不同于光学激光器,但主要区别是激光介质不再是物理材料(如晶体或二极管),而是相对论效应的电子束。早在 20 世纪 70 年代,研究人员通过在电子储存环直段部分插入光学谐振腔,实现了中红外/紫外波段的自由电子激光(free-electron laser, FEL)。然而,由于光学系统的增益和反射率不高,该系统仅能运行于光频段。因为其在装置设施方面无法与传统激光器竞争,所以关于 FEL 的研究兴趣下降。90 年代,具有高增益、单程激光的革命性技术出现,该技术不需要光学谐振器,取而代之的是高峰值电流的线性电子加速器。SLAC 首次运行的直线加速器相干光源(linac coherent light source,LCLS),其在 1.5Å 的峰值光谱亮度超出之前所有 X 射线源的 10 亿倍。这是真正的革命性进展。具有毫焦能量的光学激光器可能常见,但这样的强度在 X 射线源中是史无前例的。图 2.3 简要介绍了 XFEL 原理。

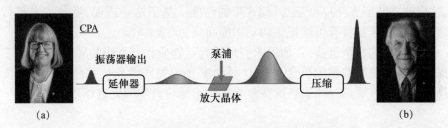

图 2.2　啁啾脉冲放大革新了高强度、超快激光技术

注:2018 年,诺贝尔物理学奖的一部分授予了 Donna Strickland(a)和 Gerard Mourou(b),以表彰他们发明了 CPA 技术。在这项开创性的工作之前,短脉冲的高强度放大主要受限于材料损伤。为了解决这个问题,CPA 通过群速度色散(GVD)将弱的飞秒脉冲展宽几个数量级,峰值功率也相应地降低。然后,在合适的激光增益介质中将展宽的啁啾脉冲放大至接近损伤阈值,示例中的脉冲能量为 $10^6 \sim 10^9$ 倍。最后,利用一对光栅通过正 GVD 效应将放大的脉冲压缩回原始飞秒脉冲宽度。资料来源:中间图片来自 CELIA 网站,两边照片来自诺贝尔基金会。

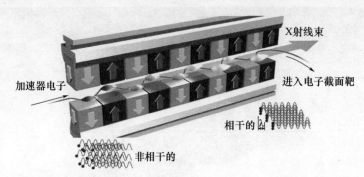

图 2.3　基于自发放大受激辐射(SASE)原理的主流 X 射线自由电子激光(XFEL)系统

注:相对论电子脉冲以接近光速的直线运动通过南北极交替的周期性磁结构波荡器。进入波荡器的电子受到磁场作用发生振荡运动。振荡电子在合适相位条件下发生辐射。初始电子脉冲随机辐射导致光场是非相干的。然而,通过 SASE 过程的电子聚集成 X 射线波长大小的微束团。此时,电子同步辐射的 X 射线光子数呈指数增长。随着微束沿着波荡器传播,相干辐射过程产生越来越多的 X 射线。最后,在波荡器输出端增益饱和。电子脉冲被磁场偏转到截面靶处,产生的 X 射线沿直线传播用以开展实验。根据 XFEL 设计方案的不同,后续电子脉冲能够以 0.01~1000kHz 的重复频率运行。XFEL 正在改变 X 射线科学,使与生命相关的大分子结构测试成为可能,并为制作分子电影提供前所未有的工具(见第 5 章)(资料来源:修改自欧洲 XFEL 网页)。

与强度进展密切相关的另一个参数是输出光脉冲的重复频率。实验中信号的实时测量能力是评估测量可行性的重要参数。定义单位时间输出总能量的平均功率是另一个重要参数。一台标准的商用台式近红外(NIR)CPA 激光系统,在重复频率 0.1~1kHz 的平均输出功率是 1~25W。现在台式激光器平均输出功率已经被完全改变。最先进的台式激光器在 0.1~1MHz 重复频率时的平均输出功率可以达到数千瓦。欧洲在该领域技术进展迅速,并将其推入了商业市场。其通过光纤放大器或光学参量放大技术解决了热管理的相关问题。同样,在 X 射线频段,即将运行的下一代 XFEL 系统,重复频率也将从 LCLS 项目最初的 120Hz 提高到兆赫,这将改善欧洲 XFEL 和美国 LCLS II 的性能。基于这些进展,具备技术可行性的超导电子加速器将有可能把平均功率提高到 200W。

这些领域的每个进步,在加深人们理解光与物质相互作用的同时,还给更多用户提供开展高精度实验的机会。AMO 科学家在相关科学和技术领域发挥着核心作用。第 5 章将重点介绍提高这些激光参数指标对科学的促进作用。

2.1.2 时间

如图 2.4 所示,在宽广的时间跨度上记录自然现象是科学家们要面对的艰巨任务。在过去的 10 年中,变革性的新工具使得时标系统能够在分子与电子水平上计时。

图 2.4 时间跨度宽广的自然现象

注:参考人类经验的计时精度,AMO 科学家们正利用超快激光脉冲将时间精度推到了前所未有的极限。事实上,阿秒时间尺度如此短,就像宇宙的年龄长得难以想象一样(10^{18}s)(资料来源:Thorsten Naeser 提供)。

光脉冲的持续时间除了定义功率外,还具有更深远的影响。测不准原理严格定义了时间和频率的反比关系。脉冲持续时间越短,其频率成分的不确定性就越大;反之,确定频率的激光要求长的相干时间。下一节将讨论超窄激光的内容。相应地,这里将通过拍"电影"的方式,探究特定物理过程或化学过程的时间尺度。"电影"是通过顺序回放拍摄的系列照片来复现运动过程。定格运动过程单个照片的关键是"相机快门"的速度足够快。对于使用超快技术的 AMO 科学家来说,"快门"是光脉冲的别称。图 2.4 说明了自然过程和工艺流程的时间快慢尺度。秒是人类衡量时间的标准,即心跳时间。苍蝇拍打翅膀的时间相对秒来说快 1000 倍(10^{-3} s),而玻璃中的冲击波传播或快速化学动力学过程等现象则更快(10^{-6} s)。荧光分子寿命或经典计算机中央处理器(CPU)的比特翻转时间是纳秒到皮秒。

生物运动和化学动力学过程的典型时间尺度通常大于纳秒(1ns = 10^{-9} s)。分子核间转动(1ps = 10^{-12} s)、振动时间(1fs = 10^{-15} s)则代表的是更短时间尺度的光脉冲。飞秒脉冲激光技术是分子运动的理想探针,Ahmed Zewail 教授因这项开创性工作而获得 1999 年诺贝尔化学奖。

至今,基于飞秒激光技术实现的超短光脉冲依然是常用标准工具,2001 年是一个分水岭,巴黎和维也纳实验室首次实现的阿秒(1as = 10^{-18} s)光脉冲开创了阿秒时代,这项工作使人们能够在自然时标上研究物质中的电子运动。例如,玻尔原子的基态电子轨道时间是 150as。CPA 技术对这一发展至关重要,只有在具备原子单位场强①的强激光脉冲与原子样品相互作用时才会产生阿秒脉冲(图 2.2 所示的束缚电子区)。这种极端的非线性相互作用导致高次谐波的产生。在频域中,高次谐波(HHG)产生相干频率梳或者奇数阶谐波稳定区,其傅里叶合成在时域上是阿秒脉冲序列或孤立阿秒脉冲。尽管目前大多数应用是在极紫外(extreme ultraviolet,XUV)到软 X 射线范围,但是这些桌面光源可以扩展到强度千伏的区域。目前最先进的 HHG 光源已经产生了持续时间为两个原子时间单位的阿秒脉冲(1au = 24.2as)。

在未来,激光与固体表面的相对论高强度相互作用会突破阿秒尺度,从而实现仄秒(1zs = 10^{-21} s)光爆脉冲。在有些模型中,电离(等离子体)表面以相对论速度振荡产生高频的多普勒频移激光:深入到 X 射线区的谐波梳。原则上,全频段相位锁定不仅能够产生阿秒脉冲,也能产生仄秒脉冲。这个时间尺度允许科学家对核相互作用过程展开研究。

XFEL 设备不仅定义了 X 射线强度的新高度,而且在脉冲持续时间上也开启了新的篇章。几十年来,同步加速器设备可以产生 100ps 的周期性脉冲 X 射线,然而,XFEL 已经将脉冲时间进一步压缩到了 1fs,脉冲时间压缩了 5 个数量级。原理验证实验表明,下一代 XFEL 设备将具有产生阿秒脉冲的工作能力。

---

① 原子单位定义为氢原子基态电子与质子之间的库仑场强度,其值为 50V/Å。

2.1.3 频率、带宽和相干性

光与电磁波作为现代 AMO 物理学的基本工具,其应用包括光谱、冷却、时钟、超快、计量和成像。光的颜色通常由它的频率来定义,频率是 1s 内电磁波振荡次数的度量,国际单位制中用赫兹(Hz)表示。在真空中,频率正比于光速除以波长。科技领域中的电磁频谱是连续的,其频率从射频(kHz)到伽马射线(γHz,1γHz = 10^{24}Hz)。无论是连续模式的光还是脉冲模式的光,都可以通过载波频率或中心频率以及带宽等分布函数来描述。不同频谱的光可以用来探测和控制物质的不同特性。人眼敏感的可见光占据频谱的一小部分,其对应频率范围为 0.4~0.8PHz。在光谱应用中,光的频率对应介质特定的量子跃迁频率。典型的例子,电子从基态到其他束缚态的真空跃迁频率在可见光到紫外频段(6PHz),而里德堡态、精细结构和超精细结构之间的跃迁频率则低得多。在分子或固体中,由原子核运动产生的附加自由度跃迁频率覆盖微波(GHz)到红外(100THz)波段。光的频率高于真空紫外频率时,会产生电离效应,使电子从价态和内壳层束缚态电离为自由电荷。硬 X 射线(30PHz~20EHz)可以识别分子结构,此时硬 X 射线的波长甚至小于物质中原子的间距。

带宽和相干性是光频谱的两个重要特征。带宽是光的频率分布范围,相干性定义了不同波长的光在空间和时间上的相位关系。对于完全受限于相干傅里叶变换的光,带宽仅与时长倒数有关。因此,双周期的可见光脉冲具有与载频相当的带宽,而高纯度的单色激光则必须以连续波模式运行。激光在时间和空间上高度的相干性,使其非常适合可见光和红外波段的光谱应用。利用非线性光学过程,可以在整个紫外和软 X 射线区域上获得类似激光的高相干性。这些特性正在改变光在超高精密测量和超快科学中的应用。

光的相位控制在激光科学中至关重要。在光谱领域,连续激光有助于显著提高分辨能力,从而可以测量物质更精细的能级结构。相干时间数十秒的超稳定激光器有望使光学跃迁的分辨率精度提高到 $1/10^{16}$。在这些探索过程中涌现了许多新的科学进展,如测量基本对称性、开发高灵敏传感器、探索多体物理的量子特性以及寻找标准模型之外的新物理等。目前,最好的原子钟是基于光场与简并量子物质的稳定相互作用获得的。随着原子跃迁品质因子的显著提高以及系统效应表征与控制的改进,光学原子钟的不确定度已经达到了 10^{-18},这比现行时频标准提高了两个数量级。

超快激光与极限非线性光学的结合提高了时间分辨率,这为在飞秒到阿秒时间尺度上发生的电子动力学探测打开了大门。飞秒锁模(mode-locked,ML)激光器产生的周期性短脉冲序列,对应频域中的梳状结构。因此,相位稳定技术可直接应用于脉冲序列,实现脉冲包络的重复频率和载波频率的控制。同样,宽谱频率梳提供了跨越数百太赫兹的光频标记的相位控制,使得具有超高分辨率与超宽带宽的光谱在超高精密测量和相干光谱的应用成为可能。

2.2 控制光的特性

过去 10 年中,光学技术的巨大成功不仅与奇异特性光场的产生有关,而且与光场特性的精确调控相关。本质上,AMO 研究人员有能力将光塑造成特定的波,从而实现其与量子系统的相互作用。

2.2.1 光谱操控

超短脉冲本质上是宽频激光。利用脉冲整形的技术,ML 激光的相干波形可以转换成用户定义的任意波形。在常用技术中,频率分量在空间上是分离的,可允许对振幅和相位并行处理后再合成单一波束。因此,可以简单认为输出波形是空间图像到复数光谱的逆傅里叶变换。脉冲整形在技术领域和超快光学领域都有着广泛的应用。用户定义的超短脉冲已经开始探索光化学反应过程、量子力学过程的"最优"激光控制和多维光谱实现,可见光频段近振荡周期的压缩光脉冲已经用于为非线性生物医学成像和激光加工的显微镜物镜聚焦。

光学频率梳(optical frequency comb,OFC)激光器的发展开启了重要的研究方向。OFC 光源突出了 ML 光谱的离散性,并提供了 ML 相邻脉冲序列间的稳定相位关系。这开启逐线整形或光学任意波形生成的研究,其光谱控制独立于单个梳齿,整形场扩展到整个时间域,这与早期的脉冲整形实验不同。一个挑战是 ML 激光频率梳的梳齿间隔通常小于 1GHz,其太小将会使大多数脉冲整形器无法分辨。新的光学频率梳方案是利用电光相位调制器或光子微谐振器中的非线性混频过程(克尔梳状)将连续激光转换为宽带相干脉冲光,实现逐线脉冲整形。这种光学频率梳提供了更宽的频率间隔,并在集成光子技术中展现了调谐灵活和集成方便等新特性。

另外,脉冲整形影响了量子光学领域。虽然其最初是为相干超短光脉冲操控而开发的,但它同样适用于任何宽带光信号的光谱相位和振幅滤波。在自发参量下转换过程产生宽带的时间 - 能量的信号光子和闲置光子时,它能够对两个光子间的时间关联函数进行可控整形。这种操作在数学上类似于经典的超快光学,但上述过程有明确的物理意义。最近的工作进展涉及光的量子态操控和测量,叠加态作为光量子信息领域的新自由度,允许量子信息被编码在离散频率构成的相干叠加态上。高维编码的量子比特在量子信息领域具有潜在的应用价值,它利用单光子编码携带多比特信息,能够在光纤中稳健传输,允许频分复用与路由、芯片微谐振器兼容,能够实现光子间空间模式或角动量模式的超纠缠。

2.2.2 空间操控

光空间操控的新方法借鉴了固态物理中的一些观点,这些操控方法为光局域和发射的可重构结构研究打开了大门。例如,Raghu 和 Haldane[1] 在 10 年前提出的光子拓扑绝缘体实现了单向空间光波导,其在工艺缺陷条件下即使在尖角和弯曲处也能保持传输稳定。光子拓扑绝缘体已经在硅环阵列或螺旋弯曲波导阵列等无源结构中实现。此外,任意几何结构的拓扑激光器已经实现,其可以沿单向边模空间局域辐射激光。光子是中性粒子,因此没有自然存在的规范场来实现光子耦合。然而,在动力学调制的光子结构中可以对光子产生有效规范势。最近的一些进展证明,光的空间局域是通过不同规范势间的边界区域实现的,而不是通过高折射率和低折射率区域边界实现的[2]。

Anderson 局域通过构建无序和多体相互作用,利用散射粒子的干涉和相干实现光的强局域化,这与通过有序性和周期拓扑光子学实现的空间传输是不同的。在过去的 10 年里,Anderson 局域已经由最初的验证性实验扩展到纠缠光子的量子领域,这些光子表现出违反直觉的聚束或反聚束等惊奇行为。人们也对准晶体中的局域化和波的传播进行了研究,准晶体是材料按照定义好的方式精密排列的一类晶体,它具有长程取向有序但没有平移对称性[3]。

超材料为亚波长分辨率的空间光操控提供了独特的方法。超材料由排列在亚波长晶格中具有空间变化的大量谐振器组成。人们可以通过独立谐振器的几何结构设计来操纵光的振幅、相位或偏振。这使得电磁场的全空间控制具有极大的灵活性。例如,超材料可以通过实现高数值孔径的无像差透镜来产生强聚焦波前。这种电磁场的完全空间操控方法使得全息图与结构光束的产生以及隐身的实现成为可能。人们还可以利用超材料的高空间分辨率在一种材料中实现多种功能。超材料的亚波长谐振腔可分为等离子体谐振腔和介质谐振腔两类。等离子体谐振腔通过更小尺寸的共振器可以获得极高的空间分辨率,但其金属材料同时存在吸收问题。介质谐振腔通过使用高折射率介质材料(如硅、氮化硅和二氧化钛)来避免吸收问题。尽管全介电超材料与等

---

[1] S Raghu, F D M Haldane. Analogs of quantum – Hall – effect edge states in photonic crystals, Phys. Rev. A 78:033834,2008.

[2] For an extensive review of topological photonics and gauge potentials, see T Ozawa, H M Price, A Amo, N Goldman, M Hafezi, L Lu, M C Rechtsman, D Schuster, J Simon, O Zilberberg, and I Carusotto, Topological photonics, Rev. Mod. Phys. 91:015006,2019.

[3] Z Vardeny, A Nahata, A Agrawal. Optics of photonic quasicrystals, Nature Photon 7:177 – 187,2013.

离子体材料相比空间分辨率较低,但其高效率的特性以及与互补金属-氧化物-半导体(CMOS)兼容的潜力引起了人们的极大关注。目前还缺乏有效的方法对大量谐振器进行动态调谐,这需要开展二维材料、相变材料等可调谐材料的进一步研究。

2.2.3 量子调控

实现单个光量子(光子)间的强相互作用是光学科技领域的长期目标,其具有重要的基础研究和工程应用价值。虽然半个多世纪以来人们已经知道光子可以在非线性光学介质中实现相互作用,但在单光子水平下传统材料的非线性效应完全可以忽略。在过去的10年中,量子光学取得了显著进展,最近几个关于单光子水平的非线性光学调控实验代表了该领域的最高水平。

光学领域的一个长期目标是在更低光功率或脉冲能量下实现非线性效应。极限情况下产生量子非线性光学效应,此时光子间的相互作用非常强烈,以至于光子数为一二或更多的光脉冲的传播特性随着光子数的变化而显著变化。目前,由于块状光学材料的非线性系数很小,这一目标难以实现,但其潜在的应用价值很明显。一方面,量子非线性光学的实现可以改善经典非线性器件的性能,例如,可以实现无欧姆加热的快速节能光学晶体管;另一方面,单光子调控非线性开关可以应用于光量子信息处理和通信,以及应用于非经典光场的产生和操控。

在过去的10年中,通过腔量子电动力学(canvity quantum electrodynamics,cQED)和里德堡阻塞的光子与光子相互作用可以实现量子非线性光学的这个长期目标。cQED方法除了强聚焦光束提高能量密度,还可以通过光子重复穿过原子来提高原子与光子的相互作用概率。通过光学腔可以实现cQED方法的上述功能。光学腔由两个或多个高反射镜组成,进入腔的光子在腔内多次反射直至透射或损耗。腔内光子的多次反射增加了相互作用的概率,通常用"精细度"来量化这种与腔损耗相关的物理量。考虑原子与光子的多次相互作用,可以定义协同性这一物理量来归一化单光子水平上的非线性相互作用。在过去的10年中,已经实现了协同性接近50的系统。上述方法实现了单光子晶体管、单光子相位开关,基于光学腔强耦合的单原子与单色心实现了单光子水平的量子逻辑运算和纠缠。这些技术同样用于实现纳米光子腔中两个色心间的光介相互作用和两个俘获原子间的量子逻辑门[1]。这些工作为光波导连接的多原子节点集成量子网络的实现铺平了道路(参见第4章)。

---

① R E Evans, M K Bhaskar, D D Sukachev, C T Nguyen, A Sipahigil, M J Burek, B Machielse, et al. Photon-mediated interactions between quantum emitters in a diamond nanocavity, Science 362.

另一种基于里德堡原子的方案不需要光学腔,其利用强的原子与原子相互作用实现光子相互作用。里德堡原子宏观尺寸的轨道半径使其具有较大的极化率,这会极大地增强相互作用强度。例如,光子与里德堡原子通过电磁诱导透明过程实现耦合,里德堡原子间强的长程偶极相互作用可以作为中介实现光子与光子强相互作用,这种相互作用可以在单光子水平进行。实现这样的系统一直是非线性光学领域的一个长期目标。研究人员通过这种方法实现了吸收两个光子辐射一个光子的光学介质,实现了两个和三个光子之间的束缚态,也实现了两个单光子相互作用导致的稳健非线性相移。

目前,人们正在探索的光子与光子强相互作用,可以用于实现光子态的量子到量子调控、单光子开关和晶体管、全光确定性量子逻辑操作、远程量子通信网络以及新的光与物质的强关联态。其中一些令人兴奋的新进展将在后续章节讨论。

2.2.4 光场压缩态

不仅单光子有相应的量子关联特性,连续光也有对应的量子特性,且可以应用于传感和计量。连续光的量子压缩态可以用于提高光学测量精度,其更多应用在激光干涉仪领域。量子不确定原理给出了粒子位置和动量等互补物理量的同时测量极限。压缩态光场通过降低相位(或振幅)噪声可以改变这个测量极限,根据"压缩"的不确定关系,其代价是增加正交振幅(或相位)的噪声。因此,压缩态光场低噪声的分量可以作为探测光来获得更高的测量精度,该分量不受正交分量噪声增加的影响。

压缩光的应用领域包括辐射测量、量子传感和量子密钥分发。然而,它在引力波探测器中的应用更具有代表性,压缩光增强了数千米臂长的激光干涉仪输出段的测量灵敏度。这是 AMO 技术为革命性的天体物理仪器开发提供的很好例证,在第 6 章中有更详细的描述。

在不久的将来,随着压缩光源被设计得更加便携和紧凑,可以用于改善任何量子极限的光学测量。实现这一点,必须要解决线性和非线性光学元件的损耗、光电探测器的效率及光接口等技术问题。

2.3 新兴平台

基于光学技术发展起来的"平台"可应用于许多不同领域。本节将介绍其中一些多功能平台以及它们所带来的进步。

2.3.1 固态色心的光学控制

晶体缺陷形成的色心广泛应用于宽带隙材料中,其已经成为光-物质耦合、量子信息处理和量子传感领域极具前景的平台。固态类原子掺杂的量子调控结合了原子和凝聚态量子比特的优点,既具有优异量子特性的独立原子系统优势,也具有强相互作用的可集成纳米量子器件的优势。通过低浓度掺杂等方式在固态晶体中引入局域缺陷形成的掺杂材料,具有紧束缚定域轨道特性,其电子态类似于单原子中的电子态。换句话说,它们本质上就像凝固在固体晶格中的单个原子。类似于原子和离子操控,利用 AMO 物理中发展起来的相干控制技术可以实现掺杂材料量子叠加态的制备和操控。值得注意的是,这些光学调控技术即使在室温条件下也可以实现。此外,由于类原子系统的波函数局域化特性,其可以与晶格中的核自旋、光子或声子等其他系统和自由度强耦合。最近的实验表明,类原子系统量子态可以深度调控,其应用范围覆盖信息处理、量子通信、生物传感等。

金刚石中的氮空位(nitrogen vacancy,NV)色心是类原子系统的一个典型的例子。这种量子缺陷由替代的氮原子与其紧邻的一个碳原子空位组成,可以自然产生,也可以通过氮离子注入和退火产生。空位周围空键的电子类似原子核或离子束缚态电子的角色,其具有长的自旋态寿命和确定的光学跃迁频率。电子态位于金刚石较宽的间接带隙内,基本不受晶体布洛赫态影响。此外,金刚石的弱自旋轨道耦合以及近无自旋的碳-12 晶格为色心自旋创造了一个理想的固态环境。因此,尽管 NV 色心被距离几埃的邻近原子包围,但其量子态受环境扰动非常小,相干特性甚至可以与超高真空中捕获的原子相媲美。在过去的 10 年中,人们基于 NV 色心实现了长寿命的量子存储器和多比特量子寄存器,探索了离散时间晶体(参见第 4 章)的平衡态新物质相,实现了无漏洞贝尔不等式的首次验证,开展了长距离纠缠和特殊用途的纳米尺度传感器等。基于 NV 色心的磁强计能够传感单个分子和皮升体积样品的核磁共振(nuclear magnetic resonance,NMR)信号,其灵敏度足以对单个细胞进行核磁共振波谱分析(见第 4 章)。这些技术已经在生物医学诊断中得到了实际应用。

此外,在过去几年中人们积极探索金刚石和其他宽禁带材料中的类原子缺陷材料。在一些特定应用场合中,它们相对于 NV 色心具有更优异的性能。例如,利用纳米光子金刚石的硅空位(SiV)色心实现的光学接口,可以应用于高效的单光子产生、存储、纠缠和操纵。具有中心反转对称性的 SiV 色心具有更优越的性能,最近 SiV 色心的工作首次展示了存储增强的量子密钥分配(见第 4 章),这些特性使 SiV 色心有可能取代 NV 色心,并在量子光学和量子网络领域展现出潜在的应用价值。除上述材料,碳化硅和二维缺陷材料也在积极探索中。标识与定制设计的具有特定功能的类原子系统是材料科学研究领域的活跃课题。

2.3.2 集成光学

在过去的 10 年中,光子学界见证了光学领域的彻底变革。研究人员将最初的零散器件小型化发展到能够使用硅基芯片上的数千个集成光学元件来定义和控制光的传输。实现这种大规模集成的关键是降低光损耗。在过去的 10 年中,半导体工艺的进步使波导光传播损耗下降了几个数量级。由于最近光子平台的发展,现在可以实现芯片级的光学延迟(图 2.5),可以在亚微米大小的波导中实现长距离、低损耗的光传输。

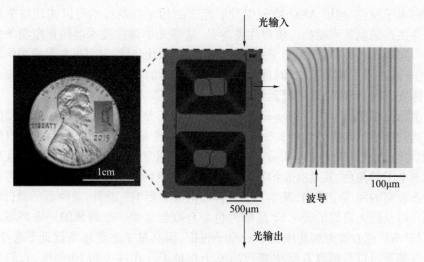

图 2.5　封装在面积 8mm² 硅芯片上的长 0.4m 波导

注:这种芯片级的长程光延迟是由最近发展的光子平台实现的,这种亚微米尺寸的波导可以实现长距离、低损耗的光传输(资料来源:X Ji,X Yao,M A Tadayon,A Mohanty,C P Hendon,M Lipson. "High Confinement and Low Loss Si3N4 Waveguides for Miniaturizing Optical Coherence Tomography," paper SM3C.4 in Conference on Lasers and Electro–Optics,OSA Technical Digest (online),Optical Society of America,2017)。

集成光学领域,特别是硅光子学领域正在迅速发展,从激光雷达到量子平台等领域都展现出全新的应用。21 世纪初,最初推动硅光子学发展的动力仅仅是其可能应用于低功耗传输和超高带宽调控,现在硅光子学领域的应用不断拓展。这部分归因于兼容硅光子学的新型芯片级器件和材料。这样的技术与设备可以在整个可见光、红外光和中红外光波段操控光。

基于芯片非线性光学平台能够在不同光谱频段产生光和操纵光,其相对于块状和光纤材料有优势。首先,与石英玻璃相比,大多数光子芯片材料(如氮化硅、铌酸锂)具有相对高的非线性特性。更关键的是这些材料具有波导芯层和包层之间高折射率对比度的特性。例如,硅和氮化硅材料在 $1.55\mu m$ 波长处的折射率分别为 3.4 和 2.0,而包层氧化硅材料的折射率通常为 1.46。这种高折射率对比度的结构可以将光约束在小于波长面积的区域内传输,实现长达1m的工作距离,并可以通过增加功率极大地增强有效非线性。这种强约束还允许通过微调波导尺寸和形状实现色散调控,进而实现宽带相位匹配光学参量过程。

微腔克尔频率梳作为集成光学在非线性光学领域应用的典型例子已经在大量平台上得到验证,包括与标准微电子处理平台完全兼容的硅基平台。它们的光谱范围已经扩展到可见光和中红外,重复频率接近微波频率。更重要的是这种芯片级频率梳可以产生完全相干的光频率梳,其带宽仅受色散和透明的限制。在过去的几年里,这种孤子微梳已成功应用于超快测距、天体物理光谱仪校准、太比特速率的数据通信以及双光梳光谱。

这些集成平台在非线性光学方面展现出强大的工程技术优势,其允许大规模部署,并可以在卫星或移动设备的功率水平运行。同样情况下,典型的光纤损耗在每千米几个分贝的水平(1dB约为25%),比光子芯片的损耗小4个数量级以上。目前还不清楚光子芯片的损耗来源以及如何降低这些损耗,这需要在当前的传统方法上创新。同样地,集成非线性光子学可以使用磷化镓(GaP)等新材料,但这些具有潜力的材料还没有被充分研究。逆向设计的创新方法可以获得极为平坦和复杂的色散分布,其允许在芯片上相干合成任何波长、任意包络的光,并可以在脉冲和连续模式下低功率运行。

目前迫切需要可宽泛调谐的光学材料,以便在单一平台上实现光的产生、控制、处理和探测,当前的集成光学平台还不行。硅基材料具备较好的电子器件兼容性,但它在通信波段的光发射器和探测器不好,并且调制损耗过大;III-V材料具有优异的发光特性和光电探测特性,但其与可大规模集成的CMOS工艺兼容性不好。目前来看,硅基键合III-V材料的异质集成可能是比较领先的技术。

二维材料可以在大规模集成的CMOS平台上实现光的产生、控制和探测的单片集成(图2.6)。这些由单层原子形成的二维晶体材料自21世纪初被发明以来已经有了大量应用。在过去的10年中,基于二维材料的集成器件已实现室温运行的激光器、高速调制器和高速探测器。垂直方向的量子约束使二维材料具有砷化镓(GaAs)、硅等其他三维(3D)光子材料所没有的新型电学和光学特性。

石墨烯是一种具有单原子厚度的碳晶体二维材料。石墨烯不但具有超宽可调折射率、零带隙等独特的光学特性,而且具备和硅基集成电路的CMOS工艺兼容的特性。在过去的10年中,集成探测器和调制器已经取得了巨大的进步,其工作带宽可以超过100Gb/s。开发石墨烯掺杂技术是充分发挥其潜力的关键。石墨烯与沉积材料或非晶材料的集成可以在其他无源平台(如氮化硅、二氧化硅)上实现高效的电光效应。它还可以在硅基材料中制备不受载流子效应影响的低功率、高带

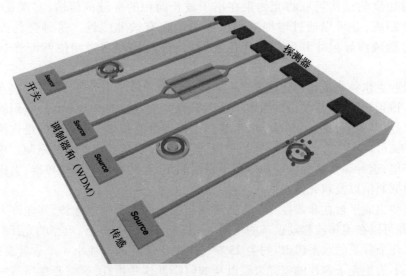

图 2.6 二维光子材料集成传统电介质材料和半导体材料的示意图

注：在二维光子学平台中，无源结构可以与基于二维材料的新型有源器件集成（资料来源：Cardenas 实验室网站 Jaime Cardenas 教授授权使用）。

宽的调制器件。二维过渡金属硫化物（transition metal dichalcogenide，TMDC）与光学芯片集成可以用于产生经典光源和量子光源。最近证实的二维二硒化钨材料中的孤立缺陷单光子辐射，显示了 TMDC 材料在量子信息科学方面的应用潜力。这些单光子发射器可能比金刚石 NV 色心等固态发射器更容易集成到光子器件中。它们有可能具备更优异的可调谐特性和环境敏感特性。此外，还有黑磷这种二维材料，其同样具有可调带隙，兼具石墨烯和 TMDC 的优势。

二维材料与集成光学平台的结合将会改变集成光学领域，并将彻底改变通信、传感、信号处理和量子信息科学等 AMO 相关的重要课题。它将实现三维光学集成，每层都具有独立的光源、探测器、调制器和传感器，并可以统一集成到单个电子－光子芯片中。

2.3.3 光力学

光力学（optomechanics，OM）系统是指实现光（光子）和机械运动（通常是声子）转换的系统。当激光从可自由移动的镜面反射时，它们之间通过辐射压力实现光力相互作用。光学腔等谐振器可以实现光学模式与机械模式的耦合，甚至可以像原子激光冷却一样实现机械模式冷却。受益于纳米制造技术的进步以及对力与位移测量精度的卓越追求，光力相互作用研究对象已经从纳米尺度扩展到宏观物体大小，并开辟了从量子信息到精密量子传感的应用领域。

光力相互作用领域的研究已开始探索基本的科学问题,例如,精密测量的极限是什么?经典行为和量子行为的界限在哪里?退相干如何体现?从更广泛的应用方面来看,光力耦合的物体质量已经从纳克拓展到克,这可以用来开发量子信息工具,例如,用于实现量子信息存储的量子寄存器,用于信息传输的混合系统等,其他应用主要包括力、位移、自旋、磁场等量子传感领域,例如,利用光力可以产生光场压缩态等光学模式的奇异量子态,产生声子 Fock 态等机械模式的奇异量子态。许多在光子与原子相互作用、非线性光学系统中可以观察到的现象,在光-力学系统中同样可以观察到。光力技术的发展受益于纳米制造、低温系统、新材料科学与工程等领域的进步,反过来光力技术的进步同样促进其他领域的发展。

实现量子区域光力耦合的最大问题是机械振子的热噪声。大多数光力系统都需要借助低温环境或激光冷却进行热噪声抑制才能进入量子区域。随着微纳加工技术的进步和实用化低热耗散材料的使用,机械谐振子的设计和控制将变得更加完备。未来低噪声振荡器允许机械振子完全运行在量子涨落主导的区域,甚至可以在室温下运行。腔光力研究是一个迅速发展且前景广阔的领域。

2.3.4 阿秒光源

2001 年,利用气体中的高次谐波产生(HHG)过程首次在实验室展示了阿秒光脉冲的产生,这意味着研究人员现在有工具可以及时跟踪物质中电子运动。阿秒光源的开发和应用同时快速发展。目前,在世界各地的实验室中由商用钛宝石啁啾脉冲放大激光器驱动的 800nm 台式阿秒极紫外光源(10~150eV)被广泛应用。该光源典型重复频率为 1~3kHz。在过去的十年中,通过利用长波红外激光($>1.5\mu m$)驱动获得高能 HHG 光子,其波长范围已经从 XUV 波段扩展到水窗(软 X 射线)波段(X 射线光子能量为 282~533eV)。同时,脉冲时间也一直减小,当前纪录约为 50 as。图 2.7 是用于演示阿秒光电离实验的典型台式装置。产生序列脉冲或单个阿秒脉冲的原理是相似的,其只需要对泵浦场进行不同的整形。该装置的概念与同步加速器或 XFEL 平台非常类似:阿秒激光源的束线可以支持不同的终端站,允许电子或光子检测;此外,它还需要在实验室超高真空装置中运行。

在未来 10 年,基于气体 HHG 和 XFEL 的阿秒 X 射线开放用户设施将为众多领域的研究人员提供开展电子动力学研究的机会。高平均功率超快光源的进步,为重复频率 0.1~1.0 MHz 的阿秒激光的实现提供了途径,基于此可以开展多粒子符合测量等高灵敏测量。同样,新的高功率飞秒中红外激光器,使脉冲持续时间接近一个原子时间单位(24.2 as)的千电子伏 X 射线成为可能。

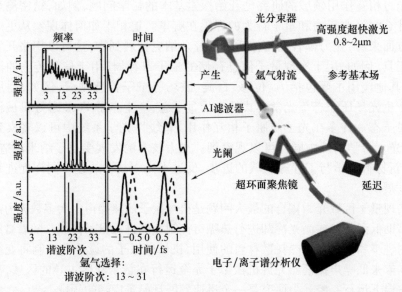

图 2.7 RABBITT 的典型阿秒干涉平台(双光子跃迁干涉的阿秒拍频重构,如下所述)

注:超快激光脉冲被聚焦到气室气体或喷射气体中产生相位匹配的高次谐波辐射。谐波相位由空间和频率滤波调控。在上述装置中,谐波被聚焦到电子光谱仪中以方便引入感兴趣的气体测量。对于瞬态吸收测量,用高密度气体、固体以及极紫外单色仪/探测器代替末端站。分离小部分激光能量传输到 Mach-Zehnder 干涉仪的第二个臂上。基于参考臂与 HHG 臂的延迟测量可以实现阿秒精度的光谱。左侧的图显示了时间-频率依赖关系的变化、阿秒序列的形成。与孤立脉冲的形成原理类似,需要在参考激光脉冲上采用门控技术(资料来源:Louis DiMauro)。

2.4 光特性的使用

AMO 科学所开发的工具对科学和技术领域有着广泛的影响,这是 AMO 科学的优势之一,这些优势有助于开展新的前沿领域研究。Arthur Ashkin(2018 年获诺贝尔物理学奖)开发的光镊就是一个很好的例子,这项技术现在已经成为生物学与原子/量子物理学的标准工具,该创新理念来源于对光力基本原理的理解。正如在这项研究中所阐述的那样,这种传统一直延续到今天。本节说明了 AMO 研究人员如何利用光的基本特性来开发设计计量领域和传感领域的新工具。

2.4.1 超快 X 射线计量

从 21 世纪初开始,人们已经具备熟练测量光脉冲的能力。利用现有光脉冲表征技术"动物园",例如"青蛙"(FROG)、"蝌蚪"(TADPOLE)和"蜘蛛"(SPIDER),研究人员可以精确测量复杂超快光脉冲的振幅和相位。此外,基于非线性光学或光电子能谱的干涉测量方法可以将超短脉冲的相对载波包络相位(carrier envelope phase,CEP)测量精度提高到 0.1 rad。还有,基于立体阈上电离的相位测量方法[①]可以确定单次激发的 CEP,从而允许标记单个激光脉冲。

更短波长的超快科学挑战聚焦一个简单的问题,即如何测量脉冲的时间特性?AMO 领域已经发展了一种完整表征激光脉冲的精密测量技术,这些技术完全可以推广应用于 XUV/X 射线领域。基于强场原子物理的技术积累提供了一种获取时域信息技术的方法,为 RABBITT 变形技术(通过双光子跃迁干涉实现阿秒拍频重构)利用 XUV+IR 场的量子简并光电离路径干涉产生调制边带,由此产生的光电子能谱图携带了阿秒脉冲序列的时域信息。利用 XUV 阿秒脉冲在相对强的参考光场下电离目标原子,通过条纹法可以实现单个阿秒脉冲的时间测量。上述过程释放的光电子从参考场的矢势中获得额外动量,动量大小可以通过干涉仪调控 XUV 和参考场间的相对相位控制。因此,参考场时间相关的矢量势过程与传统实验室示波器的显示功能类似,只不过它的带宽是拍赫量级。这些技术在表征从 XUV 到软 X 射线的阿秒脉冲以及标定阿秒动力学特征等方面得到了广泛认可。通过这些测量方法,钟精度可以提高到亚阿秒量级。2009年,LCLS 设施中使用的 XFEL 激光为硬 X 射线领域的时间计量提出了新的问题,如何测量这些瞬时辐射的 X 射线猝发信号?在对 10 年前开发的用于阿秒脉冲测量系统的桌面技术升级转化中,AMO 社群给出了答案。尽管设备操作给 XFEL 平台的应用带来了一些挑战,但 AMO 的研究人员提出一些解决方案,并尝试探索这些挑战带来的新物理。这些 AMO 领域的技术已成为所有 XFEL 设施的主流技术。

2.4.2 光钟的产生

在过去的一个世纪,光谱分辨率的提高是许多科学和技术突破的核心驱动力,包括激光的发明和超冷物质的实现。近年来,光学原子钟的发展也得益于同样的追求。大量核心理念和技术能力的出现,加速提升了时钟性能。这些进步包括在可见光范围寻找和使用高质量原子跃迁能级,基于特殊设计的光晶格俘获单离子与多原子系统的量子态工程,研发超稳定激光器以及发明光学频率梳。

光学相位的精确控制是激光科学的一个重要课题。在光谱领域,连续激光器较强的光谱分辨能力有助于识别更精细的物质能级结构。超稳定激光器数十秒的

---

① 立体阈上电离法是一种少数周期脉冲的强场光电离技术,其对脉冲 CEP 的微小变化敏感。

相位相干性使光谱分辨率接近 $1/10^{16}$ 的光学跃迁成为可能。光学频率梳将稳定光学相位控制和超快科学结合起来,其作为有力的工具可以在整个可见光谱甚至更广阔的范围内实现前所未有的光谱分辨率。

单原子的量子态调控在精密测量方面已经展现了非凡的性能。基于单离子俘获构建的频率标准是具有敏锐科学洞察力和丰富技术前瞻性的开创性工作。最近,利用钟态不敏感的光学晶格俘获系综原子,极大地增强了原子光谱的信号强度,提高了时钟的精度。当前最好的原子钟测量不确定度已经可以达到 10^{-18}。随着量子物态和量子模拟的发展,实现更高精度的时钟成为可能。此外,AMO 研究人员为理解和构建量子物态找到了新的研究方向和研究线索,在这里多体物理不再是精确测量的障碍,而是提高测量精度和准确度的新前沿领域。图 2.8 为 JILA 新型的三维光学晶格钟,它通过费米原子气体的空间关联,有效地抑制了原子运动和碰撞效应。这类系统为多体量子工程与量子计量的结合提供了有力平台,使低于标准量子极限的精密测量成为可能。

图 2.8 （见彩图）JILA 新型的三维光学晶格钟
(a)由三对激光束实现的三维光学晶格量子气体原子钟;(b)蓝色激光束用于激发位于桌子中间圆形窗口后面的锶原子云(锶原子被蓝光激发时会发出强的荧光)(资料来源:(a)由 JILA 和 Steven Burrows 提供;(b) NIST,"JILA's 3-D Quantum Gas Atomic Clock Offers New Dimensions in Measurement," News, October 5,2017;由 G. E. Marti/JILA 提供)。

光、物质精确控制的融合有助于在不同物理学科间架起桥梁,有助于培养创新能力来探索基本物理规律和新奇物理现象。人们通过寻求更好的原子钟来研究新出现的众多前沿科学问题(见第 6 章),例如,基础物理常数的测试、更高灵敏度传感器的开发、量子多体物理的探测以及标准模型外新物理的探索。

2.4.3 光的传播:传感与控制

激光光束具有高度定向特性,这一特性使其适用于远距离化学污染物检测,也适用于测绘或自动驾驶等远距离遥测等。基于 AMO 的许多衍生传感技术对环境监测及其他监测活动产生了深远影响。使用光纤测量物理、化学和生物/医学现象就是一些重要的应用。对光传播、相对论干涉测量、玻璃介质中离子的能带结构以及"奇异"光学介质中的吸收/散射过程等方面的深入研究,有助于光纤传感器在民用和国防领域的成功应用。

激光诱导击穿光谱(LIBS)是远程探测的传统方法,它利用激光束在远程目标上产生小的等离子体羽流实现探测。等离子体复合时会产生出与材料成分相关的辐射,该特征光谱可以用于材料识别。上述过程存在两个问题:一是激光在传播过程中的发散会导致样品辐射强度较低;二是样品辐射径向分布损耗导致传回探测器的光信号较弱。

最近出现了一种 LIBS 替代方案,较大峰值功率的超短激光脉冲在大气中传播时会产生非线性光丝效应(light filamentation, LF)。在光丝效应中,空气像透镜一样将激光聚焦,焦点附近粒子电离并形成等离子体,等离子体的散焦效应阻止了聚焦点的进一步电离,当两者达到平衡时,激光束/等离子体就可以实现稳定传播。LF 具有独特的性质:一是它们不发生衍射,从而允许高强度光束传输到远距离目标物;二是它们的光谱频段覆盖整个可见光范围,这是光谱分析的理想选择。

最近的研究表明 LF 过程可以在远程目标上产生太赫兹辐射。太赫兹辐射对光谱分析很重要,但是不能在大气中长距离传播。通过 LF 过程在远程目标附近实现太赫兹辐射,可以将大气传输损耗的影响降至最低。此外,LF 效应也可以产生局部破坏性电磁脉冲。美国陆军研究办公室最近利用该效应演示了无人机远程击落。

人们期待在远距离目标中的光与等离子体相互作用过程出现新效应。研究人员正探索利用空气中激光产生的背向传播光束来降低传播损耗。此外,麦克斯韦方程组的特解允许"飞行环面"的结构,这与传统的电磁波截然不同。在这种结构中,电场环绕磁场,磁场由平面垂直于传播方向的环状分布线组成。虽然理论已经清楚,但这种结构一直没有在实验中产生或探测到。

激光频率梳是近年来宽带光谱和传感的另一个强力技术。虽然频率梳最初是为频率计量而开发的,但现在已成为宽带分子光谱学领域的有力工具。超短脉冲的宽带相干光谱提供了线性和非线性领域的光谱新方法,在分辨率、精度、时间尺度和灵敏度方面优于其他技术。

激光频率梳既能够以非常高的灵敏度进行局部传感,又能在数千米长的开放路径上进行积分探测。宽带光谱能够同时探测不同的材料和不同的跃迁波长,这提高了测量的一致性和可靠性。当光频梳梳齿可分辨时,设备对实验光谱线的影响可以忽略不计。大量宽带频率梳光谱在传感领域的概念验证和演示显现出巨大的应用潜力。中红外波段的双光梳光谱仪可以在毫秒时间内对数十米以外的氨气进行开放路径积分检测。同样,基于中红外光梳的开放路径测量也可以在毫秒时间内完成大气中的 CH_4 和 H_2O 检测。光频梳光谱技术还用于海气边界层的大气化学自由基浓度检测。例如,可以在分钟尺度内完成溴、碘和二氧化氮的检测,在南极洲东部,其单位体积检测极限灵敏度可以优于万亿分之十。

最近,梳齿可分辨双光梳光谱技术可以在 2km 的露天环境实现高灵敏度大气痕量气体检测,针对几种温室气体的径迹持续浓度重复检测实验表明,该测量技术具有很好的一致性。随着光纤激光技术的不断进步,光梳光谱仪已经完成可搬运系统集成。在线运行设备已成功用于工业燃气轮机的检测,在数平方千米区域的甲烷泄漏识别和定量检测中,其灵敏度优于传统方法 3 个数量级左右。此外,借助其他取样技术可以使光谱诊断工具多样化。例如,激光诱导击穿光谱和双光梳光谱的结合,为土壤、岩石和矿物的原位分析奠定了基础。

2.5 光造新工具的未来

历史已经表明,光学工程的进步对科学、技术和社会产生了变革性的影响。无论是伦琴发现的 X 射线,还是 Maiman 首次验证的激光,或是 Akasaki、Amano 和 Nakamura 开发的高效蓝色二极管,它们在全球对社会的影响都是不可估量的。基于科学挑战和重大需求而兴起的新型光源,很容易预测该变革持续影响的发展趋势。

光学相干调控在时间和频率领域都展现出惊人的技术能力,基于此的光与物质相互作用也进入新的阶段,进一步推动了新的科学发现和新的技术发展。光高度的时间和空间相干性,使其在红外、可见光、紫外线甚至软 X 射线领域产生任意波形成为可能。在频谱领域,连续激光器具有显著增强的光谱分辨能力,这有助于看到更精细的物质结构。相位相干时间数秒的超稳激光器,使研究分辨率超过 $1/10^{15}$ 的光学跃迁成为可能。在这些研究过程中取得了许多新的科学突破,如基本对称性的实验验证,更高灵敏度的传感器开发,多体物理的量子特性探索,超越标准模型的新物理发现等。目前,最好的原子钟是基于光与精确可控的原子或离子相互作用实现的。这些系统在未来 10 年会极具发展潜力。

光的量子态产生和调控将在新兴的量子通信网络中发挥关键作用。与此同时,压缩态光场已在激光干涉引力波天文台(laser interferometer gravitational-wave observatory,LIGO)中使用,其通过降低量子噪声显著提高了致密双星合并信号的探测灵敏度。进一步开展量子信息科学和集成光子学的平台集成将极大地促进应用、传感、通信和计算领域的发展。

观察、记录和控制物质的所有成分一直是人们的科学梦想,这些研究领域几十年来一直活跃。虽然研究进展持续推进且富有成效,但梦想还未实现。然而,超快 X 射线科学的新进展可能是实现这一梦想的转折点(见第 5 章)。首先,阿秒科学和技术的持续进步提供了可视化技术,可以用于探测物质中运动最快的电子。高平均功率的超快激光工具可以实现运动电子的高保真测量。其次，XFEL设施这一革命性的创举将"超快"引入了X射线科学的概念中。众所周知，用于确定分子结构的X射线现在可以用来记录分子电影。随着这两项技术的进步，未来10年有望实现科学梦想。

强激光与物质相互作用的前沿研究显著增加，其终极目标是利用足够强的激光打破真空，即利用真空创造物质。目前，激光所能获得的最大能量比上述要求低了7个数量级，除非使用超相对论电子加速器进行洛伦兹变换来获得高能激光，其他方法目前无法实现。然而，欧洲和亚洲正在推动的相关激光技术可以将激光功率提高到数十拍瓦甚至更高。这些激光设施的研发需要大量投资。美国对这一前沿领域的资助已经落后，但最近联邦政府针对美国国家科学院、工程院和医学院的2018年报告《超强超快激光的新机遇：追求最亮的光》[①]的回应可能会改善当前困境。这项投资对美国在事关国家安全领域重新获得领导地位至关重要。XFEL技术在获得极高强度的X射线方面具有额外的创新和独特的品质。这又提出了另一个前沿问题，即高强度X射线脉冲如何与物质相互作用？唯一已知的是，它可能与目前使用的可见激光相互作用有巨大不同。事实上，该相互作用机制可能与当前的理论不兼容，这在很大程度将需要由实验验证。随着XFEL工程化能力的提高以及欧洲与亚洲新设施的优化运行，对相关物理的探索将成为可能，其中一些内容将在第5章中重点介绍。

2.6 发现与建议

发现：在过去的10年中，超快光源的发展跨越了XUV和X射线频段并取得了革命性的进步。控制和操纵光造工具的能力使AMO物理之外的新应用成为可能。量子信息科学、遥感和物态演化中的超快电子动力学计时等领域的新平台正在出现。因此，融合物理学、工程学、化学、材料科学和生物学等学科的交叉学科成为了前沿领域。

发现：超快X射线科学的发展对资源的要求越来越高，这超出了单个首席研究员（principal investigator，PI）资助模式的能力。XFEL设施是需要国家实验室管理的大型基础设施。然而，诸如阿秒级和拍瓦级激光器的桌面系统已经发展到中型设施水平，这需要相应的操作管理和安全基础设施。在利用这些中型设施所带来的机遇、尖端技术、劳动力培训及经济效益方面，美国落后于世界其他国家。

---

① 美国国家科学院、工程院和医学院，2018年，《超强超快激光的新机遇：追求最亮的光》，美国国家科学院出版社，华盛顿特区。

建议：美国联邦机构应在发展超快 X 射线光源设施等广泛的科学领域投资，同时保持强大的单个首席研究员资助模式。这包括在中等规模大学托管环境中建立用户设施。

发现：尽管在硅基线性和非线性集成光子领域取得了巨大进展，但仍需要超低损耗平台以实现光的高效产生、开关和探测，尤其是在量子相关的应用中。这种平台或许可以通过在硅上集成多种材料来实现。

发现：目前正在探索的具备光子与光子强相互作用的系统可以实现独特的应用，如光场的量子到量子调控、单光子开关和晶体管、全光确定性量子逻辑、用于远程量子通信的量子网络的实现以及对于新的光与物质强关联态的探索。

发现：随着纳米制造技术的成熟和高光学质量、低热耗散材料的应用，机械振荡器的设计和调控将变得更加精密。未来低热噪声振子允许机械振子完全运行在量子涨落主导的区域，甚至可能在室温下运行，这为各种应用创造了通用的量子资源。

建议：联邦政府应为基础研究和应用研究提供资助，促进诸如晶圆代工的工业平台建设以及推动跨学科高校实验室的发展，以支持光子学和量子物质工程的集成。

第3章
从少体到多体系统中的新现象

3.1 引言

在典型室温气体中,分子会随机运动并发生碰撞,这种碰撞过程基本满足牛顿力学定律所描述的类似于台球碰撞一样的运动过程。在这种物理状态下,混沌运动的分子仍然是 AMO 研究人员研究的课题。但是为了显现其量子力学特性,实验者必须将气体冷却到低于 $1\mu K$ 的超低温。使用激光、磁场和其他工具将气体温度从室温降低到亚 μK 范围,已成为许多原子甚至某些分子冷却的常规方法。品质因数是平均粒子间距离 d 和量子德布罗意波长 λ 的比。当 d/λ 降到1或更小时,系综粒子深入量子区,此时系统的波粒二象性变得非常重要。在这个极有吸引力的领域违反人们直觉的量子现象变得司空见惯。

本章重点描述了实验控制方面的进展,这些进展已经验证了一系列量子力学现象,少到两个原子,多到由数千个甚至数百万个原子或分子组成的多粒子系统。这些研究活动使人们深入理解量子复杂性的学术追求得到了极大满足,同时为精确控制原子和分子系统提供了良好环境。虽然有时多增加一个原子就需要建立新模型,但这一研究领域最终是与物理学中许多分支学科,如凝聚态物理、精密测量、化学物理和量子信息的兴趣相关。正如第2章描述基于光子调控的基本研究工具一样,本章描述了单原子的精确调控,以及该调控如何成为一个引人入胜的研究课题,如何成为一系列前沿研究课题的实用技术。图3.1 展示了本章讨论的与超冷科学相关的主题概述。

本书中讨论的主题皆具有挑战性,并且处于人们认知与理解的前沿。所讨论的很多现象都很复杂,复杂这个词具有多重含义:一方面指有些系统是复杂的,因为这些系统由多粒子构成并且呈现新的相,这对少粒子系统来说并没有相关相与之对应;另一方面,即使是一些由双粒子组成的系统也可能非常复杂,例如,元素周期表下半部分的原子,若其电子构型不是封闭的壳层,则具有大量能量简并的内态存在。复杂性还有一个含义是指混沌界认同并研究与轨迹或运动随机性相关的所有分支:在牛顿运动规律的经典世界中,混沌复杂性表现出一种形式,在量子世界中混沌则有不同的表现形式。

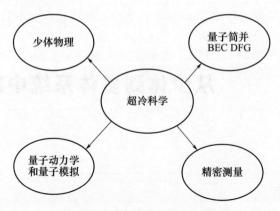

图 3.1　以超冷科学为中心的主题
注:BEC—玻色-爱因斯坦凝聚体;DFG—简并费米气体(资料来源:Chris Greene)。

原子有费米子和玻色子两种"属性"。费米子不能同时处于同一状态,它们必须相互回避。而玻色子有一种众所周知的倾向,即聚集在同一量子态中。在20世纪90年代,铷原子玻色子气体被冷却后形成一种新的物质相,即玻色-爱因斯坦凝聚体(Bose-Einstein Condensate,BEC),在BEC中几乎所有的原子都凝聚形成单一波函数的量子态。不久之后,同位素锂-6(^{6}Li)的费米原子被冷却形成简并费米气体(degenerate fermi gas,DFG)。处于这种量子态的费米子,进一步冷却不会使它们减速,必须通过不断运动保证原子处于不同的状态。这些量子简并气体被首次创造并经过初步探索之后,接下来的10多年是快速发展时期,在此期间实现了其他类型的混合原子气体,以及实验证实粒子间的相互作用可以通过磁场或电磁场精确控制。基于相互作用的精确调控技术推动了超冷科学的进一步发展,包括产生孤子和涡流等动力学现象。此外,利用激光可以在空间形成周期性结构,基于此构建俘获原子的光学晶格在物理上模拟了类似于固体中电子所处的晶体环境。在过去的10年中,这一系列实验技术使人们能够接触到越来越丰富的现象,并创造出新的物质相。在许多情况下,这些现象本身就值得研究,而从另一个角度看,凝聚态和拓扑物理中前所未有的控制水平以及实现新现象模拟的能力本身就具有较大价值。

近年来,在超冷量子气体领域取得了令人瞩目的成就。BEC和其他类型的量子简并系统已经达到了高的调控水平,现在可以在各种实验室条件下实现,例如,可以在一维、二维或三维阱中,以及在均匀量子流体中或光学晶格中实现量子简并气体,可以在多种化学元素中实现量子简并气体;甚至可以在外层空间的卫星上实现量子简并气体。深度可控的量子领域继续突飞猛进,遍及到元素周期表中的多种元素,并日益深入到更丰富、更多样化的超冷分子领域。后者带来了巨大的实际挑战,不像单个原子相对简单的模式那样,分子复杂的电子态、旋转和振动模式不容易理解也难以控制。这种额外的复杂性使得分子通常不太适合激光冷却和俘获(尽管这些技术正在快速改进)。

为理解和控制超冷环境中的原子与分子而开发的许多实验工具,现在已经发展到可以用来模拟有趣和非凡的量子系统,例如描述量子磁体和高温超导体行为的 Fermi–Hubbard 模型。如 3.6 节所述,此类量子模拟系统,可以模拟现有理论方法或计算方法无法可靠处理的系统行为。这些应用是当前量子信息应用的前沿。量子模拟本身代表着很有前途的科学方向,而其他人则将该学科的发展视为通往量子计算应用领域的垫脚石,第 4 章将对此进行详细的讨论。

3.2 从少体到多体:复杂性的形成

科学的本质倾向于发现和理解极致的细节现象,几乎在所有领域中都如此。这方面的例子比比皆是,例如,越来越专业化的材料和超材料的制造与分类,旨在实现特殊的光场调控或研究不同类型的量子气体行为,包括不同的原子、分子、自旋统计(玻色子和费米子)以及不同的拓扑或空间维度。与此同时,AMO 物理学与许多其他学科具有共同的目标,即寻找不同系统中普遍存在的真理,这些系统具有共同的物理本质,但在很多情况下它们的长度、质量和能量大小相差甚远。

这种普遍性最简单的例子就是低能量子领域中相互作用的粒子对,其量子波长就是最基本的问题。Fermi、Bethe 和 Schwinger 等量子物理先驱的研究表明,散射长度控制着低能条件下两个粒子的相互作用方式,在某些情况下可以形成弱束缚态。例如,借助于散射长度的概念,从 20 世纪 90 年代中期开始,早期对简并量子气体实验的理论描述较为成功,量子气体的行为几乎完全取决于散射长度,其大小标度可以简化为对质量或势阱深度的依赖。例如,氢原子和铷原子之间的巨大化学差异与它们的 BEC 特性无关,系统中原子与原子作用的散射长度才是关键。90 年代末,AMO 物理学家通过费希巴赫(Feshbach)共振技术展示了自由操纵散射长度的能力。这项技术开创了可控量子气体的全新时代,并持续至今。

原子与原子相互作用的精确控制已经在一系列丰富多样的系统中展开。在过去的 10 年中,与新奇少原子量子态相关的实验和理论取得了巨大的进展。2006 年,通过磁调控的相互作用首次观察到有趣的量子态,这种违反直觉的量子态称为"普适三原子 Efimov 态"。随后的许多实验也同样通过磁调谐共振过程观察到同核和异核的 Efimov 三聚体态。"普适性"指的是有限范围内具有强相互作用(大散射长度)的任何三粒子系统都应该具有这种状态。此外,在过去的几年中,首次在实验上观察到自然产生的 3 个氦原子的弱束缚 Efimov 共振;这项令人印象深刻的实验,通过结合冷原子技术和超快激光探测技术实现脆弱束缚态的大小、形状和结合能等参数测量。方框3.1给出了氦原子三聚体系统及其更多的实验细节。此外,理论上预测的由4个基态原子形成的束缚态已经通过实验证实,普适量子态族群的研究突飞猛进,使得当前人们对扩展此类研究以发现4个以上原子的普适态充满兴趣。

从微观上看,原子主要通过成对的方式相互作用;但多体相互作用会出现在三体复合等过程中,包括Efimov态及其他通过长程相互作用形成的普适态。玻色子系统中的多体相互作用在光学晶格中已经通过实验证实。对于费米子,已经开展单个杂质粒子与少数相同费米子的相互作用研究(参见图3.3),最近也开始了光学晶格中独立格点的高自旋费米子多体相互作用探索。

方框3.1　自然发生的三原子普适Efimov效应实验观察

元素周期表中任意两个基态原子都存在一定的相互作用,但只有当这种相互作用具有最小能量时,两个原子才能结合形成稳定的双原子分子。在有趣而非直观的Efimov效应(以俄罗斯核理论家Vitaly Efimov命名,他在1970年预测了这一效应)中,当系统引入弱相互作用的第三个原子时,一些惊奇的现象就会出现。例如,对于一些弱吸引的原子,相互作用太弱无法将两个原子结合在一起,但当引入第三个原子时,附加的相互作用会将3个原子结合在一起形成稳定的三原子分子。这种只有三聚体束缚态而不具备二聚体束缚态的系统称为"Borromean",与图3.2(a)中的Borromean环相似,3个环可以稳定连接在一起,但是两个环不能保持稳定连接。在这个由3个弱吸引粒子组成的量子领域里,另一个特性是在某些条件下(无限的二体散射长度)即使不存在稳定的二聚体态,也可能存在无限个Efimov态。2006年,奥地利因斯布鲁克的一个研究小组通过控制超冷铯原子相互作用的散射长度,首次实验观察到了Efimov态。几年后,法兰克福的实验人员证明,不需要人为调控相互作用,氦原子会自发形成Efimov态。图3.2(b)中的实验结果显示了由3个氦原子弱束缚组成的两个三聚体束缚态,其中^{3}He的最低能量(非Efimov)三聚态的原子–原子键长度远小于激发态^{3}He*的键长度,这符合Efimov态的理论预测。

另一个正在发展的领域是光镊俘获的少原子或少分子物理。光镊通过强聚焦激光束在焦点处形成吸引势阱实现原子俘获。一类有趣的实验是利用激光产生双阱势,通过观察纠缠隧穿事件从而深入了解量子纠缠对动力学过程的影响(纠缠的概念见第4章)。另一类实验则是观察单个势阱中两个分子的独特化学反应过程。还有另外一些实验,通过光镊俘获高激发里德堡态原子来研究纠缠相关的物理等,这将在第4章讨论。

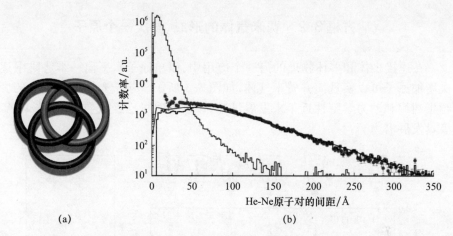

图 3.2 （见彩图）氦原子基态两原子间距（蓝色）和第一激发态三原子 Efimov 态（红色和黑色，Efimov 态的两种不同方法测量结果）原子间距的实验测量数据通过离子计数器一致性处理获得，现有激发态理论预测结果（紫色）。注意，三原子 Efimov 态中任意两个原子间的平均距离比单个束缚对的原子间距大两个数量级左右，这证实了这种普遍束缚机制的奇异量子力学性质（资料来源：(a) 摘自 Jim. Belk, "3D Borromean Rings. png," 2010 年 3 月 23 日；(b) 摘自 M. Kunitski, S. Zeller, J. Voigts – berger, A. Kalinin, L. Ph. H. Schmidt, M. Schöffler, A. Czasch, W. Schöl – lkopf, R. E. Grisenti, T. Jahnke, DöBlume, R. Dörner, Observation of the Efimov state of the helium trimer, Science 348(6234):551–555, 经 AAAS 授权转载）。

超冷物理学使实验观察少体量子态通过新机制形成特殊类型稳态（或亚稳态）分子成为可能。例如，如果原子中的电子被激发到主量子数非常高的里德堡态，它就会在离原子核很远的轨道缓慢绕行，就像冥王星绕太阳运行需要许多地球年一样。实验证明，处于里德堡态的原子可以吸引临近基态原子而产生超长程的"里德堡分子"。这些量子态可能会显现出不同寻常的电子概率分布，有类似于三叶虫化石的电子云，还有类似于蝴蝶的电子云。在过去几年中，对核间距较大的里德堡分子的实验观察成倍增加，甚至包括三叶虫形状分子和蝴蝶形状分子。另一种具有更大核间距的双原子分子也被预测和观察，即宏观二聚体，其由两个里德堡原子通过长程相互作用形成。这些相互作用由外层慢轨道电子通过强烈库仑力相互作用产生。这种双原子和类三原子分子的精密光谱分析揭示了奇特的物理特性，如"比典型分子基态大几千倍"的大电偶极矩，这为分子的微弱外场调控提供了条件。这一领域有必要开展进一步的探索。这类研究的另一个方向是实现 2 个、3 个、4 个甚至更多的基态原子与单个激发态里德堡原子的结合。对于这类系统理论和实验已经开始研究极限体积的结构方式，即许多基态原子与单个里德堡原子相互作用，在某些情况下甚至与单个里德堡原子结合。

方框 3.2 费米气体的形成,一次一个原子

在连接少体和多体物理的另一个应用中,以单原子水平向一维势阱中逐次增加原子可以实现简并费米气体,如图 3.3 所示。基于光镊研究基本的少粒子纠缠和动力学特性近年来发展迅速,该领域时机已经成熟,在未来 10 年极具发展潜力。

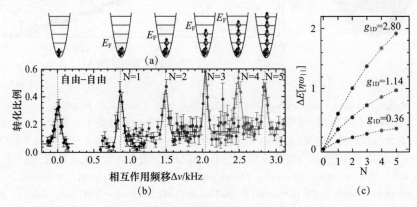

图 3.3 费米气体的形成,一次一个原子

(a)在一维锂原子费米子系统中确定性的制备非相互作用 $N+1$ 粒子态;(b)单个杂质(自旋向下锂原子)与自旋向上的不同数量多原子相互作用的射频光谱(资料来源:A N Wenz,G Zürn,S Murmann,I Brouzos,T Lompe,S Jochim,From few to many:Observing the formation of a Fermi sea one atom at a time,Science 342:457,2013,reprinted with permission from AAAS.,经 AAAS 授权转载)。

3.3 离子相关的超冷物理过程

电磁场中的带电粒子受力远强于中性原子和分子。利用频率和强度合适的激光电离中性粒子的一个或多个电子,可以瞬时形成带正电的离子。一个值得关注且具有实际意义的重要课题是正离子和电子系统如何演化,以及如何控制和引导其在各种条件下演化。这些研究课题通常被视为等离子体物理的探索内容,但该领域与原子和分子物理也有大范围交叉。在过去的 20 年中,通过激光电离预冷却到 μK 温度的原子样品获得了超冷等离子体,超冷等离子的研究使人们对等离子的特性有了新的认识。超冷等离子体物理在过去 10 年中取得了几项重要进展。方框 3.3 显示了该研究领域的进展如下:

方框3.3 超冷中性等离子体

常规中性等离子体的出现需要1000K以上的温度,这由维持碰撞电离所需的能量决定。然而,利用频率调谐的脉冲激光在电离阈值附近对激光冷却的原子进行电离,可以产生温度1K左右的超冷中性等离子体。理论和实验已研究了这些新系统的多种特性,如等离子体的产生和碰撞平衡过程、里德堡原子的电离等。由于库仑相互作用能大于热能,因此,具有强相互作用的超冷中性等离子体平台可以开展等离子的动力学和输运研究。

在强相互作用等离子体中,相邻粒子之间的库仑相互作用能超过平均动能,导致了短程空间关联并改变了集体模式和碰撞率。目前的研究主要集中于该参数区域等离子体的完整理论描述。超冷等离子体实验为新的理论技术发展和分子动力学模拟验证提供了客观的评价标准。这些努力可能会提高人们对其他强耦合等离子体系统的理解,如白矮星和惯性约束聚变等离子体。

在最近的进展中,激光冷却技术应用于超冷中性等离子体中的离子冷却(图3.4),通过电离后的进一步激光冷却获得温度低至50mK的等离子体,更低温度有利于增强系统耦合。强的激光相互作用足以抑制或增强真空中等离子体的膨胀,这为中性等离子体的约束提供了新方法。磁化超冷中性等离子体是另一个活跃的研究领域,它与等离子体约束(如聚变能)以及强场中复合动力学的修正有关。光电离激光冷却的多种原子系统产生了更复杂的强耦合等离子体,目前正开展相分离和不同类原子间的热化研究。超冷中性等离子体也可以通过光电离分子形成,这些分子被注入NO等超声分子束中,探索分子的离解和复合等过程是如何影响等离子体动力学和空间关联的。

因此,超冷中性等离子体为原子物理技术如何开辟新的跨学科研究提供了新的例子。

除了在超冷等离子体所体现的特征,原子或分子的离子还有许多其他的动力学特点。在过去的10年中,理论和实验广泛研究的例子是置于超冷中性原子量子气体中的一个或几个离子所构建的系统。这是自然界不断发生的一种超冷原子模型,例如,活体组织或计算机芯片中的原子被宇宙射线粒子电离后会影响其临近的中性分子。从表面上看,将单个俘获离子浸入100000个左右的原子中,如BEC中,似乎对原子云的影响很小。然而,由于原子与离子相互作用比原子间的相互作用大几个数量级,事实上,会发生一系列相当剧烈的现象。结果是距离子最近的原子被吸引并与之发生碰撞。当两个自由原子(如Rb)与离子(如Ba^+)同时碰撞时,随后的三体复合过程$Rb + Rb + Ba^+ \rightarrow BaRb^+ + Rb$将离化原子转化为分子离子,在该过程中会释放较大的能量将自由Rb原子加热出

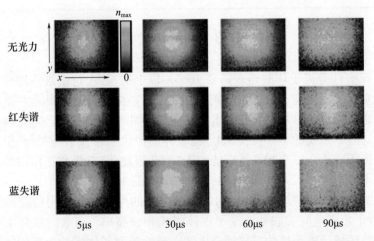

图3.4 （见彩图）超冷中性等离子体中锶离子的激光诱导荧光图像

注：与自由演化相比（顶部），相对 Sr^+ 本跃迁（中间）红失谐的激光在冷却离子的同时阻碍了等离子体的膨胀。蓝失谐的激光则增强了膨胀（底部）。激光沿着 x 轴反传播（资料来源：改编自 T. K. Langin, G. M. Gorman, and T. C. Kil-lian, 中性等离子体中离子的激光冷却（Laser cooling of ions in a neutral plasma），Science 363(6422)：61-64, 2019, doi：10.1126/science.aat 3158, 经 AAAS 许可转载）。

凝聚气体。如果分子离子仍然被俘获，通常情况下，上述三体过程会重复并产生更重的分子离子 $BaRb_2^+$，同时加热第二个 Rb 原子逃出凝聚气体。这一系列的反应过程相当迅速，并能从根本上将最初静止的 Rb 原子 BEC 转变为一个剧烈运动的、高度激发的残余原子的集合，这些原子甚至不再是量子简并的。近年来的研究揭示了这一过程的许多细节，并展示了用于促进或抑制这种反应的各种控制方法。

利用激光激发大尺寸 BEC 中的单个原子到高里德堡态时，里德堡原子的大小可以与整个 BEC 相比较，通过 BEC 中的电荷分离可以实现另一个极有吸引力的动力学现象。里德堡原子中漫游的电子穿过三维原子云时可以与 BEC 中的所有原子相互作用，这导致原子能级移动的同时会诱导缔合电离过程，如 $Rb + Rb^* \rightarrow Rb_2^+ + e$。缔合电离释放的能量会积累在原子云中并对铷原子凝聚态的行为产生显著影响。

超冷分子离子的冷却和俘获是近年来迅速发展的另一个主题，这一主题涉及许多不同的长期研究目标。其中，一些主题聚焦于宇宙基本对称性的精密物理测量，包括电子电偶极矩测量或电子与质子质量比测量以及通过该测量探索时间相关性（有关此类精密测量的更多信息见第6章）。超冷分子离子展现出更多的应用，单量子水平的确定性制备和探测对研究基本光谱和化学反应过程非常有意义，开展离子与中性粒子的碰撞研究对于离子协同冷却具有重要意义。冷分子离子反应对于理解天体物理过程的分类也很重要。

3.4 原子简并量子气体研究进展

一旦原子温度被冷却到 1~100nK,就会出现新的物态或物质相。到目前为止,已经创造和观察到许多新奇相,其中一些是经典非线性波动现象的量子版本,如孤子(孤波)和涡旋,甚至是整齐排列的涡旋阵列。原子带有自旋这个独特的自由度,可以独立或在某些受控情况下与运动自由度协同工作。

相互作用的非激发态(基态)原子是常见的简并量子气体,即 BEC、DFG 和混合系统。稀薄量子气体领域的最新发展包括首次探索极限条件下的 BEC,这种气体中的原子与原子相互作用强度被调控到极限,即幺正极限,其散射长度远超过典型的粒子间距。虽然这一极具挑战性的多粒子物理体系已经出现了一些重要的理论解释,但仍存在具有挑战性的谜团,需要理论和实验的进一步发展才能解开。进一步的讨论参见 3.4.1 节。

能够实现调控和量子简并的原子种类显著增加,这是超冷量子气体领域的一个重要发展。早期玻色-爱因斯坦凝聚体的研究,首选系统是只有一个或两个价电子的元素,如铷、铯、钠等碱金属原子以及氢、亚稳态氦、镱和锶原子等。在过去的 10 年中,铒、镝和铥等重开壳原子的研究也逐步开展。这种重开壳层原子系统表现出极端丰富的磁共振特性,最初看起来非常密集、混乱,在理论上也难以处理和控制,但事实证明,它们的量子控制同样可以达到了令人惊叹的程度。扩大可控量子简并系统的原子种类,可以开辟潜在领域的广泛探索,如共存多自旋态、混合费米子和玻色子同位素、强的非微扰电偶极与偶极相互作用或磁偶极与偶极相互作用以及各向异性的原子间范德华力相互作用。范德华力是原子之间的长程相互作用,由电子在不同原子空间分布的量子力学关联产生,这种相互作用在多种实际材料中普遍存在且可控性非常好。

在过去的 10 年中,极低温度下稀薄原子气体中的极化子物理在理论探索和实验实现方面都有了显著的进步。在超冷原子物理背景中,极化子是一种杂质,其浸没在原子气体中并与之发生相互作用,这些原子气体可以是不同元素的原子气体,也可以是同类原子不同自旋态的原子气体。超冷原子系统的极化子模型,可以模拟许多凝聚态物理系统中相类似的物理,但在超冷原子中可以更有效地对杂质和环境原子间的相互作用进行控制。在 3.4.3 节详细阐述这种极化子物理。

3.4.1 幺正量子气体

在 15 年前,实验和理论研究最有趣的课题之一是双组分简并费米气体,因为原子与原子作用散射长度 a 可以通过幺正极限实现任意调谐,a 可以趋近无穷大。

在 BCS – BEC 这一交叉领域,展示了如何控制多体超冷简并费米原子转化为双原子分子,以及通过这些配对原子形成 BEC 分子。这些研究取得了显著成果,如精确的状态方程测量(对理解此类系统热力学过程非常重要)和极低碰撞率的分子与分子破坏性碰撞证明,后者一定程度上是符合理论预期并经实验证实的。

用玻色子 BEC 做同样的事情,需要将原子散射长度 a 调谐到几乎无限大的幺正区域。多年来,简并玻色气体的幺正极限实验研究一直进展缓慢,主要是因为三体复合($A + A + A \rightarrow A_2 + A$)损失率随 a^4 变化,这在发散的 $|a|$ 极限下将是灾难性的。不管怎样,三体损耗最终被归结为饱和效应而不是幺正极限下的发散。因此,近年来一些研究组已经开始制备幺正极限的原子与原子相互作用的玻色气体。为了最大限度地减少损失,大多采用"猝灭实验"的形式进行实验,在该实验流程中,小散射长度的稳定 BEC 被迅速调谐到无限散射长度,随后量子气体会对这种突然变化做出时间依赖的响应。突然改变散射长度除随之而来的多体动力学,也会发生有趣的少体动力学,例如,将气体中的一部分原子转变为常规二聚体态和 Efimov 三聚体状态。这一领域的进展处于起始阶段,时机成熟后可以开展广泛的理论和实验研究。

3.4.2 强偶极与偶极相互作用的超冷气体

当低温系统的原子或分子具有强的电偶极矩或磁偶极矩时,会为可能存在的平衡相和可能发生的动力学提供强相互作用量。基态原子虽然没有电偶极矩,但它们通常有磁偶极矩。显然,极性分子具有固有电偶极矩,许多里德堡原子或分子也具有电偶极矩(见 3.6.2 节)。与基态原子的典型范德华长程吸引相互作用不同,偶极与偶极相互作用是各向异性的,既有吸引区域也有排斥区域(图 3.5),这使得它们产生的少体和多体行为更复杂。例如,三维偶极子相互作用系统可以通过相互吸引自组装成纳米液滴,这与凝聚态物理学研究的铁磁流体(充满磁性粒子的液体)所具有的几何行为有关。另外,在二维平面或一维线排列中,若偶极矩平行且相互作用沿垂直偶极子连线方向,则相互作用都是相互排斥的,这有助于抑制破坏性的非弹性碰撞或反应过程。

过去的几十年,聚焦相干光和量子物质基本系统的研究使得独立量子系统调控领域有了巨大进展。该领域的知识储备现在需要面对探索日益复杂的量子物态。在不同的科学方法和量子系统中,高磁性超冷量子原子气体是最活跃和最有前途的量子平台之一。典型的量子气体包含大约 100000 个原子。这些磁性原子中的每个原子都可以实现外部(运动)和内部(自旋)自由度的独立控制;同时,作为多体系统,粒子间的相互作用可以通过常规的短程("接触")和磁偶极与偶极长程相互作用实现。后者具有长程和各向异性的关键特性,这些研究还处于起步阶段,后续的深入研究有望产生令人兴奋的物理现象。即使是两个重开壳层原子间的相互作用,如 Er 原子或 Dy 原子,由于其存在大量近简并基态能级,当前理论在处理原子散射和共振时已经相当复杂和困难。

在晶格的学习中仍然可以发现和研究大量的新物理,宏观量子气体中运动的磁性原子自身就蕴含着奥秘。这里新的物质宏观量子相显示了普遍性,它通过量子力学的基本原理将高密度量子流体(如超流氦)的行为与稀薄偶极气体联系起来。这些偶极气体实验的工作包括观测宏观液滴、液滴晶体、类似于超流体氦中的"旋子"激发以及具有超固体性质的多体相等。后者是一种相当矛盾的量子物质相,晶体和超流序这一明显对立的特性共存其中。尽管在超流体氦中开展了大量的研究,但在近50年里,超固体只是一个理论概念,直到利用偶极气体实验证实了既具有固体高密度结构模式又具有超流体长程相位相干性自发态的存在,才证实了超固体的存在。

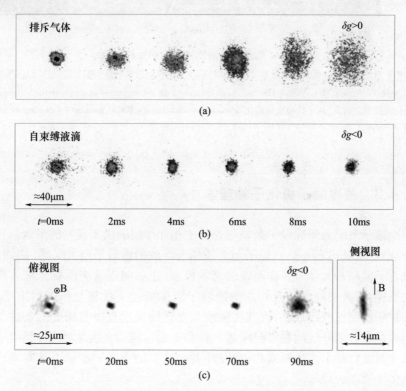

图3.5 (见彩图)两种不同玻色子原子混合中自黏合的液滴密度,每种原子都具有内部排斥相互作用,但这种零程相互作用强度 g 可从排斥相互作用($g<0$,(a))调谐为吸引相互作用($g>0$,(b)(c))。当玻色-玻色混合物的平均场能量被调谐为排斥相互作用时,会产生气态相,液滴也会随着时间的增加而膨胀。具有磁偶极矩的原子(铒原子),偶极与偶极相互作用能够保证平均场能量在吸引相互作用区域,并且自黏合液滴的大小不随时间变化,但是因存在三体损耗过程,原子密度会逐渐衰减(资料来源:I Ferrier – Barbut,超稀量子滴(ultradilute quantum droplets),Physics Today 72(4):46,2019)。

在过去20年间,气相量子简并态的研究主要集中于超流体的各种物性,包括:涡流和涡流晶格的形成和寿命、集体激发频率、阻尼机制和声波传播等现象。近期的实验结果如图3.6所示。类似于传统的Taylor-Couette流或Rayleigh-Bénard对流,可以在简并量子气体中观察研究。

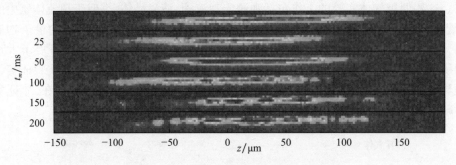

图3.6 实验显示液滴随时间增加的图像

注:在^{7}Li原子组成的玻色与爱因斯坦凝聚气体中,以70Hz频率调制原子与原子相互作用时间t_m产生液滴。

资料来源:J. H. V. Nguyen, M. C. Tsatsos, D. Luo, A. U. J. Lode, G. D. Telles, V. S. Bagnato, and R. G. Hulet,玻色-爱因斯坦凝聚的参量激发:从法拉第波到粒化(Parametric excitation of a Bose-Einstein condensate:From Faraday waves to granulation),Physical Review X 9:011052,2019,由美国物理学会根据知识共享署名4.0国际许可证的条款出版。

3.4.3 超冷原子极化子物理学

超冷原子系统为研究量子杂质与介质的相互作用提供了独特的平台。极化子是一种准粒子,其出现在杂质原子与介质耦合导致的虚量子激发纠缠(缀饰)过程中。准粒子模型是大部分多体系统的基本模型,正如朗道著名的费米液体理论所强调的那样,该模型用弱相互作用的准粒子流体描述了强相互作用的电子系统。虽然准粒子模型已经很成熟,但其在极端相互作用或近有序态相变的条件下是否有效仍然存在许多开放问题需要考虑。得益于前所未有的控制水平,超冷原子系统可以作为独特的平台来探索相关开放问题,这有助于进一步修正基本理论并促进对新多体现象的理解。

在量子气体实验中,由特殊原子属性形成的介质同样具有费米子或玻色子属性。杂质原子浸入介质后会分别形成费米极化子或玻色极化子。例如,可以通过制备介质中的原子到特定的自旋态形成掺杂,也可以通过掺不同种类原子形成掺杂。精确控制杂质与介质之间的相互作用是一个关键因素,通过磁场调谐的Feshbach共振可以改变散射长度,进而可以通过散射长度控制杂质与介质的相互作用。目前,已经开发了能够表征杂质能谱的多种实验工具,射频光谱方法就是一种常见方法。图3.7中展示了一个先进的示例,其使用时域干涉法测量沉浸在^{6}Li原子费米海中的^{40}K杂质。同时,多种理论工具也有相应的发展,包括变分方法、泛函重整化群方法和泛函行列式分析等。得益于实验和理论的进步,人们已经基本理解大范围相互作用强度下的大部分极化子能谱。值得注意的是,对量子气体的研究促进了传统固态半导体材料中新极化子准粒子的发现。

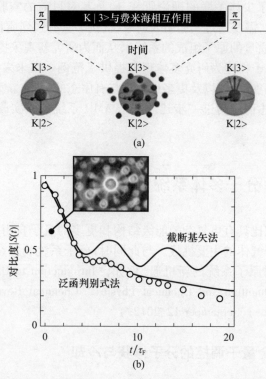

图3.7 ^{40}K杂质在^{6}Li费米海中的时域干涉测量(灰点)和排斥极化子的实时动力学演化
(a)Ramsey干涉过程,两个射频π/2脉冲作用于K杂质(黑色球体),在两个脉冲的间隔时间内,准粒子处于由相互作用态(K|3〉)与非相互作用态(K|2〉)构成的相干叠加态;(b)时间演化的Ramsey干涉信号证明了排斥极化子的形成(插图为配图者注解),时间尺度约为4个费米时间($t_F \ll 3 \mu s$)。实验结果与两种不同的理论方法进行了比较(资料来源: M Cetina, M Jag, R S Lous, I Fritsche, J T M Walraven, R Grimm, J Levinsen, M M Parish, R Schmidt, M Knap, E Demler,超快多体干涉测量与一个费米海耦合的杂质(Ultrafast many - body interferometry of impurities coupled to a Fermi sea),Science 354(6308):96-99,2016,doi: 10.1126/science.aaf 5134,AAAS许可转载)。

极化子物理学的新前沿集中于未经探索的领域,这里讨论三个例子。

(1)杂质运动效应的现有理论仅限于简单的"有效质量",迄今为止几乎没有涉及运动相关的实验。有效质量方法是一种微扰方法,假设介质对杂质的唯一影响是增加其表观质量。有效质量的增加代表了介质原子"避开"移动杂质时储存了动能。只有当准粒子运动速度比介质特征速度(费米速度)慢得多时,有效质量近似才能成立。对于更快的运动,缀饰介质气体不能跟随杂质,准粒子图像不再满足。

（2）从概念上构建新的多体态,可以通过增加极化子的浓度使其相互作用强度增加直至产生新现象。虽然极化子与极化子的相互作用已经给出了各种理论预测,但迄今为止只给出了为数不多的定性实验结果,因此有必要开展新的定量实验来测试准粒子间的相互作用。

（3）已经开展了少体关联的理论研究,但是其对目前的实验帮助有限。为了探索这种关联特性,需要通过实验引入新系统,例如具有强烈质量不平衡性的系统（由不同种类不同质量的原子组成的系统),从而为研究新现象提供途径。

超冷原子极化子物理为研究多体现象提供了范例。在未来的研究中,重要的是对多体现象的完善理解,以及更多地了解与有序态的关系,新型超流体等。在跨学科的意义上,上述工作为进一步建立基于 AMO 系统的真实凝聚态系统模拟将是富有成效的。

3.5 超冷分子多体系统

分子与原子相比具有更复杂的能级结构和更多的量子自由度,它们的控制是实现超冷分子量子气体的主要挑战。与此同时,分子系统的复杂性为设计量子多体系统提供了超越原子系统的新机遇（例如,"Introduction to Ultracold Molecules: New Frontiers in Quantum and Chemical Physics," Chemical Reviews, Volume 112, Issue 9(Special Issue), September 12,2012.）。

3.5.1 完全量子调控的分子俘获与冷却

俘获与冷却技术是原子物理学的核心技术。俘获为精确测量和调控原子提供了足够的时间,而冷却则降低了系统的无序性,从而为系统确定性的初态制备提供可能。随着系统变得庞大和复杂,其允许的状态数量迅速增加,通过冷却实现完全的量子态控制变得越来越重要,也越来越困难。

由分子构成的系统比原子系统更复杂,分子除了整体运动自由度,还有振动和旋转等丰富的内部结构自由度。在高精度调控下这些内态可以用作强大的量子资源,特别是在分子整体运动被冷却和捕获的条件下。例如,利用极性分子的旋转结构可以放大微小能级变化,这有助于证实存在但尚未发现的基本粒子,或者利用俘获分子旋转结构设计可调谐的长程偶极相互作用,这在量子模拟和量子信息处理方面有潜在的应用。分子种类的多样性也为研究化学过程打开了大门,在超低温下化学反应动力学中会出现新的量子效应。

这些有前景的应用促进了分子完全量子态控制的深入研究,尽管在分子复杂的内部结构调控方面存在挑战,但进展非常迅速。目前,冷分子的实现主要有以下

两种方法:

(1)利用预冷却的原子形成超冷双原子分子。这种方法可以产生极低温度的分子,这种极低温分子可以在光学晶格中俘获形成的分子阵列,也可以产生极性分子的量子简并气体。用这种方式实现的分子种类有限,但对于某些应用来说已经足够了。

(2)直接激光冷却和捕获分子的方法。这种方法使用的技术与现在的标准原子冷却技术类似,冷却效果也接近。例如,首先利用磁光阱实现分子的激光冷却和俘获;然后转移这些预冷却分子到偶极阱或光镊中,根据需要进行进一步冷却。事实证明,这种方法甚至适用于多原子分子。虽然分子激光冷却技术还没有超冷分子组装技术先进,但激光冷更为普遍,而且进展迅速(图3.8)。

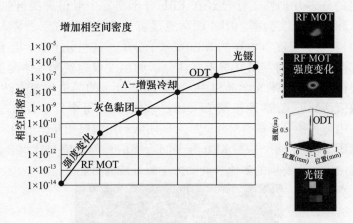

图3.8 直接激光冷却与俘获分子

ODT—光学偶极力阱;RF—射频;MOT—磁光阱。

注:该图显示了在实验各个阶段的相空间密度变化,相空间密度的增加对应激光冷却和俘获的氟化钙(CaF)分子样品无序度的降低。将相空间密度增加近8个数量级,需要在多个实验阶段使用不同的技术。最后,将高密度的CaF分子装载到光镊中形成分子阵列,开展量子比特平台研究(资料由哈佛大学John Doyle提供)。

超冷分子制备技术是崭新且改进较快的技术,在未来10年有望在重要科学领域广泛应用。正如本章后面所讨论的,光晶格中的分子很有可能用来测量,甚至可能用来探测新的基础物理,其能量尺度远远超过高能粒子对撞机所能达到的能量尺度。基于AMO技术的极端调控精度,超高能物理可以在桌面实验中实现,该技术可以检测高能现象对原子与分子低能量子态的微小影响。类似的实验可以对高度相关的多体系统进行量子模拟,如具有拓扑相位的自旋晶格哈密顿量。可重构光镊阵列中的单个分子阵列可以提供多体系统的确定性制备以及高保真检测,为量子计算和模拟开辟新的途径(进一步的讨论见第4章)。

3.5.2 基于超冷分子的多体系统

现在许多实验室可以开展光学俘获超冷极性分子样品的工作,这些分子样品最吸引人的应用之一是可以用作可编程量子模拟器的基本器件。特别地,分子参考系中的电偶极矩在实验室参考系中以微波(或更低)频率旋转,这些旋转偶极子具有很长的寿命,以上特性使分子样品非常适合量子信息编码。分子电偶极子间具有强的长程相互作用。因此,即使分子间距是可见光波长大小,这种强相互作用也能主导系统的动力学耦合特性。这意味着,可以利用光学晶格或光镊阵列中的极性分子多体系统实现长时间的高度纠缠。

该方向的许多开创性工作已经在 KRb 分子实验中取得进展,例如,JILA 的 Deborah Jin 和 Jun Ye 实验室。JILA 团队通过将 K 和 Rb 超冷原子装入同一个光学偶极阱中,实现了温度 200nK 的 KRb 费米子分子。这些分子基于电子振动旋转超精细基态产生,初始时刻简并费米气体分子的温度仅为费米气体温度的 30%。这些分子还被装载到三维光学晶格中,基态 KRb 分子的晶格填充率达到 25% 左右。这个数值达到了三维"逾渗阈值",超过该阈值后,每个分子会通过电偶极与偶极相互作用与其他分子耦合(图 3.9)。该团队利用偶极相互作用的旋转态实现有效自旋编码,模拟了两个基态 KRb 分子间直接的长程自旋交换耦合,这使得自旋和运动自由度完全解耦的多体自旋动力学测量成为可能。

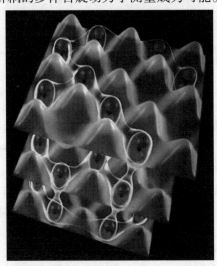

图 3.9 (见彩图)三维光学晶格中的超冷极性分子

注:当分子填满足够多的格点时,分子间长程电偶极-偶极相互作用非常强,足以实现每个分子与晶格中所有其他分子的有效耦合(资料来源:美国国家标准与技术研究院,宛如美人:JILA 的量子晶体现在更具价值(It's a Beauty:JILA's Quantum Crystal is Now More Valuable)News,November 5,2015)。

与此同时,其他实验室也相继开展了双碱类型的超冷分子系统研究。例如,一些新实验使用更大电偶极矩的分子实现了更强相互作用。这些分子与 KRb 分子不同,在某些条件下其不发生化学反应,这种特性减少了分子制备过程的样品损失。相关实验已经演示了长相干时间的分子自旋叠加态,并通过进一步优化光学晶格参数改善旋转态的相干性。超冷极性分子作为有趣和新颖的量子模拟系统,这些前期研究工作迈出了极有希望的第一步。

3.6 强关联量子多体系统的量子模拟仿真

典型 BEC 代表弱相互作用的多体系统,平均场(平均相互作用)理论通常可以描述其基本物理。相比之下,量子科学的一个基本挑战是理解平均场理论失效的强关联的量子多体系统。这些系统通常有很大的临界起伏,量子相变(被认为是高温超导的基础)尤其有趣,这类多体系统是凝聚态物理在平衡和非平衡领域应关注的前沿方向之一。例如,将 BEC 或简并费米气体装载到光学晶格中可以构建这种强关联多体系统,而这些光学晶格或微光学阱阵列可以通过反向传播的远失谐激光场形成半波长间距的周期性势阱。

装载到光学晶格中的原子可以通过隧穿过程在格点间运动,这些原子通过分子力实现相互作用,类似于固态物理晶格中移动的电子。这些被装入光晶格的原子获得了有效质量,该有效质量可以根据形成晶格结构的激光强度参数进行调谐,并且可以远大于自由空间质量。另一种值得注意的方案是,通过降低或提高形成晶格的激光强度调节晶格势垒,以此来增强或抑制临近格点之间的隧穿。这提供了对"动力学"与(原位)"相互作用"能量控制的方法,从而允许人们将系统从弱相互作用调谐到强相互作用。这个特殊的系统能够实现凝聚态物理的 Bose - Hubbard 和 Fermi - Hubbard 模型,即具有玻色或费米原子分子成分的 Hubbard 模型。此外,通过外场调谐 Hubbard 参数为在实验室环境中实现强相关量子相提供了方法。由光学晶格中的超冷原子分子构建的 Hubbard 模型提供了一个"类比量子模拟器",该量子多体系统允许在受控环境中实现。通过电磁场(静场、光学场和微波场)控制 AMO 系统的特性为人们提供了一个工具箱,利用这个工具箱可以设计许多有趣的多体哈密顿量。这些模型有超导模型、铁磁性模型和反铁磁性模型、自旋玻璃模型和自旋液体模型、Anderson 模型和多体局域化模型以及包括拓扑相在内的复杂竞争相模型。最近,可扩展哈密顿量的例子有合成磁场(或合成规范场,可模拟磁场或其他类型的力场)、由磁偶极或电偶极相互作用提供的长程相互作用,以及各种形式的无序系统。当然,在一组给定的控制参数下设计多体哈密顿量只是用原子分子模拟量子多体物理的一个方面。其他关键因素是量子相或初始量子态的制备协议。此外,原子分子物理学具备独特的能力来实现多体观测和关联函数的测量，一个开创性的例子是基于光学晶格的量子气体显微镜，它允许在单次测量中实现单点、粒子与自旋可分辨测量。

虽然，下面的大部分内容集中讨论利用类比量子模拟器研究孤立量子多体系统的平衡和非平衡态动力学，但也可以将这一概念扩展到开放系统，开放系统的热库耦合可以通过量子库设计。特别是驱动-耗散系统，在接近动态平衡的多体驱动耗散系统中有可能观察到新的非平衡相和相变。此外，基于此可以研发一种工具，用于制备与量子信息应用相关的有趣纠缠态（见第4章）。这样的模拟可以深入了解纠缠在量子热化中的作用（见第7章）。

3.6.1 不同空间维度的 Fermi–Hubbard 模型量子模拟

利用光晶格中超冷费米原子开展 Hubbard 模型的量子模拟是新兴量子系统的一个主要例子。对这一特殊哈密顿量的研究使 AMO 物理学家能够处理多体量子力学和材料科学中的关键开放问题。同时，这一标志性的模型在计算上极具挑战性且至关重要。通过它可以找到高温超导和其他量子材料的物理本质，然而目前并没有从第一性原则探讨这个"迷惑性"的简单模型。因此，在未来几年量子模拟有可能对理解这一物理产生重大影响，并有可能帮助人们设计新的高温超导体。

最近，利用光学晶格中的费米原子模拟晶格中跳跃电子的实验，几乎是 Hubbard 模型的完美体现（图 3.10）。量子气体显微镜可以在单点、单原子水平上实现对读取和操作的极限控制。随着对参数的大范围调谐以及反铁磁性的观察，现在开始实验探索该模型的低温相。非半填充掺杂使系统进入了一个未知的领域，在该领域有望发现奇异金属态、赝隙相和重要的高温超导相等。这些相的复杂性源于自旋和电荷自由度之间的复杂相互作用以及粒子的费米子性质。实验已经开始研究掺杂 Hubbard 模型、探测类弦激发以及衡量相关理论。特别是关于输运和非平衡物理的实验，非常有价值但是极其困难。最近的实验研究了掺杂区输运，其测量的电阻率随温度变化的线性依赖关系正是奇异金属行为的标志。从其他实验直接观察到了反铁磁环境中空穴的微观运动。

最近，在费米子量子模拟方面取得了实验突破，证明了费米子在二维和三维量子模拟方面比经典计算机具有真正的量子优势，这为未来几年的新发现提供了独特的机会。作为高临界温度 T_c 超导的范例，其关键挑战之一是具有排斥作用的二维 Hubbard 模型的完整相图测量。这个问题的计算复杂性基本上限制了费米子量子蒙特卡罗模拟方法的应用。量子气体显微镜在这方面发挥了特别重要的作用，它使实验人员能够获得一个完整的量子"快照"，这是凝聚态物理中复杂且强关联的可观测量的互补测量。该快照可以实现模式的直接测量和高阶多粒子的关联测量。这有可能发现"隐秩序"，甚至可以通过机器学习来发现。通过电荷载流子运

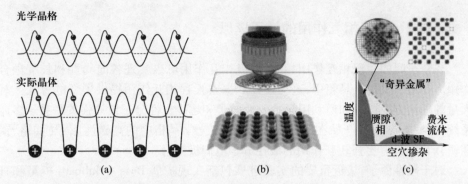

图 3.10 （a）利用光学晶格中的超冷费米原子模拟材料中强关联电子系统；（b）利用量子气体显微镜的极端微观调控能力实现探测和操控；（c）实验实现 Hubbard 模型的低温相（Fermi – Hubbard 反铁磁体的量子气体显微镜快照），该模型有望实现奇异金属态、赝隙相和高温超导相的物理特性。

注：目前，对这些奇异态并没有统一的认识，基于 Hubbard 模型的理论计算也非常具有挑战性。在未来几年中，预计量子模拟将在探索该模型或类似模型方面发挥重要作用，对量子材料以及其他领域将产生潜在的巨大影响[资料来源：Markus Greiner, 哈佛大学；(b) 和 (c) 来源于 Springer Nature：A. Mazurenko, C. S. Chiu, G. Ji, M. F. Parsons, M. Kanász – Nagy, R. Schmidt, F. Grusdt, E. Demler, D. Greif, and M. Greiner, 冷原子 Fermi – Hubbard 反铁磁性（A cold – atom Fermi – Hubbard antiferromagnet），Nature 545：462 – 466, 2017, doi：10.1038/nature22362, 版权所有 2017]。

动的相关性测量以及环境磁场的微小波动测量，有可能解决 Hubbard 模型中超导配对机制问题，也有可能揭示赝隙相的物理机制。在目前所能获得的温度再降低数倍的条件下，库珀对可能形成超流相，这很可能与高温超导体中的超导相类似。一个关键的目标将是解决一些问题，如超导相是与反铁磁相竞争还是从反铁磁相中产生。

  这种基于 Hubbard 模型的模拟会是高温超导的关键吗？有理由相信，基本的 Hubbard 模型考虑了铜高温超导特性所需的大部分因素，虽然不是全部。完整的解释可能需要在模型中考虑其他因素，尽管对于哪些因素（如果有）是重要的还没有达成共识。这正是光学晶格中超冷原子的精密调控发挥作用的地方。这个想法是先实现基本的 Hubbard 模型，再根据需要引入可控参数来解决问题。通过在二维费米子 Hubbard 哈密顿量中引入离域相互作用、长程跳跃或合成规范场等附加相互作用，或者简单改变晶格几何结构，可以实现多种现象的量子模拟。进一步扩展哈密顿量将有助于深入研究阻挫量子磁体、拓扑相、自旋玻璃和自旋液体、局域化等开放问题，也能进一步加深对非平衡物理的认识。这种相将通过光学晶格中的费米子来具体实现和开展研究，而量子气体显微镜则在真正的量子多体系统水平上实现检测（"量子态层析"）。

3.6.2 偶极相互作用的量子模拟

与粒子间的短程相互作用相比,偶极相互作用可以实现各向异性和长程耦合作用。在量子模拟工具箱中,这为设计和探索长程相互作用提供了新的方法。有大量的理论方案讨论如何利用超冷磁性原子和超冷极性分子设计强关联量子多体系统,这些方案逐步开始在实验上验证,既有光学晶格中的高磁性原子(如铬、镝和铒),也有具有更强相互作用的极性分子电偶极耦合。

对于磁性原子,最近重要的实验进展包括实现扩展 Bose–Hubbard 模型和自旋晶格模型。实验证明超流态到 Mott 绝缘态的相变和自旋动力学,在很大程度上取决于占据不同晶格格点粒子间的偶极相互作用(图 3.11)。

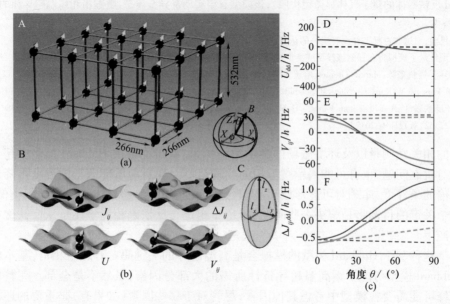

图 3.11 (见彩图)(a)(b)三维光晶体中的偶极原子,实现了 Bose–Hubbard 扩展模型;(c)隧穿(J)和相互作用项(U 和 V),包括离域项
(资料来源:S. Baier, M. J. Mark, D. Petter, K. Aikawa, L. Chomaz, Z. Cai, M. Baranov, P. Zoller, and F. Ferlaino, 超冷磁性原子中扩展的 Bose–Hubbard 模型(Extended Bose–Hubbard models with ultracold magnetic atoms), Science 352(6282):201–205, 2016, doi:10.1126/science.aac9812, 经 AAAS 授权转载)。

极性分子在设计分子量子模拟器的独特之处首先是其具有强的电偶极矩和强的偶极相互作用。此外,分子提供了新的调控方法。例如,利用微波缀饰可以实现旋转态与内部自旋态的耦合,进一步冷却降低系综熵,这可能会使许多围绕偶极相互作用的理论想法得以实现。典型的例子包括观察新的自稳定晶相、模拟非平凡量子磁体、产生对称保护的拓扑相或具有真实拓扑序的相,如分数 Chern 绝缘体等。除极性分子和偶极原子之外,利用可编程里德堡原子模拟器和金刚石自旋缺陷来探索偶极系统的多体量子动力学也相继开展(见第4章)。这些进展代表了量子科学广阔的前沿领域。

3.6.3 人工设计规范势

在过去的10年中,自旋轨道耦合量子气体领域的快速发展出乎意料。在原子光谱学中,原子电子轨道磁矩和自旋磁矩的耦合已经研究了一个多世纪,利用激光场可以为原子创造一种截然不同的自旋-轨道耦合(spin-orbit coupling,SOC)。在这种情况下,自旋内禀自由度与原子的线性动量耦合。许多研究组已经在实验上证明了这一点,这与在凝聚态物质电子中广泛出现的 Rashba 或 Dresselhaus 自旋-轨道耦合有关。利用激光驱动的拉曼跃迁可以设计独特的色散关系,如原子能量曲面动量依赖关系中的线性狄拉克锥。有趣的是,这种狄拉克锥提供了一种在低能系统中仿真或模拟基本高能量子力学方程(狄拉克方程)的方法。这建立了与凝聚态物理中当前热门的拓扑能带结构物理学的联系。原子气体中自旋-轨道耦合的研究极大地增强了人们调控超冷原子系统的能力,促进了凝聚态物理中具有挑战性的新现象模拟研究。

最近,超冷原子领域快速发展的另一个极具创意的工作是引入"合成维度"技术。通常利用三维光学阱俘获冷量子气体,或者在某些情况下降维俘获,如薄饼状的二维几何体或雪茄形状的一维几何体。引入合成维度的概念,把原子的多个物理态耦合到原子自旋自由度,这些态的行为非常类似于一个真正的空间维度。例如,一个原子在雪茄形光学晶格的格点间通过跳跃(隧穿)一维移动,考虑原子有5个不同的内部自旋态,原子在相邻自旋态之间的跳跃看起来就像是在宽度为5的准二维光学晶格带中移动。量子气体合成维度的技术已用于探索凝聚态物质系统中的量子霍尔效应,利用中性原子的运动模拟强磁场中带电电子的行为,区别仅仅是此处使用的是冷原子系统。

碱土原子的独特性质以及其最近展现的精密时钟光谱能力,使冷原子系统成为设计和研究奇异量子物质的理想平台,该平台的参数空间具有较强的可控性。例如,可以制备费米子 ^{87}Sr 原子在长寿命的 $^1S_0$ 和 $^3P_0$ 电子轨道量子态,每个轨道都有10个核自旋子能级(^{87}Sr 的核自旋 $I=9/2$),也可以在一维、二维或三维几何结构的光学晶格中俘获原子。同样,三维晶格中的 Sr 气体可以被冷却到费米简并温度,包括电子、核和运动量子态等所有自由度都可以完全调控,由此可以在极高精度的亚赫兹光谱分辨率下研究少体到多体的系统性质和系统动力学。

量子多体系统的理论研究进展速度惊人。然而,新量子相的实验观测要求极低的熵(本质上是温度),这阻碍了原子量子气体系统的相关实验进展。作为补充的方法,其中一些现象可以通过非平衡多体自旋动力学过程进行研究。这允许对集体自旋相互作用的内在特征进行精确的研究和观测,包括强烈改变的光谱线型、自旋失相与退相干、相互作用引起的频移以及关联量子自旋噪声等。描述这些观测现象需要一个超越传统平均场框架的真正的多体理论。

另一个惊人的发展是,基于极高精度的光晶格钟研究多体物理中的重要课题,自旋对称性及其对多体现象的影响。碱土原子的核自旋可以有 N 种不同的状态,这使得不同状态的原子原则上可以区分。然而,由于电子的总自旋和轨道角动量 $J=0$,原子核对外层电子没有影响。因此,原子与原子相互作用(由电子决定)几乎完全独立于原子核的状态。这种相互作用的特殊对称性(称为 SU(N) 对称性)导致了新的多体效应。当系统有 N 个核自旋子能级布居时,可以直接精确地探测到 SU(N) 对称下的原子相互作用。最近的时钟光谱实验首次直接观察到碱土原子的 SU(N) 对称性和相关的双轨道 SU(N) 磁性。通过 Ramsey 光谱,直接测量了 SU(N) 磁性中的非平衡自旋轨道动力学($N \leq 10$)。基于光晶格钟高精度能量分辨率的特有测量方法,为将来探索自旋轨道晶格模型中极具吸引力的 SU(N) 对称性提供可能,也为建设高能晶格规范理论的实验平台铺平了道路。

通过观测原子在光学晶格中的隧穿,可以研究由相互作用和关联自旋运动竞争导致的奇异新现象。利用时钟激光探测晶格中单个中性锶原子的隧穿,可以等效为带电电子在超强磁场中的运动。这种合成场可以等效为时钟激光标定的原子在不同晶格间跳跃引起的局域量子相位变化产生的。因此,当一个原子穿过一个闭合环路时,其积累净相位的过程就像一个围绕着磁通量的电荷一样。激光对原子的作用也可以等效为原子运动和内态之间的耦合,即自旋轨道耦合(SOC),当原子通过吸收或发射光子而改变其内态能量时,都会获得反冲动量。基于三维光学晶格中的量子简并 ^{87}Sr 费米气体,时钟光谱可以直接探测更高维度的 SOC。该系统使用少体和多体方法建模;研究探索 SOC 与拓扑超流体等相互作用引起的新物理,其中,拓扑超流体中含有受保护的 Majorana 模式,这是受拓扑保护量子计算的一个重要工具。

3.6.4 冷原子拓扑物质

拓扑学是数学领域的一个分支,主要研究物体形状相关的基本属性,具体来说,就是物体连续形变时保持不变的性质。物体上孔的数目是拓扑不变量的一个例子。因此,尽管甜甜圈和咖啡杯看起来很不一样,但是它们具有单孔的属性允许它们可以不断互相变形。近几十年来,人们发现拓扑是许多奇异物理现象的本质,这些现象涉及从拓扑缺陷(如磁单极子和涡流)到拓扑物态。这里研究的不是样品形状的变化,而是量子态本身几何结构平滑变形的鲁棒现象。这反过来意味着,在描述系统粒子能量和相互作用的参数连续变化(或误差)的情况下,这些现象是鲁棒的。自从在固态中发现它们以来,因拓扑态不同寻常的输运特性而引起了科学界广泛的关注,它们有着广阔的技术应用前景。例如,基于自旋电子学器件的设备具有较好的鲁棒性,其在制造过程中可以安全地忽略一些小的缺点。此外,一些拓扑态具有奇异激发的特性(非 Abelian 任意子),如果操作得当,这些激发可以用作容错量子计算的基本模块。目前,人们在致力于寻找新型拓扑材料的同时,利用可工程化量子技术实现拓扑态同样是关注热点,如俘获在光学晶格中的超冷气体。事实上,这些工程化系统提供了在高度可控的环境中调控各种拓扑现象的可能,而这些探索和操纵拓扑物态的理想环境在固态中是难以实现的。

在过去的 10 年里,在超冷气体中实现物质拓扑态方面取得了重大进展。世界范围内的几个实验组最近首次报道了拓扑现象。这些研究涉及中性原子的拓扑能级结构("Bloch 带"),其可以通过人工磁场和自旋轨道耦合进行设计。同样感兴趣的是探测几何和拓扑能带特性的新方法,例如,它可以评估各种量子态退相干的拓扑保护稳健性。在过去的 5 年里,这一进展促进了 Bloch 带拓扑不变 Chern 数的测量、局域 Berry 曲率的测量以及原子气体中拓扑泵浦的实现。最近,基于超冷气体揭示了新的拓扑效应,包括观察工程无序系统中的拓扑 Anderson 绝缘体,探测高阶 Chern 数,以及观察量子化圆二色性。这些现象至少目前在传统材料中是无法实现的。拓扑现象在分数量子霍尔效应等凝聚态系统中很重要,基于激光俘获的超冷气体优势是,不但可以实现这些拓扑现象,而且可以对其进行精确探测和控制。

目前,基于冷原子的拓扑探索实验通常在非相互作用(或弱相互作用)区进行,在该区域可以从单粒子能带结构推断出感兴趣的特性。通过增强原子间的相互作用可以达到拓扑物质的强关联区,这很容易在这些装置中实现。目前实验表明,在产生拓扑能带结构(人工规范场)中引入强相互作用时会产生严重的加热和不稳定机制。因此,当前的一个主要挑战是在人工规范场存在的情况下消除原子气体的加热和实现原子气体的稳定强相互作用。实现这一目标的一个有效途径是通过工程耗散来制备目标拓扑态。一旦在实验中获得稳定的原子气体,接下来就是设计合适的探测方案来测量这些具有相互作用拓扑态的奇特性质。一个有意义的问题是在这种原子系统中探测非 Abelian 任意子(如 Majorana 的单个零能模和由这种零能模对形成的 Majorana 费米子)。这将是探索新科学的重要一步,而且这种现象在量子信息处理中也具有重要的技术应用前景。

利用超冷原子气体实现物质的强相关拓扑态,这与另一个活跃的研究领域,即基于格点规范理论的量子模拟探测基本粒子物理密切相关。拓扑学和格点规范理论不仅在理论层面上有着深刻的联系,而且实现动态规范场以及所需的物质-规范场耦合的实验方案与目前用于实现拓扑能带结构的实验方案类似。该领域的实验成果包括最小环码哈密顿量冷原子的实现,密度相关规范场导致的最小 Z2 晶格规范理论的设计等。这些发展表明,在未来几年将会有密集的多学科互动,这会使凝聚态、高能物理和量子光学(AMO 物理学)等领域进一步交叉融合。本报告将再次讨论动态规范场的量子模拟,即在第 4 章中考虑的动态变量的规范场。

3.6.5 非平衡量子多体动力学

理解强相互作用量子系统的非平衡动力学是一个核心挑战,需要将 AMO 物理与包括凝聚态物理、高能物理和量子信息科学在内的许多其他学科联系起来。这一挑战部分源于这样的事实:量子系统可以通过多种不同的方式脱离平衡,每种方式都有自己的预期和引导直觉。探索非平衡量子物理的各种方案可以概括为以下几类:

(1) 淬灭初始条件。
(2) 周期(Floquet)驱动。
(3) 强烈无序导致的统计失效(这种现象与"多体局域"(MBL)效应有关)。
(4) 环境耗散耦合。
(5) 临界慢动力学和预热。
(6) 量子和纳米热力学。

基于不同微观场景的预期结果多样性是显而易见的。例如,在突然淬灭(系统参数受控改变)下,人们通常期望多体系统迅速演化为新的局域热平衡。初看起来,这是一个简单的描述。然而,观测短时间热化的微观细节以及随后向流体动力学过度的过程(受守恒定律保护的局域密度弛豫非常缓慢)仍然非常困难。另外,多体系统也可以通过 Floquet 驱动(通过系统外部参数控制的周期性调制)处于非平衡状态。在这种情况下,非平衡系统通常会从驱动场吸收能量(尽管在某些情况下,它可能会在短时间尺度上暂时达到准平衡)。

一些独特、新奇的物理现象恰恰出现在这些非平衡状态的交界处,例如,这些现象包括量子信息传播的基本速度限制问题,以及纠缠和局域量子存储的耗散稳定性问题。

在过去的 10 年中,也许非平衡 AMO 系统研究中最惊人的是发现了固有非平衡量子物质的新相。事实上,以前对物态的分类依赖热力学平衡。特别是从多体物理学的观点来看,物态的所有相都应该满足刚性概念的某些性质:第一,系统应该有多个局域耦合的自由度,以便定义空间维度和热力学极限的概念;第二,在一个定义明确的热力学相内,系统的有序性应该对初始状态和运动方程的大范围扰动具有稳健性。这些课题目前正在各种 AMO 系统中展开探索,包括量子模拟装置中的超冷气体和类比量子模拟器中的俘获离子(见第 4 章)。下面将讨论如何利用量子气体显微镜技术来实验研究多体局域化,这是多体物理学中一个非常活跃的主题。量子纠缠在非平衡动力学中也起着关键作用,并将在以下章节中讨论。

3.6.6 多体局域化测量

在量子多体物理中,非平衡环境带来了一些最具挑战和最复杂的问题,它们通常涉及量子系统中快速和广泛的纠缠增加,这使得试图在现代经典超级计算机上开展数值模拟变得困难。然而,这提出了一些基本的开放性问题,包括封闭量子系统中热化的出现、输运特性以及这些系统对经典噪声或驱动的敏感性。在平衡热力学中,假设存在一个无限大的"库"可以与所研究的系统交换能量(或交换粒子),两者的弱相互作用使系统与热"库"在相同温度下达到平衡。相比之下,原子系统几乎与环境完全隔离,例如,亚 μK 温度的原子是在室温设备中利用激光冷却技术实现的。对于一个孤立系统,粒子数和总能量是固定的,粒子感受的唯一"库"是其他粒子。这样一个封闭量子系统如何在参数突然淬灭后达到平衡,这是目前一个极具吸引力的研究前沿。这些问题还与新兴的量子技术密切相关,相关技术协议需要以某种方式对量子多体系统进行动态控制。AMO 类比量子模拟器可以为这些基础且具有挑战性问题的实验观测提供平台(图 3.12)。

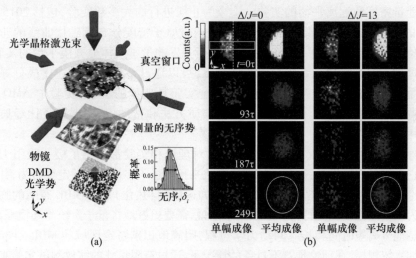

图 3.12 量子气体显微镜探测二维多体定位

(a)随机光学无序产生的示意图,其通过高分辨率物镜聚焦到光学晶格的原子中;(b)单原子水平的局域荧光探测的系统显微成像。对比右下角的均匀成像(白色圆圈内的图像),白圈内右半部分原子密度的降低(右下角内容)使定位效果更加明显(资料来源:A. Huse, I. Bloch, and C. Gross, 在二维体系中探索多体局域转变(Exploring the many-body localization transition in two dimensions), Science 52(6293):1547–1552, 2016, doi:10.1126/science.aaf8834, 经 AAAS 授权。标题由通讯作者 Christian Gross 博士提供)。

在此背景下,最突出的主题之一是局域和非遍历性问题是否存在,以及如何在通常的多体相互作用环境中出现。这种新出现的非热力学行为称为多体局域化(multi body localization, MBL),这种现象中不存在剧烈的(如能量或粒子)长程输运,宏观系统的量子特性可以长时间保持。量子系统中局域化现象的理论处理可以追溯到20世纪50年代,当时Anderson写了关于无序晶格中电子局域化的著名文章,多年后才开始在该模型中考虑相互作用的影响。例如,Mott很早就在非无序金属的相互作用中发现了局域化现象;直到2006年,新的理论结果才预测在有限能量密度和一维的无序相互作用系统中会出现局域化现象,但更高维度中局域相的稳定性尚不明确。这定义了MBL的概念并引发了许多理论工作,旨在理解局域化的机制和意义、局域化的动力学特性和稳态特性、遍历态与局域态间的相变特性等,以及新量子物质稳定非热态等内容。有趣的是,纠缠熵等量子信息的理论概念非常适合深入描述这种现象,因为MBL是一种真正的量子现象。

尽管局域化和输运测量是凝聚态物理的传统主题,但在实际材料中很难观测到MBL现象,主要原因是量子多体系统与环境耦合引入的退相干导致量子效应非常脆弱。在固态材料中,这种源自声子与电子自由度的耦合通常是不可避免的。事实证明,AMO系统,特别是中性原子、离子以及金刚石中的杂质自旋等系统,其没有固有声子且与环境弱耦合,这是实验研究多体局域化的理想系统。此外,由于这些合成量子系统能够精确控制和观测,可以通过哈密顿量参数的突然猝灭来实现高能量密度和远离平衡的实验。迄今为止所进行的大多数实验,包括2015年对MBL的首次清晰观测,都是在一维系统中通过原子密度分布或磁化曲线的非热稳态现象来探测局部化的。然而,后续使用新开发的量子气体显微镜平台的实验,在现有理论方法无法预测系统行为的情况下,可以通过多体系统的独立成分寻址来提取量子熵或探索二维局域效应。后一个实验是典型的例子,实验中AMO量子模拟器为难以解决的量子多体问题提供实质方法和帮助,从而展现了比经典模拟更实用的量子优势。

像MBL这种非平衡量子现象的研究,对理论和实验都提出了极具吸引力的挑战。它提供了一种场景,需要新的理论方法来预测量子多体系统的定性行为,并且这些理论方法可通过实验验证,典型的例子如遍历(自热化)态和MBL态间的临界相变行为以及高维度相变行为。从实验上来说,需要更好地将量子系统与环境隔离,以便清楚地分离短时间和长时间动力学过程,明确地识别特定区域的MBL。同时,需要增加系统规模,在理论预测不具备的情况下,通过有限尺寸的缩放测试实验来验证结果。随着更大系统的实现和更长相干时间的控制,实验也能辅助回答在高维度和转变界面的MBL的稳定态到遍历态的开放性问题,这两个问题都是当前领域主要争论的科学问题。与此同时,需要更好的精度控制和更快的数据处理能力以增强扩展技术,从而开展理论处理有困难的纠缠熵或关联物理量的实验测量。

从这个角度来看,AMO实验提供了最先进的类比量子模拟器;未来,实验和理论的一个重要挑战是量化这些模拟器的量子优势。在多体局域化和非平衡动力学的主题上,这些人工合成多体系统为探索量子物质的动力学行为提供了唯一可用或最先进的实验平台。

3.6.7 开放系统量子模拟:光子晶体波导

到目前为止,讨论的量子模拟指的是设计超冷原子、分子等孤立系统的多体哈密顿量和动力学特性。实验中,孤立系统不可避免地与环境耦合而导致退相干、耗散和加热等问题。同时,物理实现多体系统的量子光学装置,无论是光学腔内的原子光子耦合,还是光子纳米结构中的原子激光场耦合,本质上都是(可控的)开放系统。这里与环境耦合提供了输入和输出通道:输入通道提供了利用光场驱动感兴趣系统的方法,而输出通道则允许通过系统辐射的光子计数或零差探测来监控系统。在更广泛的背景下,通过设计多体系统与感兴趣的量子库耦合,可以作为新工具实现非平衡量子相,也可以作为新方法在驱动耗散动力学中获得纠缠量子态。

一个突出的例子是将原子或类原子固态系统耦合到光子晶体波导。这一领域在过去几年里发展迅速,同时也是 AMO 科学的核心,该研究领域涉及量子测量理论、量子控制、材料物理,以及量子光学等。正如最近一篇评论文章所强调的那样,该领域的主题是通过设计具有能带结构的周期性材料来显著增强光子与单个或多个原子的相互作用。这种改进的光子与原子相互作用也会通过光子模式介导影响原子与原子相互作用。相关调控也逐渐扩展到其他方面,如波导中激发态原子的辐射寿命等。图 3.13 展示了调控光与原子相互作用的波导。该领域的关键挑战是相干量子辐射系统与纳米光子系统的强耦合。近年来,金刚石中类原子相干辐射器与纳米光子腔和波导的耦合研究取得了重大进展。特别是硅空位(SiV)色心与纳米级金刚石波导的耦合,其协同性接近 100(这意味着色心几乎只与波导光学模式交换能量,而不与其他模式交换能量见第 4 章)。此类系统已被用于实现两个色心间的光学介导强相互作用,这是图 3.13 所示系统的关键组成部分,这类系统正在成为实现量子网络的主要候选系统。

图 3.13 光子晶体波导腔模中捕获的原子链(资料来源:D. E. Chang, J. S. Douglas, A. González-Tudela, C. - L. Hung, and H. J. Kimble,专题报告:用纳米级的原子和光子晶格来构建量子物质(Colloquium: Quantum matter built from nanoscopic lattices of atoms and photons),Reviews of Modern Physics 90: 031002,2018,版权所有,2019 年美国物理学会)。

3.6.8 从类比量子模拟到量子信息科学

类比量子模拟器,由特定 AMO 平台实现关注量子多体哈密顿量到"自然"哈密顿量的映射,当然其不只局限于光学晶格中原子和分子的 Hubbard 模型。其他例子有基于俘获离子或里德堡光镊阵列实现的自旋模型等(将在第 4 章讨论这些可编程类比量子模拟器)多体系统的可控参数越来越多,既可以实现单粒子水平的单点控制和寻址,又保持了宏观数量粒子潜在的可扩展性。这将可编程类比量子模拟器定位为一种介于传统量子模拟器和通用完全可编程(数字)量子计算机之间的设备,通常的传统量子模拟器可扩展到大粒子数但可控有限(在第 4 章将给出相关系统的说明和应用)。

3.7 发现与建议

本章对多体系统新出现的现象概述只触及了表面,多体系统可以通过"底层构建"实现单个原子(和光子)的精确控制,进一步扩展到少体系统甚至宏观粒子数系统。本章讨论的所有进展都为未来的研究提供了丰富的机会。在少体极限中,研究量子态的普适性范围是一个持续的热点,这包括对量子态自身的认知,少体与多体物理的联系,以及在少体和多体研究中引入新调控参数的可能。超冷分子开始成为一个更加多样化的研究平台,分子量子气体有望处理一系列多体现象,化学上有趣的冷分子将为基本反应过程提供新的认识,选择用于特定精密测量目标的分子可以引入越来越复杂的量子调控。基于俘获离子系统、交感冷却的离子与原子构建的混合系统,在量子计算与模拟以及物理化学动力学过程中一直备受关注。AMO 科学继续推动和扩展人们对更深层问题的理解,如对热化和多体局域问题已经有新的认识。最近,对单个光镊内粒子化学反应的探测,对势阱间的多粒子隧穿等多元关联或纠缠现象的探索,表明该领域仍处于发展初期,但有望在未来 10 年快速增长。AMO 在新兴量子多体物理学中的进展,很大程度上依赖于将俘获冷却技术扩展到内部能级结构更加复杂的原子和分子,这为设计越来越复杂的量子多体系统和探索新的多体现象提供可能,将这些技术扩展到越来越多的原子和分子种类是继续发展的关键。

原子和分子量子多体系统的一个独有特征是人们能够从微观上理解和表征其性质及相互作用。换句话说,AMO 系统的多体哈密顿量原则上可以从微观理论推导出来。这与固态物理中(通常)描述多体动力学的唯象假设模型是有区别的。因此,发展理论工具定量预测日益复杂的原子和分子行为,是 AMO 在设计量子多体系统和实现终极量子控制方面进一步发展和领先的关键因素。

AMO 量子模拟器为人们提供了一种新的工具,其允许在受控环境下研究平衡和非平衡量子多体物理,包括经典计算无法触及的领域。这首先为多体物理的新发现提供了机会。另外,量子模拟器可以产生纠缠态,这可以直接应用于量子传感。量子模拟和纠缠增强的精密测量之间的这些联系再一次展现了 AMO 物理的独特之处。

虽然 AMO 同时提供玻色子和费米子哈密顿量来实现类比量子模拟器,如 Hubbard 模型,但原子、分子具备的"自然"费米子特性使得这些模拟器具有独特的功能,可以在"量子硬件水平"开展模拟研究。这是将经典硬件和量子硬件区分开来的重要资源,而在通用数字(量子)计算机中需要复杂的算法和复杂的量子门才能有效地再现费米统计。因此,在高维系统和量子化学中它们都具有独特的方案来解决费米量子多体系统问题。具有排斥相互作用的二维 Fermi – Hubbard 模型就是一个典型例子,其构建的量子模拟器可以展示真正的量子优势。量子气体显微镜最近的突破,以及其与机器学习算法尽可能的融合,提供一种特殊的 AMO 工具,可以用于分析与发现高度相关的平衡量子相(如高温超导),或者探索非平衡系统中的纠缠等。这项工作与量子信息科学的努力密切相关,将在第 4 章中讨论。具备"自然"费米子属性的粒子在原子量子模拟中提供了独特的优势,正如在第 4 章中讨论的,基于 Fermi – Hubbard 模型的变分量子模拟允许实现可编程量子模拟器。

发现:少体系统内涵丰富,该领域持续关注量子普适性范围的识别和测量,关注少体与多体系统的联系,以及加强少体和多体量子系统的可控性。发展能够定量预测日益复杂的原子与分子行为以及相互作用的理论工具,对于这些领域的深入发展至关重要。

发现:由于最近理论和实验的突破,超冷分子构建了非常有前景的研究平台,基于此可以处理各种多体现象以及探索基本的反应过程,可以利用特定分子实现切实可行目标的精密测量。

发现:俘获离子、中性原子等具有长程相互作用的系统(如基于分子和里德堡原子的系统)以及离子与中性原子的混合系统,是量子信息处理与模拟以及化学动力学过程研究的首选系统。

建议:原子、分子与光学界应该积极追求冷原子分子的强化控制,联邦机构应该支持推动该领域发展,这是量子信息处理、精密测量和多体物理学未来发展的基础性工作。

发现:原子分子量子气体可以开展可控的平衡与非平衡态多体物理的研究,可以产生与调控适用于量子信息处理及量子计量的纠缠态,这有助于加强人们对热化特性、多体局域化、非平衡量子物态等深层问题的深入理解。

建议:联邦资助机构应启动新计划,以支持高度相关的平衡和非平衡多体系统的跨学科研究及新应用。

发现:基于 AMO 的量子模拟器在短期内能够展示出超越经典计算设备的真正量子优势,其无须掌握通用数字量子计算机所需的复杂量子门。这些系统可以为凝聚态物质和高能物理中的复杂模型提供独特的视角,并促进实用化量子算法的开发和测试。

建议:联邦资助机构应该启动包括研发、工程化以及部署最先进可编程量子模拟器平台的新计划,并将这些系统提供给更广泛领域的科学家和工程师使用。

第4章
量子信息科学与技术基础

4.1 引言

量子信息科学与工程是一个快速发展的科学与技术交叉学科领域,它结合了物理学、计算机科学、数学和工程等多个子领域,并告诉了人们如何利用量子物理的基本法则来实现信息获取、传输和处理的巨大突破。其重要性已经由最近美国政府通过的《国家量子倡议法案》来重点指出。本章重点讨论第3章中描述的对单个原子和光子的精细控制如何应用于信息处理的量子技术。在第3章中,量子信息处理器本质上是一个远离平衡的量子多体系统,对它的初始状态和随后的时间演化动力学可以极其精确地控制,对它的最终量子态可以高保真地测量(读出)。在对量子系统的外部控制下,不同的时间演化对应着在计算机上运行不同的程序(执行量子算法)。最后一步的测量为计算提供了答案。

过去20年进行的理论研究表明,大规模量子计算机可能能够解决一些在密码学、化学、材料科学和基础物理科学等领域具有深远应用的棘手问题。这些发展刺激了世界范围内利用各种物理平台,如离子阱、中性原子、超导电路、电子和原子核自旋以及光子等建造量子机器的努力。实现可扩展的量子信息处理器的关键挑战与以下相互矛盾的要求相关:将与环境良好隔离与控制强的、相干的、可编程的相互作用,以及多体系统的单发读出能力相结合。容错的基本思想在过去的20年中建立起来,它认为尽管单个部件存在缺陷,原则上还是有可能实现大规模的量子机器。构建大规模容错通用量子计算机是该领域的重大挑战。然而,目前还不清楚这一目标是否以及如何在任何现实的物理环境中实现。2019年,美国国家科学、工程和医学研究院的报告《量子计算:进展和展望》[1]中讨论了当前的技术状态和未来的挑战。

---

[1] 美国国家科学、工程和医学院. 量子计算:进展和展望. 美国学术出版社,华盛顿特区,2019.

量子计算机的力量在于独特的叠加和纠缠资源之间微妙的相互关系(下面将进一步讨论),其方式尚未被完全理解。信息是物理的,二进制信息(代表 0 和 1 的比特)存储在普通计算机芯片晶体管的两种(开/关)状态中。在量子计算机中,信息存储在量子比特中。一个量子比特可以是任何具有两个分立态的量子系统。一个简单的例子是一个处于最低能态(基态)或特定激发态的原子;另一个例子是含有 0 或 1 个具有特定能量的光子的状态。量子比特可以处于叠加状态,在这种状态下不确定测量时它们会给出 0 还是 1(事实上,测量结果不可避免地是随机的,这一特性可以用来制造真正的随机数生成器)。咋看这似乎是一个主要缺陷而不是一个特性。然而,量子比特有可能同时为 0 和 1,从而创造出一种量子并行性,这是量子计算机的力量来源之一。另一个非常重要的量子资源是纠缠,将在下面进一步描述。

尽管最近的实验进展已经让人们对复杂量子多体系统物理学有了前所未有的新认识,目前还不清楚,除模拟复杂的量子系统和肖尔(Shor)分解算法之外,大规模量子处理器是否可以在任何实际任务中获得比经典计算机大幅的速度提升。这是量子计算机理论在未来 10 年必须解决的一个关键问题。几乎可以肯定的是,小规模的量子计算机已经开始普及,许多来自不同学科的人都可以开始使用它们,并想出新的、难预料到的想法来更好地操作它们,提高它们的性能,就像古典计算的早期历史一样。早期的经典计算机使用插线板和接插线,编程极其困难,这一挫折直接导致了冯·诺依曼体系结构的发明,在该体系数据和指令以相同的方式存储在内存中,因此程序可以修改自己的指令,预计下一个 10 年将在量子计算领域带来类似的突破。

本章讨论了一些关键思想和硬件级技术,以理解构建、量化(测量)和控制量子纠缠,以及多体量子系统的通用控制背后的基本原理;同时还讨论了其如何运用于量子信息处理和模拟技术平台的发展、量子通信网络以及量子信息思想在增强传感和测量中的应用。

AMO 物理学的思想、技术和方法处于这一激动人心的前沿领域,涉及构建、研究和应用大规模受控量子系统。在实验的努力下,操纵大规模量子系统正在取得稳步的改善。AMO 系统和技术发挥着先锋作用,也将持续在这一领域发挥领导作用。利用离子阱、中性原子和超导电路已经实现了 50 多个量子比特的可编程量子系统。离子阱量子计算机代表了量子比特相干和量子控制的"金标准",最近已经用于实现量子化学等复杂算法。近期的发展包括在不同空间维度实现可编程中性原子阵列,以及利用受控激发进入原子里德堡态的量子操作,展示了由数百个量子比特组成的系统的高保真控制的前景。此外,原子-光子界面正在研发中,这一技术将存储器的原子中的"静止量子比特"转换为以微波或光波段光子形式传播的"飞行量子比特",例如在波导中由此作为本地和广域量子网络的构建基础。这一量子网络中相干量子操作的实现为容错量子通信(包括量子中继器(QR))提供了基础,并为以模块化架构实现量子计算机的规模化提供了潜力。将 AMO 领域最初开发的方法扩展到固态系统,如电路量子电动力学(QED),在最先进的超导量子计算机实现中发挥着核心作用。特别是,它们构成了最近被证明有前途的量子纠错方法的基础。

与此同时,量子纠缠和量子相干的基本概念现在几乎在物理科学的所有子领域中都扮演着重要角色。量子纠缠、量子信息处理和量子纠错的研究,除了为量子技术搭建舞台,也为深化人们对基本物理现象的理解建立了新的工具和方法。例如,在量子凝聚态物理中,从量子纠缠研究中产生的概念推动了对物质量子相进行分类的强大方法的发展,以及使用传统经典计算机模拟纠缠量子多体系统的更有效方案的发展。此外,量子信息理论和量子纠缠理论的思想还可以加深人们对时空量子结构的理解。

在下一个 10 年中,这些实验和理论方法令研究者可以开始就广泛的科学应用而执行、验证奇异的量子算法,并探索量子纠错与容错的实用方法。通过长距离量子通信和非局域量子传感等应用使得量子网络得以首次实现与验证。此外,操控量子系统已经在某些最为精确的原子钟,以及达到前所未有的灵敏度和空间分辨率的磁传感器中得以探索。与此同时,正如在第 3 章中已经提到的,新的实验工具已经用于模拟量子多体物理模型,而这种模拟是目前的数字计算机无法企及的。

在 AMO 物理、量子信息科学、设备工程、凝聚态物理和高能物理的交叉界面上,正不断涌现令人兴奋的新科学机会,这种新的科学界面现在通常称为量子信息科学和工程。举例来说,利用量子相干和纠缠,精密测量上的进展使宇宙基本对称性检验达到前所未有的精度,也为探索暗物质和暗能量提供了可能的新策略(见第 6 章)。量子模拟器和量子计算机可以为强关联多体物理系统、与高能粒子物理和凝聚态相关的强耦合量子场论等提供新的洞见。此外,来自粒子物理和量子场论的概念可能为量子计算机提供新的应用,以及使量子系统对噪声更鲁棒的新方法。从这个角度来看,本章将在第 2 章和第 3 章中介绍的光子和原子的量子操控基本工具与第 5~7 章中介绍的一些新兴应用之间起到重要的连接作用。

4.2 理解、探测与利用量子纠缠

量子纠缠是量子物理最宝贵的属性和资源,也是量子物理区别于经典物理的基础所在。它发生在具有某种关联的两个或多个实体中,这种关联不能用经典的隐变量或量子的态乘积或混合来解释。在量子技术中,纠缠某种意义上是一种资源,它意味着,纠缠度越高,某些特定的任务(如量子通信或计算)就执行得越好。这就是纠缠及其度量的研究在量子信息理论,以及量子物理在信息传输和处理中应用背后的理论开发原理研究中会扮演重要角色的原因。

由少数几个物体组成的简单系统的纠缠,到目前为止已经得到较好的理解。对于纯态(不与实验人员无法获得的外部环境自由度纠缠的系统状态),很容易证明纠缠的存在或不存在。在量化方面,情况则更为复杂。对于两个系统,纠缠度可以通过纠缠熵 E 来适当量化,它根据冯·诺依曼熵来衡量局域(约化)态的混合程度。两个量子比特的最大纠缠态(贝尔态)具有一个纠缠单位,其他态的纠缠度通过它们在多大程度上能被转化为贝尔态来与这一纠缠单位关联,这一比例由 E 决定。对于包含更多态的系统,情况要更为复杂,因为可以定义更多不同的度量,它们之间甚至不存在一个偏序。也就是说,一个态在某种度量下比另一个态纠缠度更高,而在其他度量下则更低。在这种情况下,通常考虑操作度量的实用方法,这是依赖任务的,意味着它们是根据对给定的信息处理任务产生的优势来定义的。对于混合态,情况就更加错综复杂。虽然确定状态是否纠缠是可能的,但在某些情况下这可能成为一项困难的计算任务。其量化面临着与纯态相同的问题,尽管在过去的 10 年中取得了许多进展,但纠缠理论仍然没有完全建立起来。

在过去的 10 年里,在探索纠缠的实验方面取得了长足的进步。首先,人们提出了不同的策略来检测这种有趣的特性在少体系统甚至多体系统中的存在。这些策略已广泛应用于各种实验中,以对其性能进行基准测试,或证明其量子性。用数十个俘获离子、原子、超导量子比特和其他系统进行的实验已经见证了最强形式的纠缠的存在,而用许多粒子(如含有数百万个原子的原子系综)进行的其他实验也发现了一些弱形式的纠缠。每个都可以被认为是实验物理学中的一个绝技,并成功地证明了理论与实验的紧密联系可以催生快速的进展。

除了对纠缠的深入理解以及将其作为一种资源进行量化,未来的研究还面临着重要的挑战。在实验方面,用不同的技术可以证明更高水平的纠缠,以及将更多物体强纠缠在一起的可能性(如在 GHZ Greenberger-Horne-Zeilinger 态)。一个实验挑战将是在 N 个量子比特上创建这样的量子态或光子的 NOON 态,这在参数估计、计量和传感等场景中是有用的。(NOON 态是由两种可能的相干叠加构成的最大纠缠态:N 个光子在模式 1,0 个光子在模式 2,与 0 个光子在模式 1,N 个光子在模式 2 叠加。这个名字的起源可以在这种状态的标准量子表示中看出来:$|N0> + |0N>$。)从理论方面来说,找到纠缠的新应用将是非常令人期待的。如今,只知道很少的几个量子特性(特别是量子纠缠)能提高性能的任务,其中包括密码学、随机数生成、量子计算和传感等。然而,在其他领域纠缠也能提供超越经典极限的优势。在接下来的 10 年中,纠缠理论的进一步发展很可能产生这种应用。

在过去几年里,已经见证了纠缠概念是如何超越量子信息理论,并在物理学的其他领域产生强烈的影响。例如,人们已经发现在量子基态中只要相互作用是局部的,纠缠很自然是相对稀少的,因而它通常满足面积定律。简而言之,这意味着一个区域的纠缠(或者更准确地说,量子互信息)是相对于该区域表面积而增长的，而不是相对于该区域的体积。这发生在物理学的许多领域，包括原子、凝聚态和高能，并有显著的后果。这意味着相应的状态可以有效地用张量网络来描述，这是一种新的语言，它使得人们可以克服通常需要描述和处理此类系统的指数级信息增长，而这妨碍了一般情况下对量子多体系统的分析。因此，纠缠理论的一个巨大挑战是帮助开发算法，使人们能够解决经典（超级）计算机无法解决的物理问题。此外，对纠缠的研究已经扩展到物理的其他领域，如量子引力。最近出现的几个理论将纠缠与其他概念联系了起来，特别是，纠缠成为（黑洞的）防火墙悖论的关键，并且它已经用于设计（凝聚态多体理论的）toy 模型，理解（在重力理论中）全息原理的某些方面，甚至可能与时空本身的几何结构产生关联。值得注意的是，纠缠已经在上述领域中建立了一种共同的语言，它有望为不同的物理学领域带来新的启示。

需要强调的是，最近在实现量子机器方面的进展允许人们在实验室中从基础的角度研究量子纠缠。特别地，本章中描述的实验系统允许研究人员利用离子阱和中性原子来探测量子多体系统的各个方面。此外，在 4.5 节中描述的几个"无漏洞"贝尔不等式的实验检验①，是过去 10 年的"亮点"之一。这些复杂的检验是在实验技术的卓越进展下得以实现的，而这些进展又在量子技术中发挥着关键作用。此外，贝尔检验还应用于某些量子技术的最核心，如设备无关的量子密钥分发（device independent quantum key distribution，DIQKD）和最终的量子随机数发生器（quantum randon number generator，QRNG）等。

4.3　操控量子多体系统

AMO 系统提供了实现可控量子系统的最先进和最有前途的方法之一。在 AMO 框架下开发的思想、技术和方法定义了构建、研究和应用大规模量子信息处理的前沿，同时也对帮助开发固体系统的类似控制水平产生了深远的影响。①单个原子承载着自然界中发现的最原始的量子比特。原子，就其本质而言，是完全相同的，当使用发达的原子诱捕和冷却技术与环境的有害影响隔离时，为人们提供了相同量子比特的大规模量子寄存器。当原子量子比特由单个原子内适当的内部能级表示时，它们本质上是原子钟，因此享有高性能频率标准的属性。②在 AMO 中，精确测量的长期传统为社区提供了工具，包括激光和微波场，提供了必要的控制技术来操纵原子及其相互作用，以及高保真读出，满足了工程化大规模量子物质控制的严格要求。在努力将量子设备扩展到越来越多的量子粒子时，原子物理学具有独特的优势，即复杂的量子纠错技术可能不会像其他物理环境那样成为限制

---

① A Aspect. 观点：关上爱因斯坦和玻尔的量子争论之门. Physics 8：123，2015，10.1103/Physics. 8.123.

性要求,尽管这些技术的发展是该领域的关键挑战之一。③原子系统提供了天然的量子接口或转换器,将存储在原子量子存储器中的"固定量子比特"与可见光或微波的光子作为"飞行量子比特"进行转换,这是建立"芯片上"、实验室内或广域量子网络所必需的。

以下展示了与大规模多体原子系统的量子控制相关的进展、未来前景和挑战。长期以来,离子阱量子系统代表了量子比特相干性和量子控制的"黄金标准",最近它们被用来实现复杂的量子算法。新的发展涉及实现各种空间维度的可配置中性原子阵列,以及使用受控激发到原子里德堡状态的量子操作,显示了对由数百个量子比特组成的系统进行高保真控制的前景。同时,最初在 AMO 界开发的方法扩展到固态系统,如电路量子电动力学,在最先进的固态量子计算机实现中发挥了核心作用。AMO 方法和技术用于控制固态系统中类原子杂质的电子和自旋自由度,其应用范围从实现量子网络到纳米级量子传感。

4.3.1 离子阱量子计算

在过去的 20 年里,受困离化原子一直是实现量子处理器的最先进的候选者之一(图 4.1)。继 20 世纪 90 年代中期提出和演示可控量子纠缠操作之后,目前有 50 多个团队在世界各地的学术机构、国家实验室和工业组织中研究离子阱纠缠和量子计算架构。除了继续完善离子阱的基本纠缠操作和协议,这个平台正变得系统化,并由敏捷的硬件接口和软件技术控制,正朝着实用量子计算的方向发展。这是因为离子阱量子计算机的扩展并不依赖新的物理学,而是依赖其控制器的工程化、系统化和性能的提高。重要的是,离子阱量子计算机似乎能够扩展到远远超过实际问题中量子优势所需的尺寸。也就是说,演示的任务超出了经典设备可以有效实现的范围。

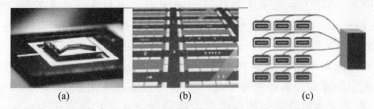

图 4.1 离子阱量子比特和离子阱量子计算机系统

(a)带有镀金电极(蝴蝶结状)的半导体芯片阱的照片,它由许多电极组成,这些电极将一组独立的离化原子悬浮在芯片表面上方,80 个 $^{171}Yb^+$ 离子被限制在一个线性阵列中,端到端的距离约为 0.3mm,漂浮在芯片表面上方 0.08mm(由桑迪亚国家实验室制造);(b)原理图:通过在复杂离子阱结构上的多工区域之间传送量子比特来实现离子阱系统的扩展;(c)采用光子将单个离子阱的阵列元素互联,从而模块化扩展到非常大数量的量子比特。

(资料来源:(a)和(c):C. Monroe,私密通信。(b):D. Leibfried,私密通信。)

如上所述，单个被困和激光冷却的原子和离子承载着自然界中发现的最原始的量子比特，而性能最高的单个原子钟系统是基于离化原子的。凭借其电荷，单个离化原子可以在空间中被隔离和操纵，并具有极高的精度。通过从真空室内附近的电极阵列施加外部电磁场，单个离化原子可以被永久地限制或困住。用于量子计算目的最流行的是具有单价电子构型的离化原子，如 Be^+、Ca^+ 和 Yb^+，其基本属性是冷却和操纵所需的激光波长、原子的电子结构，主要是其核自旋和辅助电子能级以及原子质量。

受到激光冷却时，束缚的离化原子量子比特的集合形成了一个晶体，使用激光和微波的既定技术允许初始化和测量困住的离子量子比特内的量子态，并具有几乎完美的保真度。此外，按照经典的核磁共振(NMR)和使用微波或光场的原子钟技术，单个量子位的操作，如单比特量子门或旋转，可以实现保真度大于 99.99%。

晶体中的原子与离子之间的库仑作用导致了强耦合的正常运动模式，很像一个由弹簧连接的摆阵列。这些模式可以用作信息总线，在量子比特之间产生可编程的纠缠。在离子阱量子比特之间产生纠缠的量子逻辑门依赖与量子比特状态相关的力(来自施加的光或微波场)。使用光场和微波场，两比特量子门的保真度已经达到 99.9%，目前受到很多机制的限制，如门过程中的自发辐射或运动退相干、控制束的剩余强度波动、运动模式频率的稳定性以及量子比特本身的退相干等。重要的是要认识到，这些系统中的误差估计已得到很好的表征，并且研究工作在继续改善这些系统的门性能。

基于迄今为止所展示的高保真单元操作，小规模的离子阱系统已经被组装起来，其中一套通用的量子逻辑操作可以以可编程的方式在小型量子比特系统上实现，形成通用量子计算机的基础。虽然这些全功能系统中单个量子逻辑运算的性能往往落后于仅有两个量子比特的组件级的最先进演示，但更大的系统可以展现各种各样的量子算法和任务，它们构成一些迄今为止最大、最复杂的量子计算机系统操作。例如，小规模的离子阱系统已经被用来实现 Grover 搜索算法、Shor 大数分解算法、Deutsch–Jozsa 算法、量子傅里叶变换、Bernstein–Vazirani 算法、量子隐移算法、量子纠错和检测码，以及量子模拟任务等。

虽然有可能在单晶中把离子阱量子计算机扩展到 30~100 个量子比特，但考虑到束缚电位的波动和其他缓慢变化的控制参数等技术限制，可能很难超越这个水平。然而，有很多机会可以使用更多的模块化方法来扩展离子阱系统。在最底层，一个非常大的链可以通过相互作用/控制区进行刚性位移，就像经典的图灵机中的磁带在磁头上移动那样。如图 4.1(b) 所示，在足够复杂的束缚电极几何形状中，离化原子通过分离的捕集区的物理穿梭是模块化量子计算机结构的一个有希望的方法(也称为"量子 CCD")。这可能需要多种被捕获的离子在分裂/合并链后进行交感冷却，还需要低温(4K)环境以保持低压和长链寿命。在将量子门操作与离子阱量子比特集合之间的穿梭结合起来的能力方面，已经取得了很大的进展。

到目前为止,这已经在几个离子的水平上得到了证明,未来的挑战之一是使用这种方法在单个芯片上扩展到成千上万的量子比特。

如图4.1(c)所示,通过利用离子阱量子比特存储器和飞行光子量子比特之间的接口,可以提供更高水平的模块化。在这里,一个链中的某些"通信"量子比特与空间上分开的链中的其他此类量子比特相连,也许是在另一个离子阱芯片上,或者在一个单独的真空室中,距离较远。这种架构与经典计算处理器所采用的多核结构很类似,都遵循一个基本准则,即更高的复杂性需要模块化。

一般来说,量子比特向有用的大规模量子计算机的扩展需要量子比特和门的质量不会随系统的增大而降低。考虑到量子比特之间成对的门操作,可以预计,在有 N 个量子比特的情况下,将需要 N^2 个相干的门操作。这将要求在 N 变得太大之前进行纠错,或者将门的保真度提高到 $1-1/N^2$。这不仅是一个允许系统内完全纠缠的扩展基准,而且许多应用需要这种形式的扩展。这种技术的演进特别具有挑战性,因为更大的量子系统通常与它们的环境耦合得更强。目前,离子阱是量子信息处理的领先平台之一,已经实现了对20个及以上量子比特的全量子控制。在可预见的未来,离化原子量子比特将主要受到其控制器的限制。此外,离子阱装置的错误模式已被充分理解,这为离子阱量子计算机真的扩展到远远超过目前实验中所实现的尺度提供了极大的信心。

4.3.2　从量子计算机到可编程量子模拟机

可编程量子模拟机(programmable quantum simusator,PQS)最近作为量子信息处理的一个新范式出现。PQS 与通用量子计算机相比,是具有限制性量子操作集的非通用量子设备,但它可以自然扩展到大量的量子比特。PQS 是一种实验平台,能够通过让大量的粒子集合以精确的方式相互作用,从而产生潜在的大规模纠缠,产生相互作用的量子态组,由此产生的量子多体态可以通过精确的单粒子控制被进一步操纵。因此,以这种方式产生的量子态是可编程的,因为它们是由实验者提供的控制参数(如相互作用的持续时间和强度,以及单粒子的旋转程度)来限定的。与通用量子计算机相比,这些量子态的产生不是通用的,也就是说它们属于有限的一类状态,但是存在有趣应用的状态(将在下面讨论)。PQS 平台可以看作是专用的、单一用途的量子模拟器和完全成熟的通用量子计算机之间的一个中间步骤。随着越来越精细的控制的发展,PQS 平台可望弥合并最终缩小这两个概念之间的差距。

PQS 的发展已经取得了重大进展。与量子计算机等通用量子计算设备相比,不仅在粒子或量子比特的数量方面,而且在其可执行的量子操作的保真度方面,这些平台对单一任务的专门化使其具有相对较好的扩展特性。此外,成像方法,如光晶格的量子气体显微镜或离子阱和原子阵列的自旋读出,可以在单粒子分辨率下详细了解量子态的特性。实验周期的重复率有了极大的提高,使得大量的实验可以在短时间内进行。PQS 平台的具体例子包括:离子阱的线性阵列(图 4.1),以及在光镊中的束缚原子阵列,可以被激发到 Rydberg 状态(见下文,以及图 4.3,图 4.5 和图 4.6(a),(b))。这两个平台都实现了可控的 Ising 型相互作用,可以随意开启和关闭。

所有这些最新进展都为新的应用打开了大门,超越了平台最初的传统模拟形式(相对于数字而言)的量子模拟。一个关键的例子是在一个混合的经典—量子反馈回路中使用 PQS 作为一个量子协处理器。PQS 被用作量子态发生器,由经典计算机控制,试图将产生的量子态引向所需的目标态。目标状态可以是一个物理模型的基态(见方框 4.1)。另一种应用是在多粒子状态下编码一个优化问题,让量子系统使用量子近似优化算法(quantum approximate optimization algorithm, QAOA)生成近似的解决方案。在这两种情况下都要进行许多对相干时间要求不高的简短实验,并经常测量所得状态。每步从测量结果中评估出一个成本函数,经典计算机试图在一个反馈回路中对其进行变分优化。

未来的实验工作应继续提高现有 PQS 平台的质量,增加相干时间和粒子数量,并扩展可用的控制集。改善实验的重复率将有利于在变分设置中使用 PQS。后一点对巡游原子系统尤其重要,如光晶格中的费米子原子(见第 3 章),其在变异优化背景下的应用可以为解决量子化学、凝聚态物质和高能物理学中长期存在的平衡问题开辟道路。理论工作应着眼于量化 PQS 平台在解决优化问题方面的计算能力,并探索 PQS 如何作为未来一代量子模拟器和量子计算机的模块化构建块。另一个理论重点领域是开发由 PQS 产生的量子态的新应用,如在量子计量学中的应用。

方框 4.1 变分量子模拟

在变分量子模拟的场景下已经发现可编程量子模拟机(PQS)的一个开创性应用。其中经典计算机与量子协处理器在一个闭环的反馈回路中相互连接。变分量子模拟(variational quantum eigensolver, VQS)可理解为一种优化程序,其中量子系统通过从量子协处理器创造的高度纠缠的量子态中取样,来处理评估待优化的成本函数这一经典的困难任务。一旦找到最佳控制参数,量子态就可以根据需要来制备并用于进一步的研究。根据待优化的成本函数不同,VQS 为不同的应用打开了大门,从制备非线性多体态到量子计量中有用的高度纠缠量子态等(图 4.2)。

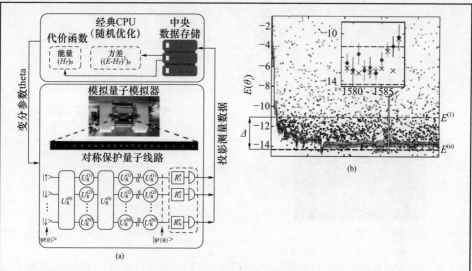

图 4.2 （见彩图）变分量子模拟

(a)量子-经典反馈回路示意图,量子态由参数(用 θ 表示)依赖的量子线路产生,它由纠缠相互作用(黄框)和单粒子旋转(蓝圈)组成。然后,投影测量结果被反馈给经典计算机,评估在参数向量 θ 上优化的成本函数。(b)当优化量子多体系统的能量时,在一个可编程的 20 量子比特离子阱量子模拟器上得到的优化轨迹(能量与迭代次数的关系)。(资料来源：经 Springer Nature 授权转载：C. Kokail, C. Maier, R. van Bijnen, T. Brydges, M. K. Joshi, P. Jurcevic, C. A. Muschik, P. Silvi, R. Blatt, C. F. Roos, and P. Zoller,格点模型的自验证变分量子模拟(Self-verifying variational quantum simulation of lattice models),Nature 569：355-360,2019,版权 2019)。

可控的、相干的多体系统可以提供对量子物质基本属性的洞察力,可以实现新的量子相,并最终导致计算系统的性能超过现有的基于经典方法的计算机。最近,美国和法国的几个实验小组开发并展示了一种强大的新方法,用于创造受控的多体量子物质,该方法将一、二、三个空间维度的单独束缚的冷原子阵列的确定性制备、可重新配置与通过激发里德堡态实现的强相干相互作用相结合(图 4.3)。

最近的实验实现了可编程的量子自旋模型,具有可调控的相互作用和高达 51 个量子比特的系统尺寸。这项工作已经导致了一类新的量子多体态的出现,挑战了对孤立量子系统中热化的传统理解,并引发了对这些所谓的量子多体伤痕的广泛的新理论研究。使用相同的平台并将其应用于凝聚态模型的研究,从这些实验中观察到了打破各种离散对称性的空间有序状态的量子相变。在这个平台内对量子临界动力学的实验研究为量子 Kibble-Zurek 假说提供了首次实验验证,并显示了其对奇异的、以前未曾探索过的模型应用,如手性时钟模型。此外,最近还利用一个类似的平台实现了对称性保护的物质拓扑相。

除了对多体量子物理的研究,最近的实验通过克服冷原子量子控制中几个长期存在的限制,证明了该平台对量子计算的适宜性。高保真的单量子比特旋转和量子状态检测已经被演示。此外,高保真纠缠态的制备已得到演示,确立了中性原

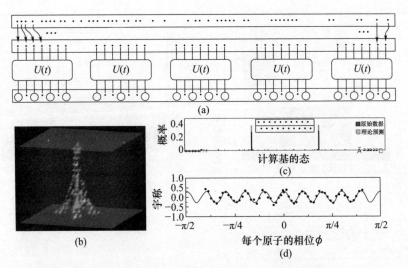

图4.3 （a）光镊点阵中的单个原子可以按照想要的空间配置进行排列。通过将这些原子可控地激发到里德堡态，可以实现可编程的相互作用设计。（b）复杂几何结构的原子排列既可以在二维中制备，也可以在三维中制备，这里展示了一个三维结构原子阵列的荧光图像。可以制备出高度纠缠的量子态，如 GHZ 态，其中整个原子阵列是完全相关的。测量到的 20 个原子密度矩阵图（c）和相干性，由测量到奇偶性振荡图（d）所证明，表明了 20 个原子系统的纠缠，这是迄今为止制备的最大的 GHZ 态。（资料来源：（a）Endres 等，Science，354，1024（2016）。（b）经 Springer Nature 许可转载 D. Barredo, V. Lien–hard, S. de Léséleuc, T. Lahaye, and A. Browaeys，由一个原子一个原子组装而成的三维原子结构（Synthetic threimensional atomic structures assem–bled atom by atom），Nature 561：79，2018，（c）和（d）来自 A. Omran, H. Levine, A. Keesling, G. Semeghini, T. T. Wang, S. Ebadi, H. Bernien, A. S. Zibrov, H. Pichler, S. Choi, J. Cui, M. Rossignolo, P. Rembold, S. Montangero, T. Calarco, M. Endres, M. Greiner, V. Vuletic, and M. D. Lukin, 里德堡原子阵列薛定谔猫态的生成与操纵（Generation and manipulation of Schrödinger cat states in Rydberg atom arrays），Science 365（6453）：570574，2019，doi：10.1126/science.aax9743，经 AAAS 允许转载）。

子作为量子信息处理的竞争性平台。最近，哈佛大学－麻省理工学院（MIT）合作使用该系统实现了 20 个原子的 GHZ 纠缠态，这是迄今为止最大的 N 个单独测量粒子的纠缠态。在撰写本书时，哈佛大学、麻省理工学院和威斯康星州的研究小组已经用这种方法实现了高保真多量子比特操作。最近的理论工作表明，这种方法很适合于实现和测试解决复杂组合优化问题的量子算法，为探索量子计算机的第一个现实世界应用铺平了道路。

这是一个发展非常迅速的研究领域，最近一些涉及光镊阵列的新系统已经被演示，其中包括新的实验，涉及用碱土原子（如锶和镱）以及极性分子实现光镊阵列（见第 3 章）。这些平台为许多潜在的应用带来了希望，从高保真的量子信息处理和量子模拟到量子计量学等。

4.3.3 腔和电路量子电动力学

量子电动力学是关于光量子(光子)与电子和原子相互作用的理论。在过去的 15 年里,令人兴奋的发展之一是将 AMO 物理学和量子电动力学的思想引入到凝聚态物理学的世界中。

QED 正确地预测了许多微妙的现象,是所有科学中最成功和最精确测试的理论。它最基本的预测之一是,进入激发态的原子是不稳定的,会自发地发出荧光,即通过发射一个或多个光子弛豫到一个较低的能量状态。这种有用的现象对计算机屏幕和其他类型的光学显示等许多技术都是至关重要的。

通常情况下,所有可能波长(以及由此产生的能量)的光子模式都是可用的,因此原子总是可以找到一个正确的能量模式,并可以弛豫到其中。在腔 QED 中,人们通过将原子置于两个高反射率的反射镜形成的一个只支持某些离散波长模式的谐振腔之间,从而改变了原子可用的光模式。腔 QED 允许人们设计原子看到的光子环境,从而提高或抑制其弛豫率。这些 Purcell 效应已经在光学和微波腔中观察到,但通常是相当弱的,并受限于原子的小尺寸和相对于谐振器的大电磁模式体积而言小的光波长。

受凝聚态物理学和电气工程无线电滤波器理论的启发,近几十年来,AMO 的研究人员在创造具有非常小的模式体积的光学谐振器方面取得了巨大的进展(与原子发射的单一波长的光模式体积相比)。实现这一目标的方法之一是通过定制设计光子带隙材料。这些结构可以设计成有效地将单个原子(或固体中的色心缺陷)发出的光耦合到光纤中,用于量子控制、通信和信息处理。由于测量空腔模式尺寸的相关尺度是它所捕获的光子的波长,人们可以通过转移到发射和吸收长波长微波光子而不是短波长光子的原子来有效地减少模式体积。Serge Haroche 由于在穿过微波谐振腔的里德堡原子的腔 QED 方面的工作而获得了 2012 年的诺贝尔奖。

里德堡原子是有一个电子被激发到围绕原子核的大轨道上的普通原子。这里的"大",相当于原子直径的 10^4 倍,或 10^{-6} m 在过去的 20 年里,凝聚态物理学家走得更远。通过用超导约瑟夫森结电路构建人造原子,这些毫米大小的物体肉眼可见,并含有数万亿的电子。然而,由于其超导性,这些电路中的电子一致地移动,使这种原子具有甚至比氢更简单的量子化能谱。由于其巨大的尺寸,这些量子物体与电磁波的互动非常强烈。在自由空间,这些"原子"通过发射微波光子非常迅速地自发弛豫。然而,与光学光子的情况不同,人们可以将这些"原子"完全封闭在一个超导盒内,这个超导盒实际上就像一组几乎完美反射的微波镜,完全围绕着"原子"。这使得"原子"几乎不可能自发衰变(因为微波光子不断被反射回来而无法逃脱),从而通过 Purcell 效应将人造原子的寿命延长 10^3 倍。有了这种强大的寿命增强，人造原子相对于其跃迁频率的相干时间就可以与氢原子相媲美。Purcell 效应也可以通过将原子与腔共振来缩短寿命。这方面的一个例子是利用谐振腔大幅提高硅中施主电子自旋的自发发射率，其系数接近 10^{12}，从而将自旋弛豫时间缩短到了原来的 $1/10^3$。而上述耗散增强方法的一个应用是磁共振实验和量子比特控制实验中的自旋复位。

厘米级的微波腔可以有比立方体小得多的模式体积，这一事实进一步增强了人造原子与腔中捕获的光子的耦合。这种耦合是如此之强，以至于即使"原子"和空腔在频率上相互偏离 20%，"原子"向空腔发射并重新快速吸收光子的虚过程形成的二阶效应也将产生超强的色散相互作用，$H = \chi \sigma^z a^\dagger a$，其中 σ^z 描述（两能级）"原子"的状态，$\hat{n} \equiv a^\dagger a$ 表示空腔中的光子数。这种色散相互作用的意义在于，"原子"的跃迁频率在腔体中每增加一个微波光子就会遭受一个量化的"光位移"。这也意味着，根据"原子"是处于基态还是激发态，空腔有两个不同的谐振频率。值得注意的是，色散耦合 χ 可以比腔体和"原子"的线宽（弛豫率）大 3 个数量级，使该系统处于单光子水平的非线性量子光学的一个全新的体系中。

这种相对于耗散率而言的超强耦合允许对组合的量子比特-腔系统进行通用控制。人们可以很容易地对光子数进行量子非破坏性（quantum nondemolition, QND）测量：测量光子数的奇偶性 $\hat{P} = e^{i\pi a^\dagger a}$（不测量光子数），并利用这些奇偶性测量，通过直接测量维格纳（Wigner）函数（相空间的准概率分布）进行完整的状态断层扫描。这些能力远远超出了普通量子光学的能力。在普通量子光学系统中，光和物质的非线性相互作用相对于耗散而言要弱得多。图 4.4 说明了这些量子控制和测量能力。

这种控制量子态的强大能力在单光子水平上开辟了强非线性量子光学的新领域。它允许创建可纠错的逻辑量子比特，不是从物质对象，而是从不同数量的微波光子的叠加中产生。这些"光子逻辑量子比特"是所有技术中第一个达到纠错平衡点的量子比特（逻辑量子比特中编码的量子信息的寿命超过任何单个物理量子比特的寿命）。其他最近的进展包括逻辑量子比特上的量子门的确定性远程传输，以及新颖的新纠缠门，如指数-SWAP 门，它通过对两个微波谐振腔的信息进行交换和不交换的相干叠加操作作用于两个微波谐振腔。这些能力推动了基于门的光量子计算的可能性，也推动了模拟相互作用玻色子的多体动力学。一个新的方向是使用微波腔阵列来模拟参数体系中玻色子的分数量子霍尔效应，其激发是服从非阿贝尔统计的马约拉纳零模；另一个新的方向是"量子声学"，人们可以使用类似的技术来创造、控制和测量单个量子的声音（机械振动模式）。

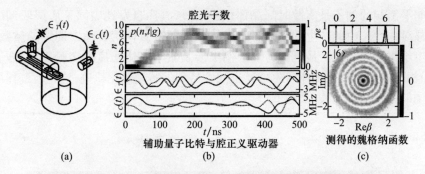

图 4.4 （见彩图）使用数值优化的微波控制信号，施加到谐振腔和附属的人造原子，在一个超导谐振腔中制备并验证了一个 $n=6$ 光子的福克（Fock）态（a）耦合到人工原子的超导微波谐振腔；（b）上图显示了在施加微波驱动时腔体中光子数量的概率分布，其振幅与时间的关系显示在下面两图；（c）上图：最终的光子数量分布；下图：测得的典型"牛眼"形状维格纳函数证实了系统最终在量子状态下正好有 6 个光子。（资料来源：R. W. Heeres, P. Reinhold, N. Ofek, L. Frunzio, L. Jiang, M. H. Devoret, and R. J. Schoelkopf，在谐振腔中编码的逻辑量子比特上实现通用门（Implementing a universal gate set onalogical qubit encoded in an oscillator），Nature Communications 8：94，2017，doi：10.1038/s41467017000451，知识共享开放获取）。

4.4 用于量子模拟的受控多体系统

4.4.1 模拟多体系统的量子动力学

复杂多体系统的量子模拟是 Richard Feynman 提出建立可编程量子机的最初背景。其动机是精确的经典计算或模拟量子动力学变得极具挑战性，即使对于一个中等大小的量子系统。事实上，要精确计算系统大小超过 50 个量子比特的耦合量子比特的动力学是几乎不可能的。这些考虑使得研究封闭量子系统的非平衡动力学非常具有挑战性。这类系统的核心是纠缠增长的动力学，它创造了简单理论无法捕捉的非线性量子关联。最近涉及可编程量子模拟器的实验进展已经使研究人员能够进行系统规模无法经典处理的量子模拟，并获得对此类系统物理学的前所未有的洞察力。

其中，一个例子涉及对非平衡量子相变的理解，这尤其具有挑战性，因为非平衡系统的运动方程几乎是不断变化的。例如，在周期性驱动 floquet 系统的情况下，这些运动方程是周期性的，但非平衡系统一般会从驱动场吸收能量（floquet 加热），直到它接近一个无特征的无限温度状态，从而防止任何非平凡的量子序。实验上实现物质的非平衡相的成功，部分归功于理论上发展了防止这种 floquet 加热的策略（包括量子多体局域，更多讨论见第 3 章）。最近，在实验室中实现的一个内在非平衡相的例子是离散时间晶体(图4.5),其序自发地破缺了底层驱动的时间平移对称性。由此产生的离散时间晶体的周期被量化为驱动器周期的整数倍,并产生于集体同步化。最近的另一个例子涉及量子多体伤痕的实验发现,涉及受限、强相互作用系统的多体希尔伯特空间中特殊的缓慢热化轨迹,这些轨迹伴随着非单调的缓慢纠缠增长(图4.6)。

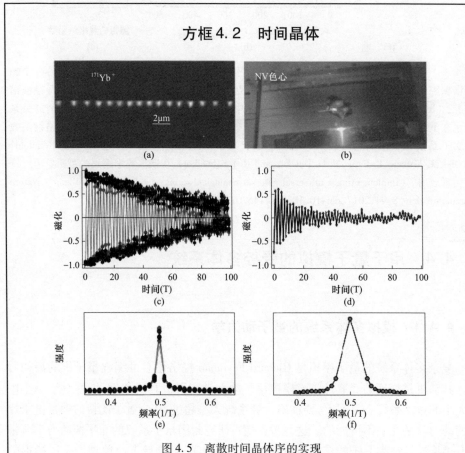

方框4.2 时间晶体

图4.5 离散时间晶体序的实现

(在两个不同的等效自旋系统中首次报道了离散时间晶体序的特征)

(a)一维镱离子阱链,每个离子都有一个等效自旋-1/2态,由它的两个超精细子能级组成,离子与离子间相互作用产生了一个晶格排列;(b)金刚石氮空穴缺陷(NV色心)的三维系综,NV色心在绿色激光照射下发出红色荧光;(c)与(d)每个系统被Floquet序列驱动了大约100个周期;(e)与(f)测量的磁化率的傅里叶变换显示出在周期频率$1/T$的一半处有尖锐振荡(其中T为Floquet周期)(资料来源:经Springer Nature许可转载:J. Zhang, P. W. Hess, A. Kyprianidis, P. Becker, A. Lee, J. Smith, G. Pagano, I. – D. Potirniche. Potirniche, A. C. Potter, A. Vishwanath, N. Y. Yao, and C. Monroe, 离散时间晶体的观测(Observation of a discrete time crystal), Nature 543:217–220,2017,版权2017)。

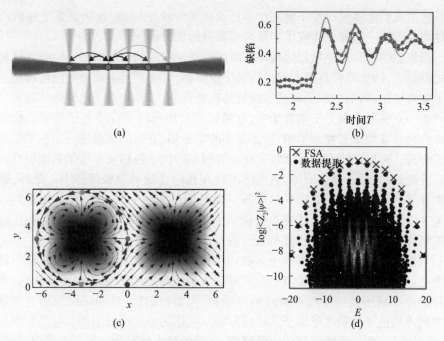

图4.6 （见彩图）一维被困中性原子阵列中的非平衡量子动力学

(a)实验装置的示意图,描述了原子之间通过里德堡激发态相互作用,每个原子的位置和内部状态都可以由外部激光器控制和操纵;(b)在一个最初制备成反铁磁构型的驱动系统中,实验观察到令人惊讶的长效振荡,图中显示了与反铁磁构型相关的缺陷密度与时间的关系,表明了序参量的周期性振荡;(c)动力学的理论分析,基于使用最小纠缠矩阵乘积态(由两个变量 x 和 y 来参数化)的变分原理,得出一个孤立的、周期性的轨道(红圈)的等效运动方程,这个轨道描述了非热化动力学,与其他通用初始条件下观察到的热化行为形成对比;(d)系统的光谱显示,存在一个特殊的本征态子集,与初始有序态有明显的高度重叠;这些状态产生了与复杂多体量子系统中稳定轨迹相关的多体癥痕效应,该图显示了初始的、反铁磁有序态与系统的所有多体本征态之间的重叠与能量的函数关系。（资料来源：(a)(b)经 Springer Nature 许可转载：H. Bernien, S. Schwartz, A. Keesling, H. Levine, A. Omran, H. Pichler, S. Choi, A. S. Zibrov, M. Endres, M. Greiner, V. Vuletic., and M. D. Lukin, 在51个原子的量子模拟器上探测多体动力学(Probing manybodydy namics on a 51 atom quantum simulator), Nature 551:579584, 2017, 版权 2017。(c) W. WeiHo, S. Choi, H. Pichler, and M. D. Lukin, 约束模型中的周期轨道、纠缠和量子多体疤痕：矩阵乘积态方法(Periodic orbits, entanglement, and quantum manybody scars in constrained models), Physical Review Letters 122:040603, 2019, 美国物理学会版权所有。(d) 经 Springer Nature 许可转载：C. J. Turner, A. A. Michailidis, D. A. Abanin, M. Serbyn, and Z. Papic, 从量子多体伤痕处破坏的弱遍历性(Weak ergodicity breaking from quantum manybodey scars), Nature physics 14(7):745749, 2018, 版权 2018)。

4.4.2 从多体物理到格点规范理论和高能物理

在过去的10年中,原子量子模拟器的发展主要是为了深入了解凝聚态物理学中强关联的多体系统。物理上有趣的量子多体系统不能用经典的模拟方法解决,已经可以用冷原子、分子和离子进行类比或数字的量子模拟。在未来,量子模拟器也可能使人们能够解决粒子物理学中目前无法解决的问题,包括重离子碰撞产生的热夸克-胶子等离子体或中子星内部深处的实时演化。

凝聚态物理和高能物理的现象是由规范理论描述的,因此,所面临的挑战是开发规范理论,特别是格点规范理论的量子模拟器,即在格点上离散的规范理论。在粒子物理学中,阿贝尔和非阿贝尔规范场在夸克、电子和中微子之间介导基本的强和电弱力。在原子和分子物理学中,电磁阿贝尔规范场负责将电子与原子核结合的库仑力。在凝聚态物理学中,除了基本的电磁场,有效的规范场可能在低能量下动态出现。可以用格点规范语言来理解的现象的例子包括量子霍尔系统中准粒子的任性统计,或量子自旋液体,它可能出现在几何受挫的反铁磁体中。此外,通用的拓扑量子计算是基于非阿贝尔的陈-西蒙斯(Chern-Simons)规范理论的。方框4.3以量子自旋冰作为凝聚态物理学中的受挫自旋模型,以及一维QED(格点施温格模型)为例,说明格点规范理论的基本特征。

虽然规范理论的量子模拟是基础,但用原子装置(和其他平台)实现格子规范模型是一个挑战。原子实验室中要实现的规范模型的哈密顿方程是复杂的,而且往往在原子格子模型中没有自然的对应物,例如哈伯德(Hubbard)模型与光学格子中的冷玻色子和费米子原子。这些模型只能作为原子模型中的突发晶格模型得到,也就是说,作为低能区间的有效模型,高能的自由度被积分掉了。然而,为类比量子模拟设计这样的有效哈密顿量是有代价的:不仅从现有的原子资源中设计出所需的轨距不变哈密顿耦合是困难的,而且这些有效理论的结果能量尺度可能很小,对实验中的温度和退相干时间有相应的严格要求。近年来提出了许多理论建议,以实现自旋模型的阿贝尔和非阿贝尔格点规范理论的模拟量子模拟,并在特别设计的格子几何中使用费米子和玻色子原子混合物。然而,在实验中实现格子规范理论的类比量子模拟仍然是一个突出的挑战。

方框4.3　凝聚态物理与高能物理中的格点规范理论

规范理论的关键特征是对自然界的描述有冗余性。在理论表述中,这种冗余反映为一种局部对称性,即规范对称性,同时伴随一个相关的局部守恒定律(高斯定律)。图4.7说明了阿贝尔格点规范理论的基本成分,量子自旋冰的概念取自凝聚态物理学。在图4.7(a)中,稀土离子的磁矩(黄色箭头)位于焦绿石晶格——一个共角四面体网格的角上。它们表现为几乎完美的伊辛自旋,并沿着从四面体角到中心的线指向内侧或外侧。简并的基态构型遵守"冰规则",它强制要求每个顶点的两个自旋向内和两个自旋向外,也就是满足高斯定律。图4.7(b)显示了二维量子自旋冰的高斯定律所允许的自旋构型。

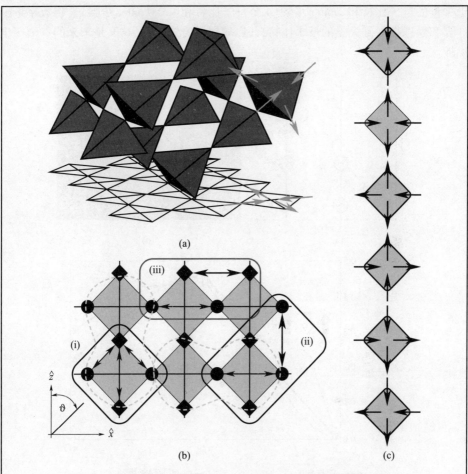

图 4.7 （见彩图）凝聚态物理学中的格点规范理论和高斯定律

(a)在自旋冰材料中，稀土离子的磁矩(黄色箭头)位于焦绿石晶格———一个共角四面体网格的角上。它们表现为几乎完美的伊辛自旋，并沿着从角到四面体中心的线指向内侧或外侧。由于自旋的不同伊辛轴，导致了一个有效的受挫反铁磁相互作用；(b)将三维焦绿石晶格投射到二维正方形晶格上会产生一个棋盘晶格，其中四面体被映射到交叉的方块上（浅蓝色）。位于·或◆格点上两个自旋之间的相互作用必须是阶梯状(作为距离的函数)和各向异性的，并且他们要求格点双向标记；(c)交叉块上的自旋简并基态构型。它们遵守"冰规则"：在每个顶点强制要求两个自旋向内，两个自旋向外，令人联想到电动力学中的高斯定律(资料来源：Phys. Rev. X 4，041037，2014)。

  量子模拟不仅可以采用类比的形式来实现，也可以采用数字形式来实现。例如，一个哈密顿量(通常是复数形式)的时间演化可以分解为一系列 Trotter 步骤，本质上就是使用通用量子计算机来传导量子多体问题。已经有研究人员用一个离子阱量子处理器研究了格点 Schwinger 模型的实时动力学(图 4.8)。然而，这种在通用量子计算机上对复杂多体动力学的编程是昂贵的，对于目前的设备来说仅限于少量的量子比特和 Trotter 步骤(4 个量子比特和 4 个 Trotter 步骤)。将数字量子计算和模拟扩展到大量的量子比特,并以容错的方式进行,这又是未来的一个突出挑战。

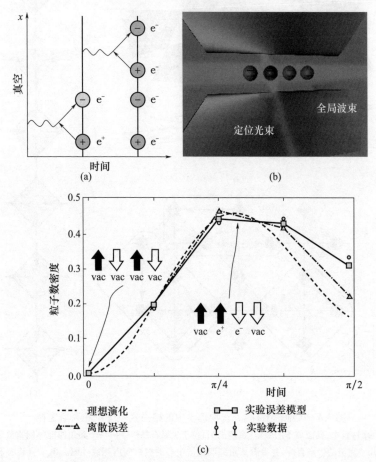

图 4.8 格点施温格(Schwinger)模型作为一维量子电动力学(QED)的数字量子模拟
(a)量子涨落导致的真空不稳定是规范理论中最基本的效应之一,通过在晶格上实现施温格模型(1D QED),模拟了粒子反粒子产生的相干实时动态;(b)模拟的实验装置包括一个线性保罗(Paul)阱,一串 $^{40}Ca_a^+$ 离子被约束在其中。每个离子的电子状态,以水平线描述,编码为自旋|↑⟩或|↓⟩。这些自旋状态可以用激光束进行操纵。在量子模拟中,晶格上的电子和正电子配置被编码为自旋配置,并在 4 比特离子阱量子计算机上传播了 4 个 Trotter 步骤(共涉及 220 个量子门)。(c)粒子数密度的时间演化,该图中比较了施温格模型下的理想演化,考虑到 Trotter 时间离散性误差的理想演化,以及实验数据及其模型
(资料来源:经 Springer Nature 许可转载:E. A. Martinez,C. A. Muschik,P. Schindler,D. Nigg,A. Erhard,M. Heyl,P. Hauke,et al.,用少比特量子计算机研究格点规范理论的实时动力学(Realtime dynamics of lattice gauge theories with a fewqubit quantum computer),Nature 534:516519,2016)。
注:关于模型的细节和符号的定义,见 Martinez 等(2016)。

有第三种复杂多体问题的量子模拟方法,即变分量子模拟,关于这种技术的描述参见本章前面的"从量子计算机到可编程量子模拟机"部分。

4.4.3 量子化学应用

在20世纪初,化学家、物理学家、应用数学家和计算机科学家的互动形成了量子化学这一新领域。100年后,人们看到了针对量子化学的量子信息学之诞生,它建立在现代理论物理化学和量子信息学理论及其基础的量子物理学和计算机科学的新思想之间的联系之上。在过去的20年里,研究的重点包括:①阐明量子信息在分子系统中的作用,并利用它来解决化学中的突出问题;②重新认识量子光谱学和控制;③构建和利用量子信息处理器,并开发它们在化学中的应用。

目前,许多理论/计算化学家依赖大型计算软件包,如GAMESS和GAUSSIAN以及其他软件包,这些软件包部分采用了极其有效的高斯积分评估。为了系统地达到化学精度(1kcal/mol或更少),他们依靠使用变分展开方法,如多构型自洽场或具有大基集的构型相互作用方法,或微扰展开,如耦合集群(如CCSDT)和多体微扰理论(如MP3)。作为对这些方法的补充,密度泛函理论和在较小程度上各种形式的量子蒙特卡罗在某些圈子里已经变得很流行。尽管在发展这些电子结构方法方面取得了进展,但化学中的许多重要问题,如化学反应的预测和对材料设计至关重要的过渡金属配合物的激发电子态、过渡态和基态的描述,尽管用这些方法可以做到,但仍然具有挑战性。与天体物理学有关的原子和分子光谱的预测(识别)精度要求甚至更高(远优于0.01cm^{-1}的波数不确定性)。目前,理论家正在使用经验拟合方法和调整分子势能面的组合来拟合光谱。大幅度提高非初始计算的准确性也是未来的一个重要挑战。

引入量子信息的技术,可能会使其中一些难题得到解决。基于相位估计算法的不同变型、向Ising哈密顿量映射、变分量子本征求解器(variational quantum eigensolver,VQE)和其他量子模拟技术等,研究人员已经能够在几个实验平台(光子量子计算机、核磁共振、离子阱和基于超导的量子比特等)上使用多达6个量子比特,对H_2、BeH_2、LiH和H_2O等小分子获得具有一定精度的结果。最大的问题是如何着手进行大型化学体系的电子结构计算。最近,Reiher等展示了量子计算机(约有110个逻辑量子比特)如何用于阐明生物固氮酶的反应机理,通过对反应机理的经典计算,对相对能和激活能的可靠估计,这是传统方法无法做到的。可以假设在催化、药物设计、集群优化等领域处理复杂的化学系统,至少需要数百个逻辑纠错的量子比特(数千到数百万个物理量子比特)。为了应对这些挑战,目前正在探索一些新的研究方向,包括以下内容:

(1)开发混合量子-经典算法。VQE的最初发展是这个方向的一个很好的例子,人们用一个量子设备来评估目标函数的期望值,而这个期望值又取决于通过经典方法优化的参数(例如见方框 4.1)。

（2）发展量子机器学习。将机器学习技术与量子算法相结合。用于量子模拟的玻耳兹曼机的初步发展就是这个方向的一个很好的例子。

（3）基于 d 能级系统量子比特(其中"d"是大于 2 的整数)而不是 qu – bits 二能级量子比特,设计与化学相关的量子算法。利用分子中的振动和波导中的光子之间的自然映射的最初想法,是使用基于二能级量子比特的可编程光子芯片模拟分子的振动量子动力学的一个很好的例子。

（3）更广泛地利用量子信息思想进行化学研究,这促使量化化学反应和复杂生物系统中的纠缠方面取得了进展。然而,如何测量化学反应中电子之间的纠缠仍然是一个挑战。另外,干涉、叠加和纠缠这些量子资源如何协助化学反应的量子控制仍处于早期研究阶段。

4.5　贝尔不等式、量子通信与量子网络

4.5.1　从贝尔不等式到量子通信

量子理论预言,现实并不像人们想象的那样简单。特别是,它预言在实验中可观察到的物理量在被测量之前是没有值的。爱因斯坦发现了该理论的这一特点,并对此提出了反对意见。然而,约翰·贝尔(John Bell)设计了一个实验性的"贝尔不等式"测试,只有量子理论可以通过,而任何经典理论(在测量之前观察量都有值)必然失败。除对人们理解物理现实的本质具有深远的意义之外,贝尔不等式现在也成为关键的系统工程测试,用于证明计算机是真正的量子,证明真正的随机数生成,并证明加密和通信的安全性等。

对贝尔不等式的实验测试在量子信息的出现中发挥了重要作用,它使物理学家注意到纠缠的革命性特征。人们可以在量子计算创始论文——费曼的论文中找到这种作用的见证,[1]他在论文中写道:"我总是通过把量子力学的难度挤压到一个越来越小的地方来娱乐自己,以便对这个特别的东西越来越担心。你可以把它挤压成一个数值问题,即一个东西比另一个东西大,这似乎是很可笑的。但事实就是这样——比任何逻辑论证所得到的都要大"。虽然他没有给出任何参考资料,但费曼显然是指违反贝尔不等式。

---

[1]　R. P. Feynman,用计算机来模拟物理,理论物理国际杂志(*International Journal of Theoretical Physics*), 21:467 – 488,1982.

贝尔不等式①,②是指对两个最初制备在一起处于纠缠状态的量子物体进行测量之间的强关联,例如,对两个在相反方向发射的光子的偏振测量。违反贝尔不等式意味着不可能通过某种未知的常规属性[这些属性不是标准量子形式主义的一部分(如局部补充参数或"隐变量")]来理解这些相关性,它在制备时就已确定并一直由每个子系统各自单独携带。这种模型在经典科学中广泛使用,允许人们解释。例如,同卵双胞胎的一些疾病的相关性,他们携带相同的染色体组。对应的世界观,即爱因斯坦所倡导的"局部现实主义"相应的就被否定,这足以令人震惊到要求进行实验检验。事实上,预言会违反贝尔不等式的情况是如此的罕见,以至于必须设计特定的实验来进行检验。一些现在广泛使用的量子技术,如高效的纠缠光子对源被开发出来,使这些检验成为可能。

在20世纪70年代,第一次令人信服的检验表明,即使在违反贝尔不等式的极端情况下,量子力学仍然有效之后,人们几乎立即提出了关于检验中可能存在的漏洞问题。主要有两个目标:①探测漏洞,即灵敏度有限的探测器会漏掉相当一部分的光子,这就为某些类别的局部补充参数留下了可能性;②定域漏洞,即为了防止分离物体之间任何可能的未知相互作用,人们应该进行相对论独立的测量,其中仪器的设置和测量本身被一个类空间的间隔隔开,这样,任何服从不可能超光速传播的相互作用都不会干扰到检验结果。贝尔认为最重要的定域性漏洞早在1982年就已解决,它的关闭也被后来的几个实验所证实。另外,探测漏洞则要到21世纪初开发出效率接近100%的新探测器之后才能被堵上。在同一个实验中弥补这两个漏洞需要新一代的实验装置,这最终在2015年实现了。经过几十年的讨论、争论和实验进展,现在很难不承认纠缠是真实存在的,而且就像爱因斯坦、薛定谔、费曼和其他人认为的那样。

除了在量子信息的诞生中发挥作用外,贝尔不等式还直接参与了量子密码学的发展,特别是量子密钥分发(quantum key distribution,QKD)。QKD解决的基本问题是向两个在空间上分开的伙伴(Alice和Bob)分发两个相同的0和1的随机序列。然后,Alice和Bob将使用它们作为密钥来编码和解码信息。该协议被称为"一次一密",它在数学上被证明是安全的,条件是秘钥只被使用一次,且用于不长于秘钥的信息。用于在远处安全地生成两个相同的0和1的随机序列的方法之一,是基于一对纠缠的光子,如果Alice和Bob为测量设备选择相同的设置,就会产生随机但相同的结果。整个协议要求Alice和Bob在一小的预设值清单中随机选择各种设置。在完成测量后,他们在一个公共信道上交换关于所选设置和部分结果信息。这允许他们选出相同设置的情况并识别相同的秘钥,但其他设置则允

---

① J. S. Bell,对EPR佯谬的讨论(On the Einstein – Podolsky – Rosen paradox),Physics 1:195 – 200,1964.
② J. S. Bell,量子力学中的可说与不可说(Speakable and Unspeakable in Quantum Mechanics),剑桥大学出版社,2004(修订版)。

许他们对贝尔不等式进行检验。如果他们发现有违反的情况,就可以确定没有窃听者(Eve)在线路上偷窥他们的量子信息交流。

许多复杂的协议都是基于这样的想法而制定的,贝尔检验是一种检查信息是否可以被间谍获得的方法。原则上,这种验证是独立于设备的,也就是说,只要找到违反贝尔不等式的情况,就可以确定没有信息被 Eve 获得,而不需要对所使用的设备有详细的了解。这种想法也适用于其他协议,如 BB84 协议或连续变量协议不使用纠缠光子对源。已经开发出许多复杂的协议,以考虑到真实设备的不完善之处,寻找实用的设备无关 QKD(意味着设备的性能是可以通过贝尔不等式检验认证的,即使由第三方提供,也可以安全使用)。可以预期,这些想法将催生比已经商业化的系统更安全的量子密码学设备的实现。

有人会认为这些努力是毫无意义的,因为目前有经典的密码协议,如 RSA (Rivest-Shamir-Adleman)密码系统直到最近还被认为是安全的。但 RSA 可以被量子计算机上的肖尔(Shor)算法所破解,或者如果对手找到一个经典计算机的数学算法,令其加速将一个大数分解为其质因数,或者如果对手拥有比我们更强大的计算机,RSA 也可以被破解。在未来很可能发生这种情况,这意味着现在的加密信息目前盲目地保存,几年后可能被破译。在许多领域,从外交到工业流程,即使有长时间的延迟,这(被破译)也是有害的。相比之下,用量子密码学加密的截获信息能确保永远,或者至少在量子物理学的基本规律仍然有效的情况下不能被破译。这是一个不小的优势。

在贝尔不等式的无漏洞检验所刺激的量子技术进展中,特别值得一提是相隔 1km 以上的两个量子比特的纠缠。虽然目前的纠缠率极低,但它证明了在相当远的距离将量子存储器纠缠起来的可能性。这种存储器在未来的量子网络中是必不可少的。

然而,仍有待解决的是如何在大的距离(如超过 50km 上)创造并维持纠缠。在这样的距离,即使是最好的光纤也有强衰减,因此有必要用沿途较短距离间隔的一系列量子中继器(quantum repeater,QR)来使一对纠缠的光子恢复活力。虽然已经提出了一些装置,而且其中一些元素已经在实验中得到证明,但目前还没有实用的 QR 存在。人们正在研究各种系统,在 AMO 物理学和凝聚态实验室中,如 4.5.2 节所述。就目前而言,一种方法是每隔 50km 建立一个"可信节点",即由可信警卫控制的建筑物,在那里量子信息被转换为经典信息,然后以再生的量子形式重新发送。虽然这种方法可能是某些特定的应用,但在有限的距离内它不能提供真正的量子安全保证,不允许叠加态的分发,也很难被推广到全球尺度。有趣的是,从卫星(作为可信节点)发送的一对纠缠光子已经被分发在 1000km 左右的距离[1],因为

---

[1] J Yin, Y Cao, Y-H Li1, S-K Liao, L Zhang, J-G Ren, W-Q Cai, et al. Satellite-based entanglement distribution over 1200 kilometers, Science 356:1180-1184,2017.

它们只在光子路径的大气层部分受到吸收。目前,这种方法受到几个因素的限制(包括低量子密钥生成率),以及一些实现大规模实际应用所必须克服的主要工程挑战。

贝尔检验的另一个应用是验证真随机数发生器(random number generator,RNG),这一点较少被引用但很重要。真正的 RNG 的一个可能的定义是,其输出在交付之前不能被任何人知道。如果贝尔检验显示违反了贝尔不等式,那么仅对纠缠对中一个组分的测量就可以满足了这个条件,因为不可能有一个局部的补充参数来决定测量的结果。这是基于贝尔不等式检验的独立于设备的认证的另一个例子。

4.5.2 长距离量子通信和纠缠分发的应用

由于衰减和整个通信距离上积累的操作误差,长距离(1000km)的高效量子通信仍然是一个突出的挑战。为了克服这些挑战,人们提出量子中继器(QR)用于基于光纤的长距离量子通信。QR 的精髓是将总的通信距离划分为由 QR 站连接的较短的中间段,在这些中间段中,通过应用错误检测(如预示纠缠生成和纯化)甚至错误校正操作,可以抑制耗散错误和操作错误。根据所采取的抑制耗散和操作错误的方法,各种 QR 可以分为 3 个不同世代(类型),如图 4.9 所示。这些不同的 QR 可以大大减少与延伸纠缠生成距离相关的时间资源开销,从指数级到多项式,甚至随距离成多重对数增加,同时保持合理的物理资源要求。

用 QR 产生长距离纠缠的能力开启了许多新的有前途的应用。可以实现全球规模的隐私相关协议,如经典或量子秘密的共享,可验证的多方协议框架,匿名传输,使用基于网络的不可信任服务器的安全委托量子计算,甚至直接在加密的数据上执行算法的盲计算,等等。此外,在密码学领域之外还提出了其他相关的有趣应用,例如,可以建立长基线光学望远镜来改善天文观测,并改善量子网络时钟的同步性和安全性。

为了在物理上实现 QR,采取混合方法将是比较有优势的,因为其他物理平台可能比光子系统提供更好的量子存储器和量子门。混合方法通常要求量子系统具有可靠地耦合到光纤模式的量子接口、用于存储和纠缠净化的良好预示量子存储器,以及用于量子错误检测/校正的量子门能力。需要注意的是,不同阶段的 QR 对量子存储器的要求是不同的。量子门的实现可以是非确定性的,如基于预示的部分贝尔测量的操作。最近,在开发这种混合量子系统方面取得了重大进展,这些系统基于离子阱、中性原子、缺陷色心、量子点、稀土离子、超导器件等。

一个突出的挑战是,开发可以同时满足所有这些要求、具有高保真和高效率的混合量子系统。目前,在各种有前途的物理平台上均有大量的努力,以率先展示QR。离子阱平台(具有良好的存储和可靠的门)最近将光耦合效率提高了几个数

错误类型	方法	实例	示意图	1代	2代	3代
耗散错误	预示纠缠生成(HEP)	Alice — Bob, Claikal Comm		✓	✓	
	量子纠错(QEC)	|ψ⟩ U QEC U⁻¹ |ψ⟩				✓
操作错误	预示纠缠纯化(HEP)	Alice Pair1 Bob, Pair2, Claikal Comm			✓	
	量子纠错(QEC)	|ψ⟩ U QEC U⁻¹ |ψ⟩			✓	✓

元器件：■ 长程纠缠量子比特　人 飞行量子比特(光子)　⬚ 受控非(CNOT)门
■ 编码块中的量子比特　● 测试(X/Z)　⬚ 基于瞬态传输的量子纠错

图4.9　纠正QR中的损耗和操作错误的方法列表。

注：根据用于纠错的方法，QR被分为三代(1G、2G和3G)。损耗错误可以通过预示纠缠生成(heralded entanglement generation, HEG)或量子纠错(quantum error correction, QEC)来抑制。在HEG期间，量子纠缠可以通过如以中间探测器的点击模式为条件的双光子干涉等方法来生成。通过重复这一预示程序来抑制损耗错误，直到相邻的两个站通过双向经典信令收到特定成功检测模式的确认，同时存储成功的纠缠对。另外，人们可以将逻辑量子比特编码到一个物理量子比特块中，通过有损信道发送，并使用量子纠错来恢复逻辑量子比特，这个过程只需单向信令。由于不可克隆定理，量子纠错码可以确定性地纠正不超过50%的损耗率。为了抑制操作错误，人们可以使用前面提到的预示纠缠纯化(heralded entanglement purification, HEP)或QEC。在HEP中，多个低保真度贝尔对被消耗掉，以概率性地产生较少量的高保真贝尔对。与HEG一样，为了确认净化的成功，需要在中继站之间进行双向经典信令以交换测量结果。另外，QEC可以只使用单向经典信令来纠正操作错误，但它需要高保真的本地量子门[资料来源：S. Muralidharan, L. Li, J. Kim, N. Lütkenhaus, M. D. Lukin, and L. Jiang, 长距离量子通信的优化架构(Optimal architectures for long distance quantum communication), Scientific Reports 6:20463, 2016]。

量级，因此它产生纠缠的速度比观察到的退相干更快，克服了量子网络的资源扩展要求。具有里德堡相互作用的原子系综不仅具有良好的光耦合，而且有里德堡诱导的光子与光子相互作用用于确定性门，提高QR节点的效率。目前，研究人员正在积极研究使用各种混合系统进行微波-光学转换的量子传感器，这将使超导量子信息处理能力从微波扩展到光学光子的量子网络。耦合到冷原子或类似原子的固态量子发射器的纳米光子装置可以有效地引导发射的光子到光纤，效率极高(大于95%)，可以访问单个稀土离子量子存储器(这在普林斯顿大学得到了证明)，甚至可以提供一对色心之间的可控相互作用(这在哈佛大学得到了证明)。特别是，最近使用金刚石中的硅空穴中心展示了结合所有必要成分的集成量子网络节点。最近，这个系统被哈佛大学、麻省理工学院合作用来展示存储增强的量子通信。具体来说，一个集成在纳米光子金刚石谐振器中的单一固态自旋存储器被用于概念验证实验,以实现异步贝尔态测量,这是 QR 的一个关键要素。这使得量子通信速率比相同耗散的直接传输方法提高了 4 倍,同时操作兆赫的时钟速率。在未来 10 年,这些方法将可能导致实现和测试中等规模的功能性量子网络原型,从而扩大量子通信的范围。

4.6 用于传感和计量的量子信息科学

4.6.1 实现自旋压缩

原子物理学中的许多精密测量是以表示两个原子态之间的相位演化速度的频率测量形式进行的(见第 6 章)。当用许多独立的粒子进行测量以提高信噪比时,精度会随着粒子数的平方根增加,这种情况称为标准量子极限(standard quantum limit,SQL)。通过使用多原子纠缠态进行测量可以突破这个标准量子极限。选择适当的态,测量精度可以大大优于 SQL,并在理论上接近海森堡极限,此时测量精度随着粒子数的增加而线性提高。非常有用的纠缠态是压缩自旋态(squeezed spin state,SSS),其中人们感兴趣的变量的不确定性降低了,以牺牲另一个在最低阶下不影响测量精度的变量为代价。SSS 可以直接作为标准计量程序(如 Ramsey 序列,见图 4.10)的输入态,此时产生的量子噪声比未纠缠的相干自旋态(coherent spin state,CSS)的相应序列要低。在玻色 - 爱因斯坦凝聚态中,SSS 可以使用状态相关的碰撞来制备。另一种更适合精密测量的可能性是光学制备,其中光场的一个模式作为一个媒介,从而产生等效的自旋依赖的原子与原子相互作用。

可以使用一个包围着(原子)系综的光学谐振腔来使得相互作用尽可能地相干且强。通过这种方式已经实现了接近 20dB 的自旋压缩。这个数字对应于方差比 SQL 降低了 1/100,在理想的情况下,这将使得以同样的系数达到给定精度的测量时间可以减少。

原则上,SSS 可以用来改善任何基于干涉的量子测量,如 Ramsey 类型的测量。一个特别有趣的可能性是应用于光晶格时钟,这些时钟在 JILA 和 NIST 已经实现了 $10^{-17}/Hz^{1/2}$ 的精度,以及 10^{-18} 的相对精度,并且这是在 SQL 或附近运行的。在这里,SSS 可能会迎来新一代的时钟,其中多体纠缠态可以将精度进一步提高一到两个数量级,使得引力红移的灵敏度达到毫米级别。SSS 的其他有前途的应用还包括原子干涉测量法,以达到前所未有的信噪比,用于精密检验和测量基本常数。

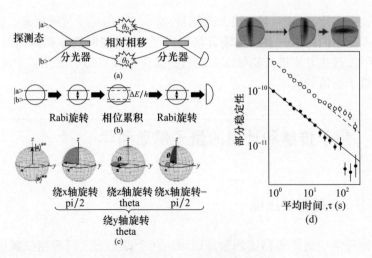

图 4.10 Ramsey 序列和干涉仪。

(a)马赫-贞德干涉仪以干涉计量方式测量两条路径之间的相位差;(b)在 Ramsey 干涉仪中,共振 Rabi 旋转在两个内部状态之间产生平衡叠加,然后测量其相对相位;(c)马赫-贞德和 Ramsey 干涉仪操作在广义布洛赫(Bloch)球上等效为集体自旋的旋转;(d)压缩自旋态(SSS)用于 Ramsey 序列中实现比无纠缠相干自旋态(CSS)更好的相位分辨率,以及 CSS(开放圆)和 SSS(实心圆)之间的时钟稳定性比较,显示 SSS 达到特定精度的速度比 CSS 快 11 倍(资料来源:经许可转载自 L. Pezzè, A. Smerzi, M. K. Oberthaler, R. Schmied, and P. Treutlein,原子系综的非经典态的量子计量(Quantum metrology with nonclassical states of atomic ensembles),Reviews of Modern Physics 90:03500,2018,版权归美国物理学会所有)。

4.6.2 量子传感的新应用

近年来,固态的类原子量子系统作为精密量子传感器引起了人们的浓厚兴趣,在物理学和生命科学领域都有广泛的应用。最突出的是金刚石中的氮空位(nitrogen vacancy,NV)色心提供了前所未有的纳米级空间分辨率以及对电磁场和温度的敏感性,同时却能在一个强健的固态系统中大温区范围工作,从低温一直到远高于室温。重要的是,由于 NV 中心是原子大小的缺陷,可以放置在非常接近钻石表面的地方,因此它们可以被带到待测样品几纳米的范围内,大大增强了样品在 NV 传感器处的磁场或电场,并实现了纳米级的空间分辨率。对于磁场传感,人们通过光学方法来测量 NV 基态自旋能级的塞曼(Zeeman)位移。类似地,金刚石 NV 可以通过与晶格的相互作用引起的 NV 基态自旋能级的线性斯塔克(Stark)位移来提供纳米级的电场感应,并且可以通过 NV 自旋能级之间零场劈裂的变化来提供纳米级的温度感应。此外,金刚石 NV 还具有其他有利于物理和生命科学应用的特性,包括:通常不会褪色或闪烁的荧光;能够被制造成各种形式,如纳米晶体、原子力显微镜针尖,以及 NV 色心离表面只有几纳米或高密度均匀分布的体芯片;与大多数材料(金属、半导体、液体、聚合物等）兼容；良性的化学特性；用于活体生物细胞和组织传感和成像的金刚石纳米晶体和其他结构具有良好的内吞作用，没有已知的细胞毒性；等等。

金刚石 NV 量子传感器的应用正在迅速推进和发展，该技术正在加速向其他领域转化并商业化。这里概述了一些最近的亮点和它们的未来潜力。对单个蛋白质的核磁共振检测和对单个质子的核磁共振成像具有埃级分辨率，可能导致对单个蛋白质和其他感兴趣的材料进行原子级分辨率的结构测定（见方框 4.4）。对活体细胞和整个动物的生物磁的无创传感和成像具有亚微米的分辨率。例如，图 4.12 为细胞生物学、遗传学、大脑功能和疾病的研究以及实验室芯片生物测定提供了一个强大的新平台。体内纳米金刚石已用于绘制活体人体细胞的温度和化学变化图，有可能指导肿瘤和其他病变的热辐射治疗，从长远来看，可用于监测甚至修复细胞和分子水平的体内损伤。以微米级的分辨率对原始陨石和早期地球岩石（大于 40 亿年）内的异质磁性材料进行测绘，已经在理解太阳系和地球动力的形成方面取得了关键进展。

同样，纳米级磁场的成像模式成功应用于各种先进的材料，如进行自旋注入的磁绝缘体、斯格明子、石墨烯、自旋扭矩振荡器和斜面反铁磁体等。这种方法可以满足探索和定向开发智能材料的关键技术需求，以应对能源、环境、信息处理等方面的挑战。最近还在金刚石 NV 中实现了离散时间晶体，这种新的物质形式可能会通过大大延长密集 NV 系综的相干时间而使金刚石 NV 传感器进一步发展。此外，开发适用于极端环境的坚固的块状金刚石和纳米金刚石传感器，可以为感知埋藏的古墓和自然资源以及导航提供独特的工具，在地下、水下深处、在极端高温、辐射、压力等条件下。

方框 4.4　单细胞的量子金刚石核磁共振/成像

金刚石量子传感器的最新进展已经实现了对相当于单个生物细胞体积的样品的高分辨率核磁共振（nuclear magnetic resonanse，NMR）谱测量（图 4.11），其灵敏度在这种体积下对生理相关分子达到毫摩尔浓度。这一技术也用于演示单个蛋白的核磁共振谱。在接下来几年中，金刚石量子传感器有可能与硅 CMOS 技术、微线圈集成，从而提供强脉冲磁场梯度核磁共振成像（magnetic resonance imaging，MRI）以及微流控技术。由此产生的"片上"量子金刚石 NMR/MRI 可以实现生物标记物的无标签传感，用于细胞生物学定量和基于细胞的药物筛选的单细胞代谢组学，以及具有亚细胞分辨率的生物组织与生物体的功能和结构 MRI，从而为化学和生物科学家提供了一个革命性的新工具。

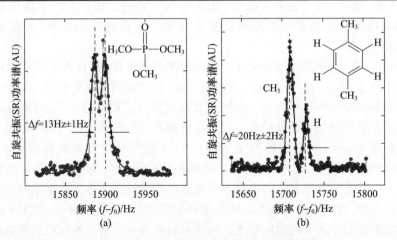

图 4.11　皮升体积样品的量子金刚石核磁共振谱。
(a)磷酸三甲酯的 NV-NMR 谱,中心 ^{31}P 核与甲基质子之间的 J 耦合导致劈裂 $\Delta f = (13 \pm 1)$ Hz;
(b)二甲苯的 NV-NMR 谱,两个质子位置相关的化学位移导致劈裂 $\Delta f = (20 \pm 2)$ Hz[资料来源:见 D. R. Glenn, D. B. Bucher, J. Lee, M. D. Lukin, H. Park, and R. L. Walsworth,采用固态自旋传感器获得高分辨率磁共振谱(High-resolution magnetic resonance spectroscopy using a solid-state spin sensor), Nature 555:351-354,2018; I. Lovchinsky, A. O. Sushkov, E. Urbach, N. P. de Leon, S. Choi, K. De Greve, R. Evans, et al,利用量子逻辑对单体蛋白质进行核磁共振检测和谱分析(Nuclear magnetic resonance detection and spectroscopy of single proteins using quantum logic),Science 351(6275):836,2016]。

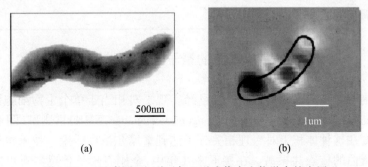

图 4.12　(见彩图)金刚石色心磁成像在生物学中的应用
(a)透射电子显微镜(TEM)对一个磁化细菌(MTB)的图像,磁小体链中的铁磁纳米颗粒显示为高电子密度的斑点;(b)金刚石芯片表面的一个 MTB 的金刚石色心磁成像,以亚细胞(400nm)的分辨率显示了磁小体产生的磁场模式。细胞轮廓(黑色)来自 MTB 的明场光学图像,一个群体中许多活的 MTB 的宽视场磁图像提供了新的生物信息,如某一 MTB 物种中单个细菌的磁矩分布(资料来源:改编自 D. Le Sage, K. Arai, D. R. Glenn, S. J. DeVience, L. M. Pham, L. RahnLee, M. D. Lukin, A. Yacoby, A. Komeili, and R. L. Walsworth,活细胞的光学磁成像(Optical magnetic imaging of living cells), Nature 496(7446):486489, 2013)。

4.7 巨大的挑战和机遇

4.7.1 巨大挑战：实现大规模量子机器和网络

如何从一系列不完美的部件中建立近乎完美的大规模量子机器？如何用不完美的控制器近乎完美地控制这些系统？赋予量子机非凡能力的量子态同时也比经典机器的状态脆弱得多。此外，如果测量一个量子状态，观察的行为本身就会使该状态"崩溃"。因此，容错设计的任务比传统的经典系统设计要微妙得多，也具有挑战性。事实上，在噪声和错误模型的某些假设下，从数学上证明容错在理论上是可行的。对于量子计算来说，这可以通过创建逻辑量子比特来实现，这些逻辑量子比特将量子信息编码在多个物理量子比特的纠缠状态中。为了降低错误率，可以通过从低级逻辑量子比特组中建立高级逻辑量子比特来串联这一程序。在串联的情况下，错误率会极快下降，然而硬件部件的数量随着串联深度的增加而呈指数级上升。在这个发展阶段的技术挑战是既无法获得指数级数量的高质量部件，也没有能力控制和测量它们。有可能通过工程设计来迎接这一挑战，但一个重要的智力挑战是开发全新的想法，能够避免硬件数量激增，并以更"硬件高效"的方式实现实际的容错。

这一重大挑战的一个相关方面是在量子机的巨大状态空间内导航的问题，测量和控制系统在这个空间的位置，并验证量子纠错程序和其他过程是否按计划进行。人们除设计哈密顿量以外，还必须能够控制和设计系统中的耗散。直观地说，耗散对量子相干不利，但新的想法和实验已开始出现，利用耗散来稳定和加强相干性。

第三个方面是通过量子网络连接量子机，并发明混合系统，在不同的硬件平台和信号模式之间进行转换。例如，低温超导微波量子电路为复杂光子状态的普遍控制提供了巨大的优势，而光纤则提供了在室温下长距离传输信息的能力。在过去的 10 年里，人们朝着能够可逆和无噪声地转换量子信息，跨越光域和微波域之间 5 个数量级的频率差距的传感器迈出了有希望的第一步，但在未来 10 年里还有很多工作要做。同时，最近展示的单光子和与单个量子发射器的自旋态相关的长寿命存储器之间的有效接口技术将需要开发和部署，以实现和测试量子网络协议。

4.7.2 巨大挑战：大规模量子机的应用

操纵大规模量子系统的实验努力正在取得稳步提高的结果，涉及约 100 个强相互作用、可控制的量子粒子和大规模纠缠的系统正在实验中成为现实。这样的量子机在原理上和实践上都能做什么？它们能否为计算、模拟和通信等领域的现实问题提供有用的量子优势？尽管最新进展已经使人们对复杂的量子多体系统的物理学有了前所未有的认识，但目前仍然是一个开放的问题，即除肖尔的因式分解算法之外，大规模的量子计算机是否可以用来获得任何实际相关任务的有意义的速度提升，以及在多大程度上可以实现。虽然量子系统的网络有可能用于量子纠缠的非局域分发，但目前还不清楚如何实现量子密钥分发之外的任何实际相关的应用，以及它们在多大程度上可以在没有错误校正的情况下工作。

以上这些还需要物理学、计算机科学、数学、化学、工程和材料科学等多个子领域的协调努力。需要开发出用于解决科学和计算问题的新的、高效的量子算法，并用于具体的硬件实施。同时也需要探索结合先进的经典和量子计算方法的混合方法。重要的是建造量子机的进展应该允许研究人员为不同的科学应用实施和测试新的量子算法，并探索量子纠错和容错的实用方法。他们可以使得量子网络得以首次实现并测试，应用于长距离量子通信和非局域量子传感。

4.7.3 巨大挑战：可编程多体系统和量子模拟机带来的新基础科学

一个系统可能的量子态数量随着系统大小呈指数级增长，这对使用常规计算机对多体系统和凝聚态、核和高能物理学中感兴趣的格子规范理论的特性进行数值预测提出了巨大挑战。我们刚刚进入一个激动人心的新时代，可编程的量子模拟机开始用来阐明某些重要模型的特性，并在这些领域中取得的新发现。

如何使这些量子模拟机完全可编程、大规模，同时具有非常高保真（如通过量子纠错和容错的量子门操作）？量子模拟机的优势是通过直接测量技术对被模拟系统的量子状态进行非凡的实验访问。特别是，它们允许人们测量量子多体系统的最基本属性（如量子纠缠），并探索非常基本的远离平衡态新现象。然而，多体系统不仅可以由容易测量的局域序参量来表征，而且常常由与隐藏的基本特征相关的微妙的非局域多体关联来表征，如与自旋液体相关的关联性。为这些重要但微妙的量开发测量技术还有很多工作要做，应该努力结合最先进的量子和经典方法，如结合量子模拟器和经典量子机器学习的方法。

正如第7章进一步讨论的那样，AMO物理学产生的新工具和测量技术在基础科学的其他领域以及具有经济影响的实际应用中具有广泛的影响。特别是，量子物质和量子传感器在阐明生物学、医学、宇宙学、天体物理学、凝聚物质、地球物理学和其他领域的新科学方面正发挥着重要作用。下一个10年将为新的科学和新的近期应用带来许多额外的机会。

4.7.4 量子信息与 AMO 物理:新的机遇

以上的论述与《量子计算》一致,清楚地表明,尽管在物理、工程和计算机科学的几个学科中取得了重大进展,但量子信息科学和工程领域仍处于早期发展阶段,主要的突出挑战不仅涉及大规模量子机的实际实现和应用,而且涉及基础科学。很明显,AMO 系统、方法和技术在未来 10 年特别适合应对这些挑战,并可能在基础科学探索和开发量子机的第一个应用中发挥关键作用。AMO 系统的关键特征是结合了相干性和完善的量子控制技术,可以直接扩展到涉及几十到几百个相同量子比特的中等规模系统,而不需要复杂的量子纠错。在未来的几十年里,这些系统和技术应该可以帮助研究人员探索量子动力学中的经典难题,探索高温超导物理学和自旋液体中的突出问题,允许实现和测试量子优化算法,并研究硬件高效的量子纠错方法。

为了支持这一评估,对本章所描述的自 2019 年《量子计算》发表以来该领域的最新发展,以及它们所带来的相应的近期机会进行了简要总结。离子阱串既代表了通用量子计算的领先平台,又是一种可编程的量子模拟器。在实验中,53 个量子比特的系统规模已经得以实现。门的保真度已提高到 99.9%,操作速度已提高到微秒级。一个核心问题是可扩展性,以及从一维到二维的离子阱阵列。离子阱量子计算的这些进展使得大量的程序和算法得以实施,包括重复纠错、拓扑码的编码和操作等。随着量子比特数量的增加,需要标准的例程来对离子阱设备的性能进行描述、验证和确认。这种用离子阱进行验证的程序的突出例子是可扩展的基准测试、可扩展的断层扫描,以及处理不完整数据的方法等。在量子计算方面,这为许多算法和数字模拟的实施提供了基础,如 Shor 算法、BV(Bernstein – Vazirani)算法和隐移算法等。此外,离子阱量子计算机结构已用于实现数字量子模拟。特别有前途的是用于量子化学的变分量子算法,以及最近实施的晶格模型的基态和激发态的变分量子模拟。正如前面方框 4.1 所讨论的,后一个实验展示了对量子机的验证,即变分能量计算的误差条。

基于过去两年进行的实验,里德堡原子阵列成为量子信息处理和模拟的领先平台。正如在"用于量子模拟的受控多体系统"一节中所讨论的,具体的亮点包括实现了一个可编程的量子自旋模型,具有可调控的相互作用和高达 51 个量子比特的系统规模,并用于探测 Kibble – Zurek 机制、量子临界动力学、拓扑物理学、发现量子多体伤痕,以及最近实现了一个 20 原子的 GHZ 状态(这是迄今为止展示的最大 GHZ 态)。这种方法为实现深层量子电路提供了独特的机会,其相干系统在两三个空间维度上由数百个量子比特组成,其应用范围从测试量子算法和探索量子纠错的有效方法,到实现量子机器学习模型和为量子计量学生成大规模纠缠态。特别是,基于离子阱和中性原子的可编程量子模拟器对模拟从自旋液体到格子规范理论的复杂系统具有巨大的前景。它们似乎特别适合于实现变分和量子经典算法，引领了对量子处理器的首次实用化应用的探索。

正如在"长距离量子通信和纠缠分发的应用"一节中所描述的，最近已经利用约束冷原子和离子以及金刚石中的色心展示了集成的量子网络节点。特别是，最近利用金刚石中类似原子的硅空位中心演示了结合所有必要成分的量子节点，从高效的量子光学接口到长寿命的存储器和多量子比特操作。使用该系统已经进行了荧光增强的量子通信的概念验证。这些发展为实现长距离通信的 QR 和探索量子网络的新应用提供了独特的机会。此外，这些量子网络为将量子处理器扩展到大规模设备提供了可行的途径，通过量子通道连接小规模的量子计算机，从而允许在量子网络上进行量子计算或模拟。这是原子量子硬件的关键特征之一，量子处理器涉及本地量子存储器和门操作，代表量子网络的节点，与原子－光子量子接口自然结合，实现了"静止的"原子量子比特向"飞行的"光子量子比特的必要转换。

最近演示的大于 20dB 的自旋压缩的进展，以及控制强相关系统的相干动力学的进展，为量子计量学中纠缠态的令人兴奋的应用打开了大门。令人振奋的途径包括使用自旋压缩和纠缠来进一步改善最先进的光学原子钟，实现量子传感器网络，以及在从超冷原子到类似固态原子的系统中使用强相关状态来实现新的传感功能和应用。预计在未来 10 年，基于类原子固态系统的量子传感器将被部署，以解决长期存在的目标，如单分子核磁共振，并在诸如生物医学诊断和芯片上的 MRI 等方面实现实际应用。基于 AMO 物理学的思想，连续可变的量子信息处理在微波光子耦合到作为人造原子的约瑟夫森结电路元件领域取得了重大进展。第一个超过量子纠错平衡点（实现寿命延长）的逻辑量子存储器将量子信息编码在微波光子的薛定谔猫状态中（参见"腔和电路量子电动力学"部分）。在两个逻辑编码的光量子比特上的可控－NOT 纠缠门用于第一个确定性的门控远距传输实验。为这些情况开发的一两个逻辑量子比特的门操作对所使用的逻辑编码是独特的。通用编码不可知的纠缠 E－SWAP 门最近被首次展示，并用来纠缠两个微波腔，每个微波腔都持有各种不同的光子状态。此外，位于 78cm 微波传输线两端的两个超导量子比特已被高保真地纠缠起来。这些进展代表着朝着构建一个模块化的量子计算架构迈出了实质性的第一步，该架构使用错误校正的逻辑量子比特，不需要大量的开销。

4.8 发现与建议

发现：构建量子机有许多可能的系统和平台。这项技术的发展仍处于非常早期阶段，而且技术的发展非常迅速。

发现：联邦政府已经决定在量子信息科学方面奉行"科学第一"的政策。

建议：为了支持国家量子计划，联邦资助机构应该广泛支持量子信息科学的基础研究。

建议：学术界和产业界应该共同努力，推动、支持和整合前沿基础研究，辅以重点工程研究，为最先进的量子信息科学平台提供辅助。

建议：能源部和其他联邦机构应该鼓励学术界、国家实验室和工业界在量子信息科学方面进行中等规模的合作。

发现：长期以来，美国国防部一直将支持 AMO 研究作为其使命的一部分。这已经得到了大量的发展，包括激光、GPS、光学和多种传感器。最近，美国国家标准与技术研究院（national institute of standards and technology）和美国国家科学基金会（national science foundation）与美国国防部合作，促成了 QIS 各方面的出现和培育。最近，能源部有望在国家量子计划中发挥重要作用。

建议：①美国国防部（**DoD**）应该继续为新技术的发展和由此产生的技术的开发提供基础支持；②参与国家量子倡议（**NQI**）的美国资助机构在根据国家量子倡议（**NQI**）制定规划时，应建立在量子信息科学的悠久历史基础上相互合作并与国防部合作；③美国能源部及其实验室应与主要学术机构和其他美国资助机构开展强有力的合作，以充分发挥量子信息科学的潜力。

第 5 章
时域和频域中的量子动力学

当我们看电影时,我们跟随着剧情的发展,了解一连串的事件如何在时间上展开。我们还了解到哪些互动在推动事件向故事的结局发展方面是重要的。原子、分子和光(AMO)科学的基本目标之一就是组装分子电影——使用超短的光脉冲或粒子来拍摄一系列"快照",跟踪动态,以阐明电子、原子和分子如何实时地相互作用。这将使我们能够理解并随后控制各种不同的过程,如化学反应如何从最初阶段到生成终产物;我们的 DNA 中的光保护机制如何工作以限制紫外线辐射的损伤;或者一个激光脉冲如何在绝缘体中每秒开关电流超过 10000 亿次。这些动态过程发生在超快的时间尺度上,而且往往极难测量和理解,因为它们通常涉及不同成分之间的强关联性,以及不同自由度之间的能量转移。因此,观察和控制这种耦合动力学需要先进的实验和理论研究工具。

对于直接的时域获取,第 2 章中描述的超快光源的空前发展,彻底改变了 AMO 科学制作分子电影的能力。图 5.1 说明了这一点,它显示了不同类型的动力学是如何在不同的特征时间尺度上发生的,并且与不同的特征能量有关。对于电子来说,自然的时间尺度是几十到几百个阿秒($10^{-17} \sim 10^{-15}$s),这可以通过基于高次谐波发生器(high harmonic generation, HHG)、桌面上的极紫外(extreme ultraviolet, XUV)和软 X 射线辐射源的阿托秒脉冲来实现。较重核的动态变化发生在几十到几百个飞秒($10^{-14} \sim 10^{-12}$s)的时间尺度上。基于加速器的 X 射线自由电子激光(XFEL)源目前提供的飞秒脉冲硬 X 射线辐射,以及未来计划的阿秒能力,可以进入内壳电子并探测随之而来的原子核动力学(称为分子动力学)。由于内壳跃迁的能量是局部环境的表征,这些 X 射线脉冲使科学家能够关注单个原子,即使是嵌入复杂的分子内部。硬 X 射线辐射的另一个优点是它的波长非常短,与化学相关的长度尺度(由几埃的键长决定)相当,因此在通过光的散射直接拍摄分子结构的照片时,可以得到较高的空间分辨率。电子的超快脉冲也有同样的优势,最近的发展也使得制作分子电影成为可能,电影中的每帧由这种电子脉冲拍摄而成。本章首先讨论了分子电影的制作,从阿秒电子动力学开始,然后是飞秒分子动力学。

动态过程也可以在频域中进行探索,这一点从几十年来在光谱学和散射物理学中获得的知识可以看出。尽管散射在本质上是随时间变化的,但散射物理学经常处理固定能量下的现象,理论和实验的努力都是为了了解随能量变化的反应速率。这种速率在模拟气体环境中的态到态散射过程中经常用到,特别是那些可观测的共振现象。散射理论与原子和分子光谱学的观测数据相联系,经常涉及解决与时间无关的薛定谔方程,前提是不进行与时间有关的观测。当需要各种过程的总体反应速率时,这样的理论描述是有意义的。例如,描述一种气体在陆地或大气环境中如何冷却,或产生所需化学反应产物的反应链。即使基本现象可能涉及自电离和其他发生在飞秒或阿秒时间范围内的快速电子转移现象,这种过程仍然可以在散射动力学的时间无关的量子计算框架内处理。测量这类现象的散射实验是非常复杂的,理论在越来越复杂的4~5原子反应的描述能力上,也取得了巨大的进步,但要把量子理论的能力推到能够处理具有多个复杂反应物的系统,仍是一个挑战。本章还讨论了通过散射物理学理论和实验,以及通过频梳光谱学在频域中获得的动力学。

最后,委员会讨论了可以用今天的极端光源进行的新的物理学研究。第2章描述了在拍瓦(PW)激光设施的光学系统和在XFEL设施的X射线系统中可以达到的极端强度。5.5节"极端光带来的新奇物理"概述了在AMO内部和外部可以利用这种光源探索的一些令人兴奋的科学。本章最后列出了发现和建议。

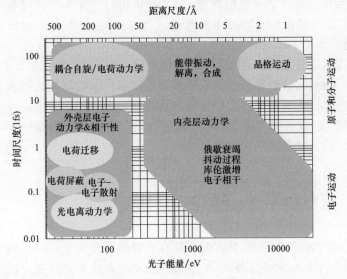

图5.1 用超快光源探测的不同类型动力学的时间尺度,以及获取这些动力学所需的光子能量。
注:因为它们非常轻,电子的动力学发生在最快的时间尺度上(几十阿秒,10^{-18} s),而较大和较重的成分,如原子和分子的运动时间尺度为几十到几百飞秒(10^{-15} s)。该图还说明了这些过程所处的特征能量尺度。壳内电离发生在数百至数千电子伏的光子能量下,他引发了电子的动力学,反过来又导致化学和结构动力学。外壳的电离可以用光子能量低于100 eV的软X射线来完成,这一过程则导致了迄今为止测量到的最快的电子动力学(资料来源:L Young, K Ueda, L Young, K Ueda, M Gühr, P H Bucksbaum, M Simon, S Mukamel, N Rohringer, et al. 超快X射线原子分子物理的路线图(Roadmap of ultrafast Xray atomic and molecular physics), Journal of Physics B 51:032003, 2018,知识共享发布3.0许可)。

5.1 挑战和机遇

对电荷、自旋和原子之间的非平衡动力学和耦合的直接实验获取,以及使用先进的理论模型对它们进行解释,是科学和技术应用的一个巨大挑战。在此,委员会概述了未来10年的一些令人兴奋的挑战和机遇。

(1)相干电子动力学的利用:阿秒技术使原子、分子和凝聚态系统中电子动力学的测量和控制成为可能。例如,光波电子学的概念,其中半导体中的电流可以通过强激光脉冲产生的电场来控制,这可能会影响电子学设备的速度。

(2)制作分子电影——从电子到结构动力学:目标是跟踪和控制从电子激发到结构和化学变化的能量流动,时间跨度从亚飞秒到纳秒。这包括解开电子、原子核和自旋之间的强关联,其影响范围从能量传递的基本问题到生物过程,如光收集、光保护,和新的分子器件等。特别是,最近在超快 X 射线源、光谱学和衍射方法方面的进展,使我们处在了制作以单个分子为主角的分子电影的边缘。

(3)复杂反应动力学和散射物理:为了深化我们对化学转化过程和等离子体环境的理解,需要理论和实验技术的改进,以预测反应速率和揭示日益复杂的原子、分子、离子和光子系统的复杂反应动力学。

(4)使用极端光源的极端物理:具有极端强度的光源,无论是在红外/可见光领域还是在 X 射线领域,都将使人们能够对极端条件下的物质进行前所未有的研究,并具有广泛的应用潜力。X 射线强场物理,在施温格(Schwinger)极限下的激光辅助对的产生,或者激光驱动的电子加速,都提出了一些有趣的基本问题,并且对 AMO 以外的领域有着巨大的潜在影响。

5.2 阿秒科学:电子的时间尺度

正如上面所讨论的,物质中的电子具有非常快的动力学——时间尺度为几十到几百阿秒。过去10年阿秒科学和技术的巨大进步意味着研究人员现在可以常规性地产生阿秒脉冲,并利用桌面激光设备研究阿秒过程。

但是,当讨论电子动力学时,我们想说的是什么?毕竟量子力学告诉我们,电子应该用它们的概率密度来描述,这些概率密度分布在原子和分子中较重的原子核周围的空间中。电子动力学一般是指电子分布随激发的变化。在电离的情况下,从原子或分子中去除一个电子会导致电荷不平衡,从而导致其他电子的重排。一些电子动力学的例子(可以测量和计时的)包括光电发射(光子的吸收并导致电子的释放需要多久,由哪些因素决定?)、超快弛豫过程(如从内壳层移除一个电子后空穴的填充)、电荷迁移(分子中由于局部的电子移除而产生的电子云相干振荡运动)等。下面将更详细地描述其中一些过程以及如何度量它们。

5.2.1 阿秒时间尺度下的一些基本问题

100多年前,爱因斯坦首次解释了光电效应。光电效应描述的是一个光子被吸收后,其能量超过了系统的结合能,电子因而随之发射。从2010年开始,一系列的实验和理论工作对光电效应的动力学进行了探索。在2010年的实验中,一个阿秒的XUV脉冲从氖原子的两个不同轨道(s轨道和p轨道)释放电子,并比较了它们的发射时间。测量结果显示,两种状态的电子发射时间相差10~100as。超快激光的发展和计量学的不断进步使得我们能够精确测量从原子到半导体等一系列系统中的光电发射时间,如方框5.1所示。在离子核与游离电子的相互作用中,发射时间可以用电子离开离子核时所产生的散射相位来解释,这为这一过程的量子力学描述提供了一个时间概念。

在一组相关的实验中,强场电离产生的光电子发射已经用所谓的阿秒钟精确计时。在这些测量中,阿秒计时是由一个近圆偏振激光场的旋转偏振提供的,该偏振场使原子隧穿电离。偏振时钟在每个激光周期,即2700as,都要做一个完整的旋转,因此在这个周期内,电子会在不同的时间向不同的方向发射。用这种方法,不需要制造阿秒脉冲就可以探测阿秒动力学。

理论在理解光发射测量中发挥了关键作用。对多个关联电子的动力学进行完全的量子力学求解只有在小的原子系统中才有可能,但这已经使得研究人员能够使用氦中的测量结果作为绝对的时间参考。从散射物理学中众所周知的电子-离子散射中获得的概念,对于解释这些实验至关重要,这些实验实际上是对不同时间

方框5.1　金属光电效应的时序

光电效应是指材料在吸收光之后发射电子。现在,超快计量学的进展使研究人员能够测量这种光电发射过程的时序,这个过程发生的时间尺度仅为几个到几百个阿秒(如$1as = 10^{-18}s$,或十亿分之一秒),取决于材料的不同。实验依赖于阿秒极紫外(XUV)脉冲和红外参考脉冲的精准时序,前者被吸收并导致光发射,后者用于调节发射的光电子能量。通过以阿秒级的精度调整XUV和红外脉冲之间的延迟,并研究光电子能谱的变化,我们可以测量光电发射相对于已知参考的时间。图5.2说明了钨(W)样品中电子的光电发射时间测量。W导带中最松散的电子在短短的40as内离开材料。研究人员同时使用氦气和碘原子作为参考,以测量钨中的绝对光电离时间。

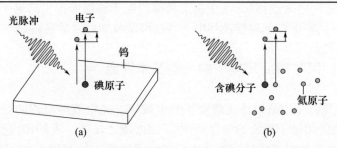

图 5.2 （见彩图）测量金属中光电效应的进行时序。通过与其他物质光电发射时间相关联，分两步测量钨表面的绝对光电发射时间。
(a)一个阿秒级的极紫外(XUV)脉冲(橙色)导致电子从钨表面以及沉积在表面的碘原子(蓝色箭头)中发射，作者测量两个电子之间的相对延迟(红色箭头)；(b)与(a)相同，但是相对于从气体中含碘分子和氦原子中发射的电子，而来自氦原子的光电子的绝对发射时间可以被非常精确地计算出来，并作为参考(资料来源：M Ossiander, J Riemensberger, S Neppl, M Mittermair, M Schäffer, A Duensing, M S Wagner 等人的实验，光电效应的绝对时间，Nature 561:374 - 377, 2018。图片经 Springer Nature 授权转载：T. Fennel, 测定光对物质作用的时间(Timing the action of light on matter), Nature 561:314 - 315, 2018, doi: 10.1038/d41586 - 018 - 06687 - 5, 版权 2018）。

散射阶段的测量。为了理解凝聚态材料的发射时间和激光相互作用，有必要对表面和体电子结构与动力学进行大规模的计算。

另一个基本的超快过程是在原子、分子和固体中发生的衰变。分子和大多数原子有一系列固有的不稳定核激发态。这些状态的寿命非常短，在几飞秒的时间尺度上。例如，在内壳层中产生的空洞，往往在这个时间尺度上被高位壳中的电子通过发射一个光子(荧光过程)或另一个电子(俄歇过程)的衰变所填补。这种衰变过程甚至可以发生在一个分子或团簇中的邻近原子之间，这样一个原子的电子就会衰变到邻近原子的核空位中。这个过程被称为原子间库仑衰变，最近引起了很多人的注意，因为人们意识到它发生在广泛的系统中，并且在一些光生物过程中很重要。再如，在绝缘体中，从价带到导带的相干激发被认为只持续几飞秒，然后就通过耦合到晶格自由度而衰减。这些类型的衰变过程现在可以在结合超快强场和阿秒方法的实验中获得。

最后，电荷迁移是超快相干电子运动的一个重要例子，它发生在分子中，是在一个电子从核壳或价壳中快速移出而产生一个局部空穴之后。这在分子中产生了电荷的不平衡，并可能导致空穴在分子中迁移，时间尺度为 1fs 到几 fs，正如一些研究小组对不同分子所报道的那样。电荷迁移受到电子关联的强烈影响，是发生在更长时间尺度上的更永久的电荷和结构重排的前驱。计算表明，事实上许多不同的分子对局部电离事件有一个普遍的阿秒反应。电荷迁移是分子电影最早阶段的一个很好的例子，包括从一开始相干的电子动力学，到后面由于电子 - 核耦合而丧失相干性。因此，电荷迁移为超高速 AMO 科学的实验和理论提供了一个令人兴奋的挑战。

5.2.2 强激光-物质相互作用:通往阿秒科学之门

在新千年的第一个 10 年里,阿秒科学领域很容易让人联想到通过高次谐波在原子气体中产生阿秒光脉冲。这是因为这种产生过程的基础物理学,基于强激光场(高于 10^{14}W/cm^2)与原子或分子的相互作用,本质上就是阿秒级的。然而,阿秒光脉冲只是这种强场相互作用的一种可能结果,如上所述,阿秒科学现在推动了一系列的应用,从量子力学的基本问题到拍摄分子电影。

通过大量的实验和理论分析,激光与物质强相互作用的物理学原理已经确立,最终形成了一个被广泛接受的直观图像,即半经典二次散射模型。在这个模型中,一个受到强线性偏振激光场作用的原子或分子被看作是 3 个步骤,如图 5.3 所示。第一步,一个电子波包(electron wave packet,EWP)在场的某个阶段通过隧穿电离被抬升到连续统中。然后波包在场和原子势的共同影响下演变(第二步),直到它在大约 1/2 个光学周期后逃逸或与母离子发生二次散射(第三步)。如图 5.3 所示,EWP 与母离子的重新对撞导致偶极发射,产生高能光子(高次谐波);产生高能电子;有时还产生多个电子电离。最重要的是,最初的隧穿电离过程,其速率与激光场呈指数关系,为 EWP 设定了一个固有的亚周期的时间尺度,因此是阿秒级的。正是这个 EWP 时序,在所有后续的重撞过程中留下了烙印。

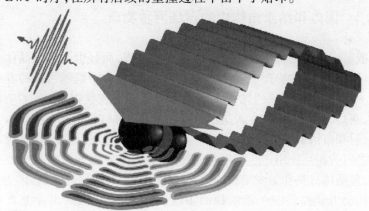

图 5.3 产生阿秒脉冲和分子时空成像所对应的半经典二次散射模型

注:其基本的物理原理是一个由场驱动的电子波包(EWP),通过共享的相干性,在二次散射后自我探测其母离子的结构和动力学。变色带展示了电子波包如何在激光场中被加速,从而使其返回时的动能达到几十到几百个电子伏。此外,在这种互动过程中,EWP 被啁啾,因此 EWP 的高能部分比低能部分更晚返回到核。这意味着,在阿秒时间尺度上,时间与发射光子和电子的能量之间存在着简单的关系(资料来源:见相互作用、动力学和激光实验室(LIDYL),"强场二次散射物理学(Strong-Field Rescattering Physics)",Stefan Haessler 提供)。

三步二次散射模型说明了强场阿秒科学的本质是对 EWP 的控制,它通过不同的观察指标传递额外的超快信息。在高次谐波光谱学(high harmonic spectroscopy,HHS)中,如下文详述的那样,从分子中出现的高次谐波光在其光谱振幅和相位中携带着关于分子结构和动态的信息。图5.3还说明了另一种提取分子动力学的方法,称为激光诱导电子衍射(laser-induced electron diffraction, LIED)。这就是图5.3中左下角标注的弹性散射的EWP。弹性散射的EWP过程的动量分布传达了分子结构的信息,LIED测量则为分子动力学的时空成像提供了一种新的手段。

通过基于单活性电子近似的计算,二次散射模型在强场和超快理论中也有很大的影响,包括在从头计算和唯象层面。特别是在过去的10年中,基于三步二次散射模型的计算,包括电离概率、核和连续统动力学以及复的再散射截面的定量计算,已经用来解释一些采用HHS和LIED研究原子和分子结构和动力学的实验。

从基础角度来看,利用EWP的超快和半经典性质一直是一个主要的研究方向。AMO的科学家们已经认识到,强场物理学的标度律意味着实验可以从相对于近红外的更长波长基本场中获益。例如,在使用较低强度的情况下获得更高能量的光子和电子。上述的半经典三步行为已经使用不同的激光平台——从中红外($1\sim5\mu m$)到太赫兹波,被牢固地建立起来。这种策略不仅使更多的应用成为可能,而且还发现了新的强场现象,如下面将要描述的。

5.2.3 固体和纳米结构中的强场阿秒物理

二次散射模型的见解不仅适用于描述气相过程,而且也适用于晶体材料与强长波激光场相互作用的物理学。例如,半导体和绝缘体中跨越带隙的非线性吸收通过电子-空穴重组产生发射的过程。固体还提供了在气相系统中没有的额外过程。例如,通过布洛赫(Bloch)振荡在单带中诱发的非线性电流产生谐波。研究表明,二次散射和布洛赫振荡过程对驱动场都有一个亚周期反应(阿秒量级)。这些不同机制之间的相互作用产生了丰富的物理学,目前正在研究材料中的各种长程和短程序,包括体材料和纳米结构。这是一个非常活跃的研究领域,因为它有可能为带状结构动力学提供一个新的探测手段,也许还可以发展出片上真空紫外线(VUV)光源。

与强的数周期脉冲相互作用的纳米结构也表现出二次散射模型的行为,如在非常快的时间尺度上产生上述的高能电子和高次谐波光子,其动力学的物理学特征又比原子中的更丰富。将金属纳米尖暴露在强磁场中,产生的电子能量分布与众所周知的原子中阈值以上的电离现象相当类似。根据载流子包络相位的不同,电子要么从一个,要么从两个亚500as的爆发中发射;后一种情况会导致光谱干涉。该解释与场驱动的EWP的相干弹性散射是一致的。与原子或分子不同的是,纳米尖端产生一个等离激元增强的局部场,并从尖端向外迅速衰减。因为需要的强度比原子的情况要低几个数量级,这些实验只需要一个未放大的超快激光振荡器。利用场驱动的 EWP 可以为表面科学提供新的时间分辨方法。低能量电子衍射(电子从表面产生并探测的时间尺度为 100as)可能会出现在我们面前。

5.2.4 阿秒计量学:电子动力学计时方法

不确定原理告诉我们,一个人不能同时确定一个物理过程的精确能量和精确时间。因此,一个超短阿秒脉冲一般会激发一系列具有不同特征能量的过程。为了能够解析单个过程,阿秒计量通常依赖于泵浦 – 探测实验,在这些实验中,一个超快过程由一个泵浦脉冲启动,然后由一个一段时间后到达的第二个脉冲进行探测。实验中的时间分辨率则由两个脉冲之间的延迟(可以达到阿秒级)的精确控制来确定,而能量分辨率由探测方法来确定。举例来说,通过测量阿秒 X 射线脉冲的吸收如何随时间延迟而变化(称为阿秒瞬态吸收光谱,ATAS),研究人员测量了电离或激发产生的状态的几飞秒寿命,具体观察到氦中两个准束缚电子的关联运动,其振荡周期约为 1fs。

吸收的标准图像是,一份量子的能量从光场中流失并储存在了材料中。然而,在时域图中,吸收可以被解释为输入光与材料中相干振荡产生的光电磁场之间的相干相消,这意味着吸收过程可以被探测的红外激光场打断和控制。在频域上,这表现为改变了 X 射线谱中吸收峰的基本形状,对 X 射线脉冲的时间和空间特性的潜在控制具有广泛的影响。例如,沿一个方向的吸收可以重新成为沿不同方向的发射,从而导致 X 射线光被一个光场所调制。

在 HHS 中,时间分辨率由半经典的二次散射模型中返回的 EWP 的时间 – 频率排序给出:产生较高光子能量的电子比低能量的电子返回得晚。这意味着谐波谱中的不同频率携带着不同的二次散射时间的信息,在亚激光周期(即阿秒级)的时间尺度上,由此产生的谐波辐射的啁啾被称为阿啁啾。HHS 已被广泛用于测量原子和分子的结构和动力学,包括电子(电荷迁移)和核(解离)两个层面,最近还被用来描述固体的结构和动力学特征。

也有几种基于测量光电子的阿秒计时方法,特别是测量它们的光谱产量作为阿秒精度时间延迟的函数。这是阿秒条纹和 RABBITT(都在第 2 章讨论)与阿秒时钟的基础。光电效应的计时(见方框 5.1)采用阿秒条纹法。最后,控制和测量高次谐波极化特性的能力对表征气相和凝聚相样品的自旋、磁性和手性以及动力学具有令人兴奋的意义。在过去的 10 年中,这种偏振控制已经得到了详细的论证和探索,它是通过反向旋转的双色激光场产生谐波来实现的,从而导致任何选定的线性、椭圆或圆偏振的谐波辐射。然后,可以通过样品的谐波特性(类似于 HHS)印记,或通过检测样品在偏振 XUV 或 X 射线下的响应来探测样品的手性。

5.2.5 理论挑战

从第一性原理计算分子系统(如生物分子)中的阿秒电子动力学是当今最主要的计算挑战之一,在可预见的未来也将如此,最根本的困难是计算工作量随着活跃电子数量的增加而迅速增大。这一点在阿秒电子动力学中尤其正确,因为大多数阿秒动力学涉及电离,这就需要能够描述多电子连续统和束缚态。在过去的10年中取得的进展允许对氢和其他双电子系统中的相关电子动力学进行一些完全从头算的研究,处理强场双电离、双 XUV 光子电离以及上文讨论的光离子化时间问题。目前,正在努力将这些高度有效的理论方法聚合到一个通用的原子和分子物理学框架中,这将包括为其他研究小组提供软件套件和文件访问等。原则上,较大系统的计算可以通过包括多个随时间变化的构型相互作用来解决。对于使用包括单激发和双激发在内的构型的小系统来说,这一点已经做到了,将这种方法扩展到更复杂的和/或非线性系统,是一个活跃的研究领域。另一种使用含时密度泛函理论(time-dependent density functional theory,TDDFT)的近似处理方法有一个吸引人的特点,即它可以扩展到大系统。TDDFT 已被证明对单一电离和电荷迁移研究足够准确,但也产生了如何从密度计算某些观测值,以及它在描述具有超出平均场水平的相关过程时的可靠性等开放问题。

计算相干电子动力学的下一个层次的问题将是包括与不可避免的核动力学的耦合以及随之而来的电子相干性的丧失。对于分子来说,只有具有两个核和两个电子的类似氢的系统被完全从头处理过。例如,用于研究强场电离时的电子定位,或者核动力学对瞬时吸收光谱的影响。在过去的几年里,随着上述实验兴趣的蓬勃发展,一些研究小组对凝聚相系统中超快电子动力学的计算已经开始进行。这些计算大多是在周期性的晶体系统中进行的,在这些系统中,多体相互作用可以得到有效的处理,如使用半导体的 Bloch 方程。然而,对于这些系统来说,通过,比如与核自由度的耦合而导致的电子相干性的丧失通常是以唯象的方式来处理的。对于分子和凝聚相系统,仍有许多工作要做。

5.2.6 阿秒科学的未来

阿秒科学正开始影响我们对凝聚态系统的理解,对 XUV 源的开发和超快计量都有影响。例如,固体中 HHG 的实现和理解的进展表明,设计紧凑、高效的超快XUV 光源是可行的。使用泵浦探针法来确定金属的阿秒光电发射时间,以及半导体中导带电子的阿秒寿命,意味着阿秒计量能够探测最快的动力学过程,即使在这样高度关联的系统中。

光波电子学的概念特别令人兴奋。现代电子学速度的提高是电子器件缩小的结果。然而,尺寸正在迅速接近最终的纳米尺度极限;因此,10多年来,时钟速率(处理速度)一直被限制在几吉赫(GHz)。最近的实验证明了光波对绝缘体中电子电流的控制,在这种情况下,强激光场诱导并调制材料中与时间有关的电流(图5.4)。这些激光诱导的电流通常是可逆的,几乎没有耗散。鉴于强激光场可以以接近拍赫($1PHz = 10^{15} Hz$)级别的光周期产生,这表明在不久的将来,晶体管中的光波驱动电流可能会导致许多数量级的速度提升。

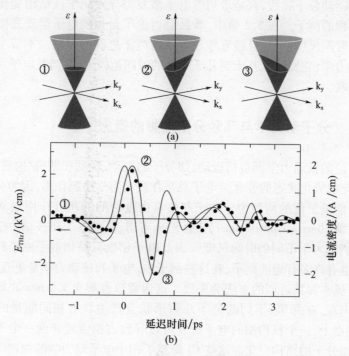

图5.4　光波电子学的前景

(a)狄拉克锥给出了拓扑绝缘体碲化铋中电子被强太赫兹光场加速时在3个不同的延时的动量分布;(b)产生的电流(虚线为测量数据点)是如何被太赫兹电场方向(黑线)以与激光频率相应的频率所驱动的(资料来源:J. Reimann, S. Schlauderer, C. P. Schmid, F. Langer, S. Baierl, K. A. Kokh, O. E. Tereshchenko, A. Kimura, C. Lange, J. Güdde, U. Höfer, and R. Huber, 拓扑表面带中光波驱动狄拉克电流的亚周期观测(Subcycle observation of lightwaved driven Dirac currents in a topological surface band), Nature 562:396400, 2018; 由马堡大学U. Höfer提供)。

　　阿秒科学的另一个令人振奋的前景是XFEL即将提供的软X射线和硬X射线区间中的强阿秒脉冲,这将使电子动力学(如电荷迁移)从内部价电子或核心电子开始,这些电子通常高度集中在分子内的特定原子上。结合泵浦和探测能力,这样的脉冲将允许对阿秒级电子动力学进行空间和时间上的解析。

5.3 分子的时间尺度:从飞秒到皮秒

任何化学反应的核心都是爆炸性的转变:分子中的旧键被打破,新键形成。在光化学中,一个系统的快速电离导致了快速的电子运动,这引起了原子位移,而原子位移又引起了化学变化。色团中的光收集,我们 DNA 中的光保护机制,以及更普遍的光学驱动分子装置,都是最初的电子激发与导致化学或结构变化的核运动相耦合的过程的例子。在 5.2 节中,委员会讨论了最初的电子运动发生在亚飞秒到几飞秒的时间尺度上,并且经常涉及电子与电子之间的关联。本节主要关注随后的分子动力学,它发生在几十到几千飞秒的时间范围内,并涉及电子-核与核-核之间的关联。

5.3.1 分子动力学与飞秒分子电影的概念

上面讨论的核动力学既包括运动,如分子的振动、转动和结构/构型变化,也包括电荷、自旋或氧化状态的变化。电子总是在核动力学中起作用,因为分子总是寻求处于电子能量最低的构型中。电子和核自由度之间的相互作用通常可以用波恩-奥本海默(Born-Oppenheimer)近似法来考虑,其中电子和核动力学被分开处理(基于它们动力学不同的时间尺度),因此电子密度只是创造了原子核运动的势面。然而,也有许多有趣的例子,在这些例子中,电子和核动力学是更直接的耦合,因此波恩-奥本海默近似的方法会失效。这通常以锥形交叉(conical intersection,CI)的形式出现,在那里,不同的分子几何形状会产生具有相同能量的电子激发态。在这些点上,一个核构型的电子激发可以导致占据数转移到一个不同的核构型,从而推动分子的结构变化。这些 CI 跨越了相干电子动力学的物理学和转化化学之间的空间,一直是超快 AMO 界强烈关注的话题,并且在自然发生的和超快光脉冲控制的转化中都有记录。

超快的光或电子脉冲是在时域中直接观察核运动的理想工具,正如"飞秒化学"的创始人之一 Ahmed Zewail 首先证明的那样,他因此获得了 1999 年诺贝尔化学奖。方框 5.2 是这样一个飞秒分子电影的例子。电影中的各个图片可以由任何对分子的瞬时电子或结构构型敏感的测量组成,它可以是直接的实际图像,如散射图,或间接的吸收或发射光谱,或检测离子或光电子的形式。下面将更详细地讨论这些方法中的几种。

对超快光脉冲的获取和控制——从可见光到硬 X 射线光谱范围,继续推动在分子和其他领域的时间分辨基本过程的巨大进步。在过去的 10 年中,超快技术进步的一个范例,以及电子-核动力耦合驱动构型变化的一个例证,是 1,3-环己二

方框5.2 X射线电影

电影是通过将发展过程中不同时间拍摄的静态照片连缀在一起制作而成的。为了避免模糊,每张照片都必须在很短的时间内拍摄,让整个过程像是凝固了一样。图5.5说明了如何制作光诱导结构转变的分子电影,其中气相分子的原始环形结构在激发后100fs内被打开成链状。来自直线加速器相干光源(LCLS)的超快X射线脉冲是如此之短、如此之亮,以至于衍射图案可以对激发后特定时间的分子结构进行采样。计算表明,这种电子辅助的结构变化是通过一个锥形交叉点发生的,它涉及电子键的重新洗牌:在环形分子中,碳位之间两两有双键,而在链形分子中有3个双键。

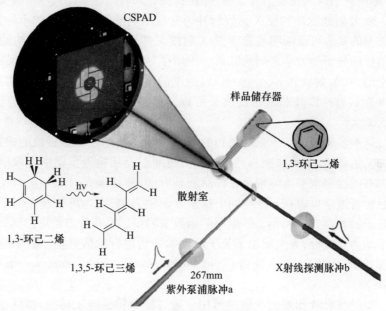

图5.5 分子动力学的X射线电影。一个紫外泵浦脉冲(a)启动了开环反应,而延迟的X射线探测脉冲(b)的散射模式被记录在探测器上(CSPAD),作为泵浦和探测脉冲之间时间延迟的函数。这使研究人员能够"拍摄"分子在受激后如何改变形状,从最初的环状到最后的链状(资料来源:经 M. P. Minitti, J. M. Budarz, A. Kirrander, J. S. Robinson, D. Ratner, T. J. Lane, D. Zhu 等人许可转载,分子运动成像:电环化学反应的飞秒X射线散射(Imaging molecular motion:Femtosecond X-ray scattering of an electrocyclic chemical reaction),Physical Review Letters 114:255501,2015,255501;美国物理学会2015年版权所有)。

烯的光诱导开环反应。这一众所周知的光生物反应在维生素 D 的合成中起着重要作用,从最初的环状分子开环到最终的链状 1,3,5-已三烯分子,这个过程发生在 100fs 时间尺度上。开环反应涉及单键和双键的重组,并通过锥形交叉进行。在过去的 10 年中,超快计量学的进步使得这种反应可以在 3 种不同类型的实验中直接在时域中进行探测:①硬 X 射线衍射,如框 5.2 所示;②软 X 射线吸收光谱;③超快电子衍射,后两个将在下面的章节中讨论。

5.3.2 超快 X 射线无处不在

在过去的 10 年中,超快 XUV 和 X 射线源的空前发展,包括 XFEL 源和第 2 章中描述的基于 HHG 的 XUV 桌面源,彻底改变了 AMO 科学探测超快动力学的能力。这些现代 X 射线源的短持续时间和高光子能量使科学家们能够关注单个原子,即使它们嵌入在复杂分子中,并在其固有的时间和空间尺度上查看电子和核运动。软 X 射线脉冲和硬 X 射线脉冲通常探测电子和核动力学的不同方面,因此不同类型的实验可以阐明被光学或 X 射线泵浦脉冲激发的分子中初始电子动力学和随后的分子动力学之间的联系。正如在"阿秒科学:电子的时间尺度"一节中所讨论的,软 X 射线和 XUV 脉冲以其适度的结合能处理价电子的结构和动力学,而硬 X 射线脉冲以其非常短的波长可以通过散射图像直接分辨核的位置,正如方框 5.2 所示。

这些实验还得益于众所周知的 X 射线显微技术在飞秒领域的扩展,以及对样品的初始制备、泵浦和探测脉冲的相对时间以及从检测步骤中提取信息等方面前所未有的控制水平。特别是在样品制备方面,使用激光对准和定向气相分子的能力意味着通常可以在三维空间中探索分子动力学,因为离子和光电子产额可以作为分子的相对方向和光场的偏振的函数来测量。有几种方法可以同时检测所有或几个动力学成分,大大增加了关于动力学如何进行的信息量。其中包括速度图成像和冷靶反冲离子动量谱(cold target recoilion momentum spectroscopy, COLTRIMS)。

X 射线吸收和发射光谱也可用于通过测量特征电子转换,特别是在内层和价态之间的转换,来推断分子动力学。这是因为电子激发能量是核构型的特征,包括其电荷、氧化和自旋状态。这是时间分辨的 X 射线吸收光谱"电影"的基础,图 5.6 是四氟甲烷解离的一个例子。在这个分子中,氟原子和剩余的 CF_3^+ 基团之间核内分离的增加,在内层吸收光谱中产生了一个特征性的新峰。

采用时间分辨软 X 射线吸收光谱法也被用于研究环己二烯的开环现象。通过追踪具有延迟的核-价转变特征的演化,AMO 科学家能够直接揭示开环反应进行时(所谓的周环反应最小值)的中间(瞬态)电子态。这是对反应过程中原子核位置的纯结构信息的补充,有助于阐明电子和核自由度的耦合。

对X射线电离或激发深度结合态后产生的电子或电离碎片的特征分析,也可以阐明电子和分子动力学之间的相互作用。例如,无论是直接的光电子还是俄歇电子,其电子动能都对其产生的原子位置附近的特定键长(在上文中也有讨论)以及参与光化学反应的电子状态敏感。例如,研究人员能够解决涉及DNA化合物胸腺嘧啶的光保护机制的一个长期争议。通过结合俄歇电子和软X射线吸收谱,并通过与理论的比较,他们发现在紫外光激发后,分子通过一个锥形交叉点在不到100fs的时间内弛豫到受保护(化学反应较少)状态上。

硬X射线辐射是通过散射图像直接拍摄分子结构的理想选择,因为它们的波长较短,与一般的键长相当,允许很高的空间分辨率。硬X射线辐射被用于方框5.2中所示的开环反应的直接成像。这种类型的衍射成像(使用光或电子的超快脉冲)将在5.3.3节讨论。

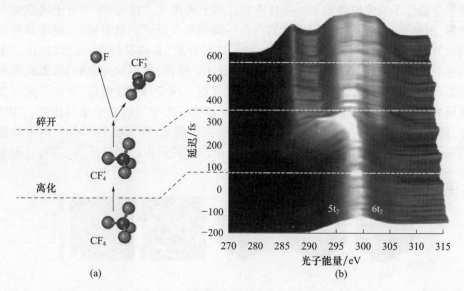

图5.6 (a)显示了四氟甲烷(CF_4)分子如何在被移除一个电子后分裂的示意图;(b)显示了如何通过时间分辨X射线吸收谱来跟踪这种分裂。X射线吸收的特征能量对C-F键长敏感,因此随着初始电离激光脉冲和X射线探测脉冲之间延迟的改变,会出现一个新的吸收峰并改变能量。来源:改编自Kraus等,Nature Reviews Chemistry 2:80,2018。

5.3.3 通过超快衍射进行分子成像

有许多衍射技术可以在动态过程中对分子样品进行"拍照",更广泛地说,可以在原子水平上对非结晶样品的结构进行成像。一般来说,探测器上的散射图案不是样品的直接图像(像照相机形成的图像那样),而是必须使用复杂的基于傅里叶变换的算法进行解读。例如,相干衍射成像(coherent diffractive imaging, CDI),

117

利用了来自HHG和XFEL源的类似激光的超快X射线脉冲的高空间相干性,从衍射图案中检索出振幅和相位信息,从而提高灵敏度和对比度。对于气相系综的成像,相位通常可以直接从散射数据的傅里叶变换中提取出来。对于更复杂的(如结晶)样品,相位提取是基于一个算法的数百或数千次迭代,该算法在探测器上测量的衍射图案和样品的实空间图像之间来回转换。在每次迭代中,更多的约束被应用,因为高质量的X射线束允许对样品的空间结构进行超采样。通过控制X射线光的偏振,或结合其X射线吸收谱,CDI能够在纳米尺度上绘制复杂物质的元素、化学和磁性属性。

长期以来,单粒子成像(single-particle imaging,SPI)一直是一些社群的梦想,它不仅是制作分子电影的一个要素,也是为了进行结构生物学和材料科学中的成像。由于XFEL设施提供的超强和超短的X射线冲脉,现在正朝着这个目标前进。单个生物分子的成像提出了一些技术和计算上的挑战。首先,单个分子的散射非常弱,即使使用强的X射线源,来自许多不同的单个分子的散射模式,通常具有不同的方向,必须使用上面讨论的CDI技术进行分析,并将其加在一起以提供三维信息。其次,强烈的X射线光导致分子被破坏。然而,如果脉冲足够短,那么散射图案可以在损害发生之前形成。2014年发起的一项全球SPI倡议,吸取了世界各地研究小组的大量多学科努力,持续致力于解决SPI中当前和未来的挑战。2015年,研究人员首次提出了对单一生物样本的三维测量,即直径为750nm的大型拟态病毒,其空间分辨率为125nm。最近,几个较小的病毒已经被成像,空间分辨率低于10nm,如图5.7所示。

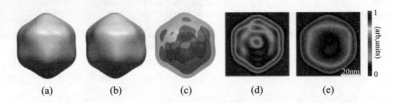

图5.7 (见彩图)由数百万个病毒分子的X射线衍射图像重建而成的水稻矮化病毒图谱;(a),(b)病毒外部的两个不同视图;(c)~(e)病毒内部物质分布的不均匀性;(c)密度图;(d),(e)二维切片(资料来源:经许可转载自R P Kurta,J J Donatelli,C H Yoon,P Berntsen,J Bielecki,B J Daurer H DeMirci 等,X射线激光脉冲散射的相关性揭示了病毒的纳米级结构特征(Correlations in scattered Xray laser pulses reveal nanoscale structural features of viruses),Physics Review Letters 119:158102,2017,版权2017由美国物理学会所有)。

超快电子衍射(ultrafast electron diffraction,UED)是对超快X射线衍射的一种补充;它得益于更大的电子散射截面。在产生和稳定飞秒脉冲高能电子方面的进展,使得一些使用光泵浦和UED探头的动力学研究成为可能。例如,包括通过锥形交叉点绘制气相中CF_3I分子的超快光诱导解离动力学图,该图允许初始电子激发能量转移到负责解离的核自由度。在另一项研究中,电子束提供的非常高的空间分辨率使研究人员能够在环己二烯的开环反应中跟踪单个碳－碳键的演变(也在方框5.2的X射线散射实验中进行了研究),不仅得到了开环本身的详细影片,还得到了开环后的链状分子在两种不同构型之间来回弯曲的证据。在LIED中,超快电子"脉冲"是由强激光场产生的,就像上面讨论的强激光与物质相互作用的三步模型中的重散射EWP一样(图5.3)。事实证明,这种由强场电离动态设置的系统的自我探测在空间和时间上都有很高的分辨率。例如,最近对乙炔的超快解离测量,或者对激光诱导的C_{60}笼状结构变形的测量。

5.3.4 用光来控制反应路径

光不仅可以用来启动和探测一个动态过程,还可以用来控制这个过程的展开。这通常被称为量子控制。在过去的10年里,我们看到了持续而广泛的发展。有几种不同的量子控制方法,包括利用低维光学晶格的方法,以及利用不同势能面的激发和动力学的方法,设计系统特定的泵浦－探测序列。有些方法有自己的名称,如最优控制和相干控制。最佳控制方法依赖于控制一系列影响超快光脉冲形状的参数的能力,该脉冲与感兴趣的系统相互作用,通常使用反馈回路和一些次数的迭代,从而获得一个期望的结果。早期的实验使用精确塑造驱动激光脉冲来控制小量子系统的电离、解离或发射特性,以及化学反应中的反应路径,如通过光诱导的锥形交点。对于当前和未来的研究来说,机器学习和大数据分析的持续进展使得对更大范围的激光和环境参数的控制成为可能,从而使结果更加稳定和可重复。

相干控制方法包括利用底层的量子力学建立创造性的控制方案。例如,利用通往同一最终产物态的不同途径之间的干涉来控制;又如,产物分支比例、光关联、对映体选择性、状态到状态的控制以及原子对的自旋－轨道纠缠等。最近的其他应用包括量子点中的双激子控制、脉冲串控制和产生纠缠的离子－原子对链。它还为基础性问题开辟了新视野,如对"非微观"量子效应(如干涉、非局域性和纠缠)在控制情景中的作用的研究,对控制的经典限制的考虑,以及对原则上可区分的路径在减少控制中的作用的认识等。在理解和控制退相干方面仍然存在重要挑战。

5.3.5 分子动力学的量子计算

预测初始激发后数百飞秒内的核运动和结构动力学,需要描述电子过程,如激发和电荷转移,以及由电子态跃迁推动的核动力学。即便不考虑电子相干性,这也是一个巨大挑战级的计算问题,主要的努力都是为了解决这个问题。

有一种理论方法——自发非绝热分子动力学,使用量子化学的方法来解决与时间无关的电子薛定谔方程,从而获得电子结构,同时对核运动和电子态跃迁进行量子描述。最近的进展可以与实验结果进行一些高水平的比较,显示出实验与理论预测非常好的定量一致性。例如,对于上述两个 UED 实验,关于开环反应和 CF_3I 的解离。前进的一个关键瓶颈是用这种方法可以建模的分子大小和关联程度,因为计算难度随系统尺度而增加,以及需要在差别巨大的时间尺度上计算的电子和核的运动。改进核动力学中的量子效应的处理和解决大分子的电子结构问题,对于计算方法的进一步发展都是至关重要的。为了对锥形交叉点进行定性建模,其中多个电子态是简并的,需要多参考电子结构方法。同时,动态电子关联效应在改变锥形交叉点的位置和能量方面也很重要。因此,静态和动态电子关联效应都必须被考虑在内。为了模拟和理解大规模分子集合体中的电荷和能量传输(与人工光合作用和电池等应用领域有关),改进方法以同时纳入静态和动态电子关联与核运动也就变得至关重要。

解决这些问题的新的概念性方法至关重要,同样重要的是,这些方法能够适应并在快速而高效的计算机架构上实施。图形处理器(graphical processing unit, GPU)作为物理学和化学的计算引擎的兴起,突出了"流处理"的重要性(极端的数据并行化)以及对异构的利用,如 CPU 和 GPU 的组合。一些电子结构理论和分子动力学的算法已经被重塑为适合在这些架构上高效执行的形式,这几乎肯定会在通往超大规模计算的道路上发挥关键作用。沿着这些思路需要更多的努力,特别是要创造出易于重复使用和重新调整的构件,以便在新的概念方法出现时保持其相关性。

5.3.6 量子化学在谱学和动力学中的角色

分子能谱的计算,不管是基态还是激发态分子,是与高精度或时间分辨光谱学中广泛的实验进行比较和预测的基础。目前,已有许多大规模的量子化学计算软件包,并且仍在不断开发和应用。处理具有大量量子成分和高度关联电子的分子,这一需求推动了量子化学的发展,包括精度的提高和资源规模随电子数的增长率。值得注意的是,发展包括各种形式的量子蒙特卡罗(QMC)的进展,以及密度矩阵重整化群(DMRG)中能够更好地处理量子化学方法的发展。虽然几十年来量子蒙特卡罗方法一直被认为是准确性的黄金标准,但直到最近,它们的计算成本一直都很高。在过去的 10 年中,QMC 中使用的初始试探波函数的进步使得一系列中等规模系统的精度和计算复杂度都得到了改善。类似地,DMRG 方法最近在量子化学界也受到了关注,因为它们有可能同时提高精度和计算效率。后者的一个最新例子是对长链分子的研究,其计算时间与链长成线性关系。

5.3.7 时间分辨分子动力学的未来

现代超快 X 射线源提供更短的脉冲,更广泛的可选光子能量,以及比以往更高的亮度,因而总体上能够更好地解决空间和时间上的动力学问题。例如,升级后的 LCLS 设施(LCLS-II)将很快提供更高的亮度,这使得未来 10 年很可能看到单粒子水平上的时间分辨动力学。同样,即将出现的 X 射线泵浦和 X 射线探测能力,使用光子能量和相对延迟可以控制的强脉冲,将使涉及多光子跃迁的非线性光谱学研究成为可能。非线性光谱学(例如相干反斯托克斯拉曼散射)使用一系列精心计时的光脉冲,长期以来一直是研究电子和分子动力学最受欢迎的工具,它在 X 射线区间的扩展是一个活跃的研究领域。将其扩展到 X 射线波段,可以制作"完整的"分子电影,包括空间分辨率、阿秒、核和价电子动力学,以及与飞秒核动力学的耦合等。例如,我们可以跟踪超高速通过一个锥形交叉点的过程及其对电子相干性的影响。此外,超快 AMO 科学将对光生物学的应用产生深远的影响。图 5.8 显示了视网膜结合蛋白菌视紫红质的光诱导动态的一个例子。视网膜是一种对光敏感的分子,在生物学中它被用于一系列的光收集和光能传递过程中,它的结构重排(异构化)发生在几十到几百飞秒内,使其成为光生物学中已知最快的分子之一。研究人员使用时间分辨超快 X 射线散射法实时捕捉了它的转变。

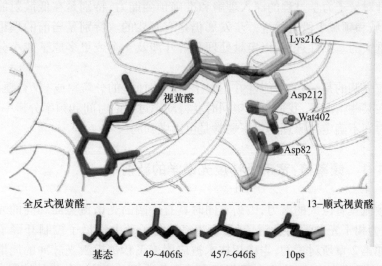

图 5.8 使用时间分辨的超快 X 射线晶体学捕捉到了光激发后视黄醛光收集蛋白配体的结构重排。

注:视黄醛和周围蛋白质在光吸收引起电子结构变化后的演化发生在几百飞秒内。在大规模分子动力学计算的启发下,科学家们能够从各个键的断裂和形成角度来解释这种动力学(资料来源:来自 Nogly 等人,Science 361,145,2018)。

最后，光泵浦和 X 射线探测研究将使人们能够广泛地研究物质的新相，包括由相干的光－物质耦合诱导的量子材料。最近令人兴奋的例子包括展示光诱导的超导电性，以及通过激发光源的偏振来控制拓扑相位等。利用飞秒激光源在拓扑绝缘体和导电半金属之间切换材料的理论预测，有可能通过即将出现的 XFEL 源的硬 X 射线脉冲衍射而得到实验验证。

5.4 动力学的频域方法：散射和相关性

上面讨论了飞秒激光源提供的更高时间分辨率如何使超快动力学的研究直接在时域中进行。同样，由相控连续波激光器提供的前所未有的光谱分辨率使我们能够研究物质的更精细的能量结构。例如，现在有可能以接近 10^{16} 分之一的分辨率来研究光学转换。通过这一探索，出现了许多新的科学方向，如对基础物理学的检验，开发灵敏度越来越高的传感器，以及寻找标准模型以外的新物理学等。

在过去半个世纪的大部分时间里，理论和实验方面的努力主要致力于了解与能量有关的反应速率，而最近由于超快激光器和探测技术的发展，人们开始强调与时间有关的过程。作为对时间分辨实验的补充，散射研究的能量分辨结果经常被用来模拟气体环境中的态到态散射过程，特别是那些可观察到共振现象的过程。为了提升对量子力学过程的深入理解和准确预测能力，特别是在低散射能量或温度下，时域和频域手段上的进一步发展仍是有必要的。特别是当前的理论能力需要取得重大的基础性进展，以定量处理和解开涉及 4 个或更多原子或小分子的散射事件。

还应强调的是，这些可能性并不限于"仅有时间"的分辨率或"仅有频率"的分辨率。在某些情况下，我们更希望同时获得动态过程的时间和频率分辨率，而这在频率－时间不确定性原理约束下通常是可以做到的。

5.4.1 频率梳：宽带高精度光谱学的新前沿

光频梳具有巨大的潜力，因为它同时具有广阔的光谱覆盖面和高的光谱分辨率，从而为相干光谱学和宽频带、高分辨率的分子动力学量子控制开辟了新的领域。正如第 2 章所讨论的，当稳相技术被应用于飞秒锁模激光脉冲的周期性序列时，这些梳子就会出现，产生对重复频率和光载波相对于脉冲包络的控制。所产生频率梳的广泛光谱覆盖范围提供了对光学频率标记的相位控制，其间隔达数百个太赫兹。因此，科学家们可以在一个实验平台上，集高灵敏度、精确的频率控制、广泛的光谱覆盖和高分辨率于一体，来测量原子和分子。最近腔增强直接频率梳光谱的应用包括对各种样品的敏感和多路跟踪分子检测，以及通过相干脉冲累积对原子跃迁的精确量子控制。通过开发深紫外和中红外光谱区的频谱源，更先进的光谱和量子控制能力正被创造出来。这些相隔遥远的光谱区实际上可以相干地连接起来，因此原则上可以同时研究和控制分子的振动和电子动力学。在泵浦-探测式实验中使用多个频率梳，可以同时提高时间和频域的分辨率。例如，对固体中精细分辨的光学特性获得了飞秒级的时间分辨率。

1. 实时化学动力学

频率梳谱学最近的一个重要成功是它被应用于精确测定重要化学反应的实时动力学。对化学反应的研究需要对反应物、中间物和产物的动力学进行全面的描述。由于其转瞬即逝的本性，反应中间体带来了最大的挑战。最近一种新的实验能力已经出现，应用于一个重要的化学反应，即常温常压条件下的 OH + CO。由于该反应在大气和燃烧化学中的重要性，过去 40 年来，该反应一直是复合形成的双分子反应的动力学和动态研究的基准系统（图 5.9）。由于有多个基本的化学反应，在一个多维的势能面上产生两个瞬时的中间产物（反式-HOCO 和顺式-HOCO）和产物（H + CO_2），这个反应的理解一直是个挑战。中红外频率梳光谱法允许在热反应条件下首次直接观察来自 OD + CO 的反式-DOCO 和顺式-DOCO 中间体（OD 是 OH 的氘取代版本）。连同 D + CO_2 产物的测量，该实验可以完全确定这个重要得多步骤反应的所有通道的异构化速率系数和分支比率。

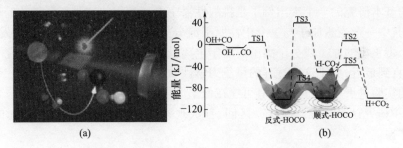

图 5.9　红外频率梳实时观察的一个反应

注：氘代 OH + CO 反应的势能面，显示了难以捉摸的反应瞬态。室内环境下反应产生的中间产物反式-DOCO 和顺式-DOCO 也同时被观测到了（资料来源：Ye 组和 Steve Burrows，JILA）。

2. 研究大分子的复杂结构

在第 3 章中，强调了研究强相互作用量子系统非平衡动力学令人兴奋的前景。大而复杂的分子提供了这样一个机会，频域方法可以揭示与不同自由度之间的分子内能量流动的动力学直接相关的复杂结构，这为频梳谱学提供了另一个重要的应用机会。由于光谱拥挤，较大的室温分子的光谱识别几乎是不可能的。将分子冷却到低温后，由于低频振动态占据数的增加，极大地简化了分子光谱。于是，通过提供许多相关红外跃迁的同时确定能力，频梳光谱开启了对多原子分子复杂能级结构的探索之门。在 C_{60} 的案例中,第一个量子态解析光谱学在 2019 年被演示。观察到的各振转态之间的跃迁揭示了 C_{60} 量子力学结构的基本细节,包括其令人印象深刻的二十面体对称性和核自旋统计信息。由此,理解和控制复杂量子系统的可能性已经大大向前推进。

5.4.2　通过散射物理研究动力学

推进我们对散射现象的理解所涉及的许多挑战,归根结底是对各种不同情况下出现的关联的理论处理。在量子化学中,"关联"有时被狭义地定义为哈特里-福克(Hartree-Fock)独立电子模型之外的电子-电子关联。但事实上,关联比这要更广泛,因为在附着解离或潘宁(Penning)电离等过程中,电子运动与核运动是相关的。在实验层面上,关联的探测是具有挑战性的,因为这通常需要同时进行的多粒子探测,从而导致了低的计数率。通过多年来对 COLTRIMS 和反应显微镜等技术的改进,现在已经可以在实验上研究越来越复杂的反应过程了。

5.4.3　潘宁电离

在化学物理学和 AMO 物理学的界面上,涉及小分子中电子和核运动之间相关性的基本研究的一个突出例子是挑战性潘宁电离过程。这是一个复杂的动力学过程,其中一个受激原子与一个中性原子或分子相撞,并导致一个电子的发射,产生一个带正电的原子或分子离子。潘宁电离已经被观测到并在理论上研究了几十年,但直到最近,关于这个过程的量子力学性质的实验证据相对缺乏。在一个值得注意的实验进展中,现在已经有可能在低温散射(低于 1K 的激发氦原子与分子氢散射)中研究这一过程。在这一区间,首次观察到了这种复杂的重排散射的量子力学共振。

5.4.4　涉及物理的反应过程:拓扑物理

在过去的 10 年中,出色的进展例子包括更好地了解涉及拓扑物理的反应过程,其中包括与锥形交叉点有关的物理学。在超冷 AMO 物理学背景下,正如在凝聚态物理学中,"拓扑"一词经常用来指物质的多粒子相,但即使只有几个电子和原子参与的系统也在其量子力学行为中表现出拓扑特征,特别是在反应性散射的背景下。例如,分子物理学中的 Jahn-Teller 和 Renner-Teller 系统内在的关联电子和核自由度,在某些情况下也涉及里德堡(Rydberg)态的相互作用。现在,解离附着过程的计算,如电子与氨分子(NH_3)散射产生原子态的氢负离子(H^-),可以通过与实验的比较来进行和详细测试。这体现了理论和实验的许多进步,能够通过使用COLTRIMS和相关技术来测量H^-的逃逸角等独有特性(图5.10)。(关于拓扑学在超冷科学背景下的作用,见3.6.4节"冷原子拓扑物质")。

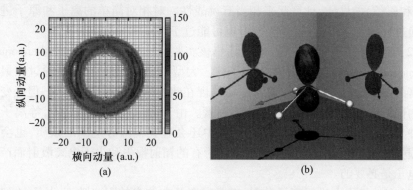

图5.10 (见彩图)从NH_3产生H^-离子

(a)在5.5eV电子能量下测量的动量分布;(b)计算出的附着概率随分子架中入射电子方向的函数,绘制成一个面,其中棒状物表示N—H键,红色和绿色箭头表示相关的反冲轴,在参考文献中有进一步讨论(资料来源:经许可转载自 T. N. Rescigno, C. S. Trevisan, A. E. Orel, D. S. Slaughter, H. Adaniya, A. Belkacem, M. Weyland, A. Dorn, and C. W. McCurdy,游离电子附着于氨的动力学(Dynamics of dissociative electron attachment to ammonia), Physical Review A 93:052704,2017,版权2017 归美国物理学会所有)。

5.4.5 散射动力学研究的广泛影响

虽然散射物理学还面临着巨大的智力挑战,例如,要对涉及多原子分子的反应有更深入的理解。但在这一领域,还有其他强大的实践动机来推进理论和实验。下面介绍一些需要更好地理解散射物理的主题,特别是在各种环境中的反应速率。

(1)对天体物理学的影响:电子与各种富氢分子散射的研究取得了广泛的实验和理论进展,这些分子在天体物理环境中非常重要,例如HeH^+,H_2^+,H_3^+,CH_3^+,NH_4^+等分子离子。现在,我们有机会在这些进展的基础上,处理那些一二十年前尚认为理论处理上复杂到难以想象的系统。

在涉及分子离子、电子和中性原子或分子的低能量小分子反应性散射的实验研究中,一个令人印象深刻的发展是低温储存环(cryogenic storagering,CSR)的出现。这项技术的典型代表是最近在海德堡投入使用的CSR,它能够将目标分子离子冷却到绝对零度以上(约10℃),因此第一次能够准确地模拟许多天体物理环境中的条件,如星际云团。

同样,离子-原子散射导致电荷交换过程,释放出X射线,被天基望远镜探测到,可以得到关于抛射物和目标的信息。太阳风或超新星爆炸等高能量事件会导致高带电离子在空间中传播。当这些离子遇到中性原子时,它们可以很容易地从原子中捕获一个或多个电子。优先路径是通过速度匹配,因此电子很可能被捕获到激发态,然后通过X射线发射衰变,由此产生的X射线的观测结果告诉我们它们的源离子和目标原子。因此,基于空间的 X 射线望远镜正在观察这种电荷交换过程的发射,并得出有关它们起源成分的信息。由于电荷交换过程具有双中心(离子和原子)的性质,计算起来相当有挑战性。对相对简单的离子和原子进行电荷交换过程的定量描述是可能的,但也可能过于复杂。

(2)聚变等离子体的建模,如国际热核实验反应堆(international thermonuclear experimental reactor,ITER)中的等离子体。大型 ITER 项目的目标是通过核聚变创造丰富的能源,其燃料来自于海水。虽然现在建设阶段已经全面展开,但聚变等离子体内部的能量平衡仍有许多不确定因素。由于分流器将由钨制成,等离子体中的这种杂质将导致辐射损失。等离子体中还会有其他部分电离的杂质,也会导致辐射损失。量子散射理论对于准确估计所有的辐射损失和由于电离散射而产生的自由电子是必要的。

(3)在软组织上进行离子散射,以确定离子在体内的阻止功率,从而达到离子疗法治疗癌症的目的。在过去的 10 年里,一种新的癌症治疗方式已经被开发出来,称为强子治疗。这个想法是质子治疗的延伸,即用更重的弹丸如碳离子轰击肿瘤,并利用布拉格(Bragg)峰来摧毁肿瘤,而不影响其周围的健康细胞。许多儿童的脑癌已被强子疗法完全治愈,而没有传统 X 射线放射疗法的典型严重副作用。关键的方面是要准确计算重离子在软组织中的阻止功率,液态水是一个合理的起点。由于该疗法非常昂贵,因此目标是将其适用范围扩大到在治疗应用期间由于患者的呼吸而可能移动的器官。确定离子的准确停止功率对于确保布拉格峰发生在肿瘤上,从而远离健康组织至关重要。

(4)正电子散射在反质子上,形成反氢。在了解反物质和可能的 CPT 破坏的问题上取得了进一步的实验进展,正如第 6 章所讨论的那样,需要创造更多的反氢原子。创造反氢的一种技术是以正电子(P)与反质子的相互作用的计算为指导。已经证明,通过激光激发 P 以利用激发态,可以快速增加反氢的产生,但其比例并不像经典的预期那样简单。总的来说,量子散射理论将继续为生产反氢的各种机制提供指导。

5.4.6　动力学和关联频域研究的未来

在散射物理学领域仍有许多挑战,以处理更复杂的开壳原子、离子和分子及其反应活性,无论是否有外场存在。这些都是具有挑战性的问题,需要一个具备相关能力的理论和实验专家群体。这些问题涉及原子或分子能级或势能面的定量、半经典或在某些情况下的经典处理,以及散射动力学,如电子 - 原子或电子 - 分子散射、离子 - 原子散射和原子或分子光离子化等。当务之急是 AMO 社群继续投入到这些能力建设上,因为这些能力除本身具有基础性的价值和重要性之外,还影响到许多其他不同的领域。

同样在频域,随着最近在可见光和中红外光谱区间的光学频率梳的发展,对精密计量和超快科学产生了革命性的影响,我们自然可以期待将这种相干光谱覆盖范围扩展到光谱的极紫外(XUV)端。高重复率的超短、超强激光脉冲可以通过飞秒增强腔内的高次谐波产生,从可见光区域转换到 VUV 和 XUV 区域。当脉冲与脉冲之间保持光学相干时,可以产生 XUV 光谱区域的频率梳,为高分辨率光谱学、精确测量和量子控制提供高度的相位相干性,这是突出光场在时域和频域联合控制优势的一个最佳范例。

5.5 极端光带来的新奇物理

如第 2 章所述,在过去的 10 年里,出现了许多极端光源。世界各地,包括美国、欧洲和亚洲的 XFEL 设施已经迎来了它们的第一批用户实验。而拍瓦激光设施继续提升最高强度的极限,欧洲 ELI 项目预计在不久的将来达到 $10^{23}\mathrm{W/cm^2}$ 的强度。本节最后简要讨论了使用这种光源可以做的令人兴奋的物理学,横跨 AMO 和其他方面的动力学。

5.5.1 XFEL 激光光源带来的极端物理

XFEL 光源以创纪录的强度和脉冲持续时间提供 X 射线的相干激光脉冲。在这 10 年中,许多 XFEL 实验都是在 AMO 系统上进行的,解决了一些基本问题,并表征了光源的能力。前面描述了这些脉冲的短持续时间为动态研究带来的能力,其他类型的研究是由这些光源的极端强度促成的。

这类研究的一个例子是极端电离。与以前的第三代光源相比,来自直线加速器相干光源(LCLS)约 100fs 脉冲中的 X 射线光子数非常大,以至于可以从小型原子或分子系统中剥离大部分电子。LCLS 早期对稀有气体原子极端电离(生成 Ne^{10+}、Ar^{12+}、Xe^{36+} 等)的经验表明,即使在高强度下,顺序的、多步骤的单光子吸收也远远超过直接的多光子过程。此外,电子的剥离与强光脉冲有着本质的区别。后者价电子被依次移除,而强烈的 X 射线则是由内而外地剥离电子。事实上,X 射线电离是如此之快,以至于它与内禀的俄歇时间尺度相竞争。最近,研究人员表明,小分子的极端电离与孤立原子的电离不同,它可以导致分子黑洞的形成(图 5.11)。这是因为在分子中,由分子一端的 X 射线电离产生的电荷不平衡可以由分子另一端施舍电子来缓解。这种电荷转移过程足够快,甚至在超短(约 100fs)的 LCLS 脉冲中也会发生,这意味着从分子中移除的电子比从构成分子的单个原子组中移除的电子要多。这些实验的解释得到了为描述 X 射线脉冲期间发生的极快电离和重排动力学而开发的大规模计算的帮助,这些计算将电子结构的量子化学计算和数百万个描述电子态之间通过跃迁和弛豫相耦合的方程的耦合解相结合。

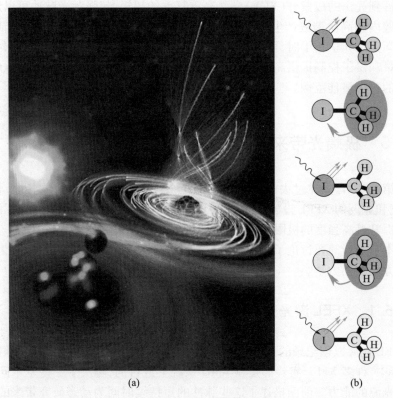

(a)　　　　　　　　　　　　　　　(b)

图 5.11　（见彩图）(a) 极强的 X 射线激光是如何从分子的碘端（右上）移除如此多的电子，以至于电子被从分子的另一端（左下）拉入，就像一个相当于黑洞的电磁场；(b) X 射线光子（蓝色）可以从碘原子上打掉多个电子。

注：来自甲基（CH_3）的电子将被吸引到分子中带正电的碘端（橙色箭头），在一定程度上补充了碘端缺失的电子。X 射线脉冲是如此之短，以至于分子没有时间解离，而且如此之强，以至于在脉冲结束之前，碘原子的电离和补充可以发生多次，从而导致一个高电荷的分子离子，分子中的碘和甲基端都缺少电子（资料来源：(a) 见 DESY，"X 射线脉冲创造'分子黑洞'（Xray Pulses Create 'Molecular Black Hole'）"，2017 年 6 月 1 日新闻，由 DESY/科学传播实验室提供。(b) 改编自 A. Rudenko, L. Inhester, K. Hanasaki, X. Li, S. J. Robatjazi, B. Erk, R. Boll 等人，多原子分子对超强硬 X 射线的飞秒响应（Femtosecond response of polyatomic molecules to ultraintense hard Xrays），Nature 546：129，2017）。

　　这些新型光源的极端强度也使 X 射线系统中的非线性光学成为可能。在 X 射线光谱区诱导非线性光学过程是出了名的困难，只有在最近才通过实验观察到低阶非线性光学过程，如二次谐波产生。这是因为非线性光学过程依赖于某些材料的非线性响应，而这种响应在 X 射线区比在可见区要弱得多。这意味着，XFEL 提供的高 X 射线强度为研究 X 射线非线性光学提供了一个机会，最近的实验已经演示了内核电子的双光子原子电离和固体目标中 X 射线光子的非线性康普顿散射。但是,在后一种情况下,研究人员发现,他们无法用康普顿散射标准的、半经典描述来解释散射光子的最终光子能量。这一发现说明,人们对物质如何与强的 X 射线场,特别是与极端的光场相互作用知之甚少,并指出了未来研究的必要性。

5.5.2 使用拍瓦激光源触及 AMO 科学之外

最近关于超强超快激光科学机会的报告详细介绍了这一领域目前和未来的科学机会,因此编委会在此仅作简要概述。超强激光的应用范围很广,有可能影响天体物理学、核物理学、材料科学和医学应用等。例如,强磁场产生的含有相对论性粒子的高密度等离子体,以及它们与电磁场的相互作用,在天体物理学中对实验室尺度的异域天体物理学研究很有意义,如伽马射线暴、巨型行星和脉冲星风等。同样,在非常高的激光强度下产生的高能光子、质子、电子或中子等的二次源,对核物理学也很有意义,同时也为实验提供桌面而不是加速器大小的环境。这些次级源在成像和放射治疗的医学应用以及国家安全方面也显示出很大的前景。

5.5.3 极端光源的应用前景

短波长非线性光学的领域才刚刚开始。有了下一代 HHG 强 XUV 光源,以及当前和下一代 XFEL 强软硬 X 射线源,我们将更多地了解原子、分子和固体对强短波长辐射的非线性响应。物质与强红外激光的相互作用的半经典模型在指导超快和强场 AMO 科学的实验和概念进展方面具有巨大的影响。至于 X 射线区域的强场极限在哪,以及它将以何种方式影响新实验和概念的发展,这还是一个开放的问题。虽然单电子隧道电离不太可能占主导地位,但 X 射线区域中的强场响应可能涉及集体的、多电子响应,这就需要超越单活性电子物理学的思考。另一个"半经典"或二次散射模型的极端光环境是极端相对论电子。例如,由超强的下一代拍瓦激光器产生的电子以及它们的母离子。所谓的施温格(Schwinger)极限(高于 $10^{29}\,W/cm^2$)是指真空对电子 - 正电子对的产生变得不稳定,带电粒子的"经典"轨迹将被完全破坏,甚至被单光子发射破坏。与强场原子物理学相类似,当电子动能大大超过其静止质量时,相干二次散射将变得非常重要。正如第 2 章所讨论的那样,施温格极限在当今的激光器中是无法达到的,但在未来 10 年内可能会,一个潜在的可能性是通过聚焦的拍瓦激光束与极端相对论电子的散射。

5.6 发现与建议

在本章中,讨论了跨越阿秒到微秒时间尺度的动力学研究,以及如何在时域和频域中获取这些信息,同时讨论了目前和未来在制作时域分子电影方面的进展,包括阿秒、相干电子动力学、飞秒分子动力学等。现代超快光和电子源所提供的时域分辨率的提高,使得对光离子化的时间延迟、分子中的电荷迁移以及锥形交叉点附近的动力学的基本研究成为可能,这不仅是 AMO 物理学的基础,也是材料科学、化学和光生物学的基础。XFEL 提供的前所未有的强度终于使单个分子的时间分辨成像变得触手可及,并开辟了多光子和非线性 X 射线物理学的新领域,可以探索极端条件下的物质行为。另外,还讨论了频域灵敏度的提高,包括现代频梳光源提供的灵敏度,以及散射物理学的进步,如何使动态过程的研究得到补充。

发现:得益于从太赫兹到硬 X 射线区域超快光源的普及和可控性,这是超快科学的一个独特时代。这些资源的开发和应用推动了本章所述的许多进展。

发现:在分子和凝聚态系统中控制超快电子动力学具有显著的潜力,其影响远远超过 AMO 科学,包括在技术和工业层级上。同样,分子电影的持续发展将推动基础层面的进步,并通过改善对光驱动生物过程的理解带来社会效益。

发现:要在这些挑战上继续取得进展,需要结合多个首席研究员(PI)的专长以及中等规模的基础设施,不仅因为它们涉及具有许多不同要素的先进设施,还因为它们固有的多学科性质,涵盖 AMO、凝聚态物理、化学、激光技术和大规模计算等。类似于物理学前沿中心或多学科大学研究计划的资助机制是至关重要的,在这些机制中,来自实验和理论的多个首席研究员为一个共同的目标工作。

重点建议:美国联邦机构应投资于利用超快 X 射线光源设施的广泛科学领域,同时保持强大的单一主要研究者资助模式,这包括在中等规模的大学托管环境中建立开放的用户设施。

发现:通常在散射物理学中收集的数据被广泛使用,这些数据用于天体物理学、等离子体物理学和核医学等方面的应用和分析,而大学支持的散射物理学小组正在减少。

建议:国家实验室和美国国家航空航天局应该在他们的研究组合中确保散射物理和光谱专业知识的延续。

第6章
精密测量前沿与宇宙本源

6.1 引言

100年前,随着当时牛顿力学、电磁学、热力学等学科发展,科学可以很好地服务于技术的进步。物理学家深信可以解释自然界的基本运行规律,重大科学问题已经基本解决。与历史上任何阶段相比,20世纪物理学取得的成就令人惊叹。但是,一些现象也预示着需要探索新的物理机理,如原子光谱、光电效应、神秘的X射线等。一些现在非常著名的学者提出了"量子"这个概念,1919年甚至到1959年,没有人会想到量子力学将诞生于这个时代,会有如此多的科技成果依赖于对原子、激光及其相互作用的理解。在量子力学、广义相对论和粒子物理的标准模型(standard model,SM)取得巨大成功的过程中,需要重新审视并理解这个世界的本质及运行规则。目前,新物理学重大突破的迹象再次显现,就像1919年那样,科学家预示宇宙中可能存在更多的反物质,而SM预测的粒子只占其中的5%。我们非常希望再次站在新时代的前沿,解决疑问并有所发现。就像量子力学一样,当时的人们根本无法想象这些新的发现会带来什么样的技术变革。

我们现在完全生活在量子的世界中。前几章讨论过关于量子物质与光学操控方面的进展,一些技术已成为精密测量有力的革命性工具。值得关注的是,和100年前一样,目前针对原子与光相互作用的研究,在实验上可以探索最基本的自然规律,能使我们对宇宙的理解和认知更加深入。随着AMO相关科学和技术的进步,实现的桌面级实验室系统可以精确控制超冷原子,促进了时间和频率计量学的巨大进展,也牵引了原子磁性测量和干涉测量等技术的发展。这些前沿实验进展与原子分子的第一性原理结合,可实现新型AMO技术前所未有的测量灵敏度。在过去10年的时间内,物理量测量的准确度进步神速,以至于人们会自然而然地提出一个问题:我们所知道的物理学基本定律,在如此高的测试精度下是否还能够成立?在持续的技术进步下,结合AMO科学实验的多样性、创造性、快捷性等特点,为范式转换的发现提供了潜力和动力。

因此,AMO科学研究凭借其超高灵敏的测量能力,有可能改变我们对宇宙的认知,在某些领域可以与粒子加速器的能力指标相媲美,甚至于超越,如基于AMO技术的电子电偶极矩(eEDM)测量,已经可以将新粒子的测量范围延伸到现有对撞机无法达到的能量范围之外。此外,引力波的探测也得益于量子技术的发展,并且基于物质波的新型引力波探测器第一阶段实验系统刚刚获批建造。本章将要介绍现有AMO技术所能实现的精密测量工具,包括原子钟、原子干涉仪、原子磁强计等,利用这些工具可以对暗物质(DM)进行搜索,探测其他技术手段无法发现的DM候选物质,其中原子干涉技术为一些可能的暗物质假设提供最佳的测量手段和测量极限。

另外,许多用于基础物理探测的传感器在现实世界中也非常有用,包括原子钟、原子磁强计、原子重力仪和梯度仪,以及原子惯性传感器等,这些量子传感器对工业、医疗保健、军事以及科学研究至关重要。下面将重点介绍这些传感器,以及其在现实生活中和基础物理研究中的应用案例。需特别强调的是,这些传感器正是鉴于其固有的量子特性,才能够达到如此高的测量灵敏度,绝大多数传感器依赖于对量子相干叠加态的精确操控,因此精密测量及其传感器是量子技术革命的重点研究内容。

本章首先介绍AMO科学在探索宇宙本源基本问题方面的实验;然后介绍相关精密测量技术和理论进展,以及具体的实验细节;最后讨论未来的发展方向和机遇。如果读者希望进一步了解本主题所涉及的各具体实验,我们推荐一篇综述性文章——《寻找原子与分子的新物理》(Search for New Physics with Atoms and Molecules),该文章包含约1100篇引用文献,大部分是最新的工作成果。

6.2 现代基础物理学的危机

我们生活在一个基础物理学大发展的激动人心的时代。标准模型(图6.1)所预测的所有粒子都已被探测发现,标准模型描述了构成物质的基本粒子和基本作用力。2012年,欧洲核子研究中心的大型强子对撞机(LHC)发现了最后一个希格斯玻色子,从而在实验上证实了标准模型的完整性。

尽管如此,我们现在知道SM只描述了宇宙组成的一小部分:从2015年探测宇宙微波背景辐射的普朗克项目结果来看,宇宙包含69%的暗能量和26%的暗物质,只有5%是SM描述的普通物质。目前,暗物质仅能借助于引力相互作用进行探测,尽管暗物质存在的证据可追溯到20世纪30年代,但其具体组成仍然是个谜。天体物理学的大量研究结果已证实了暗物质的存在,但它并不能通过SM理论来解释。过去几十年的研究仍然未能确定暗物质的本质,目前已提出大量"候选"的理论假设,不过到现在为止,我们仅知道它不是什么,也就是说,它不是SM

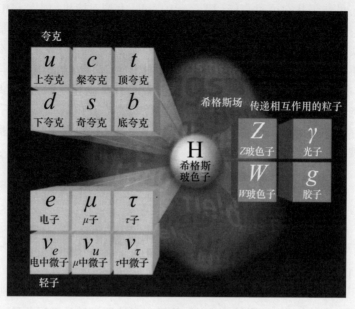

图 6.1 基本粒子的 SM

注：其中包括：夸克、轻子、强相互作用、弱相互作用、电磁相互作用，希格斯玻色子等。SM 在描述和预测核物理及粒子物理实验方面非常成功。然而，作为一个"完整的"理论，宇宙许多关键特征仍然无法被解释，说明 SM 仍然存在问题（资料来源：美国费米国家加速器实验室）。

的粒子。本章将要提到的所有 AMO 精密测量工具，如原子钟、原子干涉仪、原子磁强计等，皆已被用于探测暗物质，许多可能的暗物质可通过这些精密测量实验手段进行确认或辨识。

"暗能量"存在的证据来源于 I 型超新星的研究，实验观察发现宇宙在加速膨胀，这只能假设宇宙中包含一种未知的能量，在起着排斥作用，推动宇宙加速膨胀。存在暗物质和暗能量的观察证据，极大地激励着科学家去寻找基于 SM 之外的新粒子（或其相关场）。原子干涉技术是探测某些可能暗能量存在的有效手段。

从某种意义上讲，SM 与我们存在的宇宙并不一致，它无法解释观测到的物质与反物质不平衡问题，以及大爆炸后物质如何在与反物质的湮灭中幸存下来。本章将要介绍的原子分子电偶极矩精密测量实验，就是为了验证这种不对称性的各种理论模型。

另一个重要的基本问题是引力本源问题，图 6.1 所示的 SM 中并不包括引力。经过过去几十年的努力，所有试图将引力与其他基本相互作用统一起来的尝试都没有成功，也没有弄清楚为什么引力相比其他基本作用力会如此微弱。

SM 理论的缺陷已为世人所知。在过去的 10 年内，由于 AMO 物理精密测量手段的快速发展与改进，促使我们在前沿探索方面取得许多激动人心和非同寻常的物理发现。虽然仍然在通过高能（1TeV = 10^{12} eV）大型对撞机（如在 LHC 上进行的实验）直接搜寻新粒子，但在许多新物理的发现方面，却是基于 AMO 学科的低能量高精度实验系统中测量实现的。在超越标准模型（BSM）的理论中，不再需要遵守洛伦兹不变性、自由落体普遍性、局域位置不变性、基本常数恒定性等规则要求。因此，在本章描述的各种技术中，发现并搜寻对称性破缺将是研究 BSM 物理本质的第一要务。此外，AMO 精密测量也可以进行新物理理论的预判，电子电偶极矩 EDM 实验直接排除或限定约束了一些新的理论，而其他一些 AMO 实验也缩小了暗物质的搜寻范围。

6.3 精密测量技术

6.3.1 原子钟

第 2 章已简要介绍过原子钟，在这里，将重点关注原子钟的发展前景，这将对探索基础物理问题特别重要。目前，光晶格原子钟和单离子光钟的系统不确定度已优于 1×10^{-18}，如图 6.2 所示。光晶格钟的统计不确定度甚至达到 5×10^{-19}@1h 的水平。

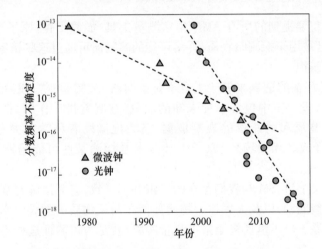

图 6.2 光钟与微波铯钟频率不确定度的发展历程
（数据源于：Rev. Mod. Phys. 90,025008（2018），图中增加了部分最新数据点）

原子钟对许多微弱物理信号极其敏感，如精细结构常数的变化可引起光钟跃迁频率的改变，变化量敏感于钟跃迁频率。微波钟（包括下面提到的一些新型原子钟）对涉及粒子质量比等常数变化也非常敏感，因此监测两个（不同）时钟的频率变化率可以探测一些基本常数的变化情况。轻暗物质可能会引起基本常数的振荡或瞬态变化,也可以从时钟的频率变化中进行感知探测,从而从时钟比对实验中提取相应微弱信号。在过去的10年,原子钟的技术进步使得精细结构常数的测量以及质子－电子质量比的不变性测量精度一再提升。洛伦兹不变性的测试结果提升了数个量级,拓展了原子钟在暗物质探测方面的新应用,本章后面将继续描述此类"搜索超越标准模型的新物理"方面的内容。

考虑到地球上 1mm 高度变化所导致的引力红移大约为 1×10^{-19},如果能将原子钟的精度提升到 1×10^{-21} 水平,当两台钟相隔 $10\mu m$ 时,是可以探测到引力红移变化的,这对相对论大地测量学和时空弯曲下的量子力学测试意义非凡。

要达到这一令人兴奋的结果,必须在超稳激光和多原子量子态精确操控方面取得进展。下一代先进精密量子计量学方面出现了令人期待的新机会,如利用原子间的相互作用,构建和操纵粒子间的关联与纠缠性,可以用于精确测量时间、频率和空间等。

此类研究工作正在进行之中,目前已发展出一种三维锶(Sr)原子光晶格,形成 Mott 绝缘态,通过抑制原子间的接触相互作用,可使探测时间延长到 10s 以上。虽然原子囚禁在三维晶格中,但长程偶极相互作用仍会降低时钟的精度,并产生明显的系统效应。理解并控制偶极相互作用的实部与虚部对下一代时钟研制至关重要。目前,发明的一些新技术,如使用可调光晶格、光镊阵列等,以空间有序而稳定的方式装配这些原子,可使相干时间超过 100s,已延长至锶原子激发态寿命的上限。

除了对现有时钟技术进一步提升,国际上还提出并正在研发几类新型的原子钟,这些时钟可以更加灵敏地研究基础物理问题(灵敏度可提升 100~10000 倍以上),有望进一步开展基本常数变化、局域位置不变性、暗物质探测等方面的研究,此部分内容也将在本章中介绍。

与当前已有原子钟技术相比,高电荷态的离子(HCI)可提供极窄的光学跃迁频率,且对某些外部噪声扰动不敏感。由于相对论增强效应,它们可更加灵敏地测量精细结构常数的变化情况。研制高精度原子钟需要对原子系综进行冷却、捕获、精确操控,由于缺乏必需的快速循环光跃迁,目前用于光学原子钟的激光直接冷却中性原子和单离子技术,不再适用于 HCI 原子钟。2015 年,HCI 相关研究取得突破性进展,通过在低温 Paul 阱中使用激光冷却 Be^+ 库仑晶体,实现了 Ar^{13+} 的协同冷却,实现了 100mK 以下的低温。2018 年,德国 PTB 展示了 Ar^{13+} 的量子逻辑光谱,其中 Be^+ 离子与光谱离子一起被捕获,实现了光谱离子内部状态的协同冷却、控制与读取。这一进展为 HCI 时钟的快速发展开辟了新的途径。

与原子中电子的跃迁频率相比,核跃迁的频率通常比目前激光频率高好几个量级,但钍－229 同位素激发态(异构体)与相应核基态之间的长寿命核跃迁是唯一的例外,该跃迁波长约为 150(3)nm。可根据这一核跃迁,设计一种新型的时钟,其优势在于可抑制场诱导的频移,原子核只存在相对较小的核矩相互作用,而原子核本身通过电子云与环境高度隔离。2016年,钍-229原子核存在的异构体被欧洲合作团队在实验中证实。对异构体超精细结构常数的激光光谱分析,迈出了这个元素核性能研究的第一步。最近的一些里程碑实验是精确测量原子核的跃迁频率,为未来实现真正的核原子钟奠定基础。目前,国际上有两种核原子钟实现方案:一种是基于离子囚禁;另一种是基于全固态系统。在全固态系统中,钍原子被掺杂在真空紫外辐照透明的晶体中。有人认为,与目前运行的所有原子钟相比,核原子钟对精细结构常数和夸克质量变化的测量更加敏感(灵敏度可提升5个量级以上)。

目前,HCI时钟和核原子钟正处于前期研究阶段,美国也正在积极布局,努力抓住这些新型时钟的发展机遇期。

6.3.2 基于关联态的量子计量

许多精密传感器的性能主要受限于各类量子噪声,如原子钟频率稳定度主要受限于量子的投影噪声,与受激原子总数目密切相关,但这种情况下每个原子的行为在统计学上与其他原子互不相关,传感器的输出信号由这些独立的、不相关的粒子集合的叠加统计信息给出。然而,经过几十年的技术积累和量子力学理论探索,发现如果传感器能使用适当的量子关联态,就可获得更加优越的性能指标。当粒子不再表现为统计上独立的个体,而是使粒子的量子态(如组成原子钟的两个原子状态)在整个原子系综中变得统计关联和相互纠缠。例如,在第2章已介绍或在本章后面将讨论的内容,对于光子来说,量子关联会实现光的压缩态。粒子的关联性可以改善传感器的噪声水平,虽然不会从根本上改变传感器功能指标,但从物理上讲可允许的改进程度还是巨大的。对于使用在适当关联态下制备的N粒子的传感器来说,测量精度可以优于正常的$N^{1/2}$标度率。例如,在理论上,对于一个拥有100万个原子参与的原子钟来说,其性能指标可以比标准量子极限提高1000倍以上。

通过这种方式,任何一种精密测量量子传感器的性能指标在原则上都可以得到改善。例如,适用于飞机导航的原子干涉陀螺仪,通过此方法可以达到比目前战略级潜艇导航所用的陀螺仪更好的性能指标。在天体物理领域,引力波探测器的噪声水平同样可以得到改善。

量子精密测量一直在追求最优性能指标的路上前行,是一项极具挑战性的工作,希望能达到所谓的海森堡极限。在过去十多年间,随着原子系综量子态操控技术的发展,一些开创性实验已经证实了量子关联态方法的可行性和有效性。由于量子传感的关联态的构建方法与量子信息处理所需的方法密切相关,因此预期在未来10年内,将可能会取得一些实质性突破。随着未来对量子精密测量领域基础性和应用型研究资金的持续投入,原子磁强计、原子钟、原子加速度计、原子陀螺仪、原子重力仪、引力波探测器等不同种类传感器的性能指标皆可显著提升。

6.3.3 原子干涉惯性传感器

原子干涉仪是利用量子力学的物质波特性,实现类似于光学干涉仪的传感器。近年来,通过对冷原子速度的精确操控,控制干涉原子的波长(通过德布罗意关系),极大地推动了本领域的发展。原子的德布罗意波干涉仪在20世纪90年代初首次实现,在随后的几十年间,这类传感器的响应范围和灵敏度皆有显著提升。目前,已实现的原子干涉仪,通过复杂的原子/激光相互作用操纵原子质心波函数,可实现0.5m的原子波包持续分离2s时间。大量实验结果表明,我们现在可以以非常高的水平来操控原子系综,实现宏观尺度上量子现象的操控。此类实验室型原子干涉仪,正在用于测量引力物理、验证量子力学、探索超越标准模型物理等,拓展人类对世界本源的理解。另外,随着光电子技术的进步成熟,早期研制的实验室型惯性传感系统,已成熟为一类用于重力、重力梯度和旋度的外场测试传感器,此类量子传感器的性能已表现出可以与现有最先进的其他类传感器相媲美的程度。相应量子传感器最近已通过间接观测光子散射引起的原子波包动量反冲量,用于精确测量和计算原子精细结构常数。与现有先进的传感器相比,原子干涉惯性传感器表现出明显的性能优势,由于原子与假设的非惯性力完全隔离,并且使用精密激光操控原子波函数,使得这类新型高精度传感器的应用和指标提升成为可能。商用原子干涉重力仪已达到$10^{-9}g$的准确度,并且原子干涉陀螺仪具有优异的零偏稳定性和标度因数稳定性等优势。通过精密设计高流量原子源以及相关技术的成熟,在探测时间内检测到的原子数量会越来越多,与原子相关的散粒噪声可持续改善。在实践中,此类干涉传感器的噪声水平可达到并优于其他技术类型的传感器。原子干涉传感器优越的综合噪声水平和准确度指标,使其非常适合应用于精密惯性导航系统中。在未来10年内,预期原子干涉传感器的性能、集成度和尺寸将会进一步优化,如原子重力梯度仪很可能实现$0.01E/Hz^{1/2}$的噪声水平(1E=$10^{-9}s^{-2}$,作为参考,在地球表面所测到的由于地球重力产生的梯度约为3000E),此类传感器在地下结构探测中具有重要意义,关乎国家安全。同时,在商业上可应用于石油与矿产勘探领域,通过重力特征来识别地下构造或矿床分布。另外,随着原子光学系统的改进和量子计量技术的发展,传感器在实验室(相对于现场)的性能指标有望继续提升。最后提一下,空间平台更适合原子干涉传感器的应用和研究,这类传感器在天上具有更长的自由下落相干时间。天基冷原子平台(NASA冷原子实验室)的最新进展证实了未来空间任务的可行性。天基惯性传感器可用于大地重力测绘、引力波探测、基础重力物理实验研究(如等效性原理测试)等。

6.3.4 引力波探测

引力波(GW)由爱因斯坦1916年提出理论预测,并成为广义相对论(GR)理论的重要组成部分。GR 提出一种全新理解引力的方法,引力并不仅作为大质量物体之间的一种力,还是可理解为时空的几何形变。在 GR 中,大质量物体会导致周围空间发生弯曲,附近时钟变慢。当大质量物体加速时,时空涟漪就会产生,而引力波可携带有关宇宙起源的有用信息穿越大尺度的时空来到地球。

引力波非常微弱,只有致密的星体以相对论速度运动时才有可能辐射一定强度的引力波。另外,宇宙中一些特别猛烈的碰撞,如附近宇宙中黑洞和中子星的合并等,也可能在地球上引起特别轻微的时空波动。当这些涟漪通过一个时空区域时,它们会改变一定程度的时空距离 $\Delta L = hL$,其中 h 是引力波的振幅。以中子星为例,它是目前宇宙中已知密度最大的星体之一,中子星碰撞或融合所产生的引力波,将改变地球时空长度 $\Delta L = 10^{-21} \times 1000 \text{m} = 10^{-18} \text{m}$,大致相当于质子大小的 1/1000。所以,在爱因斯坦预测引力波之后的几十年时间,其探测前景非常黯淡,希望也非常渺茫。

直到 20 世纪 60 年代,随着激光器的发明和技术进步,以及中子星和黑洞的发现,从天体物理学领域来真正探测此类微弱的引力波信号,才开始变得触手可及(详见方框 6.1 中的内容)。当引力波经过地球时,可以精确探测自由漂浮体或"被测质量块"之间的时空距离,间接反映引力波的存在。在实验时,必须充分保护"被测质量块"免受所有其他外力的影响,其运动只能由引力波引起。另外,若使用精密光谱技术探测"被测质量块"的位移,则"被测质量块"还必须兼具反射镜功能。

方框 6.1 用于引力波探测的激光干涉技术

超稳激光与被测质量块镜子相结合,科学家在实验上产生了一个大胆的构想,这就是简称 LIGO 的激光干涉仪引力波天文台,该实验系统试图利用精密光学干涉方法直接探测引力波(GW)。美国国家科学基金(NSF)连续 40 多年对 LIGO 项目进行资助,终于在 2015 年,两个激光干涉仪在距离为 4km 的镜子之间,探测到 10^{-18} 米级的位移变化量。为了达到如此高的测量精度,LIGO 使用了大量量子光学相关的精密测量技术,这些技术是 AMO 科学史上第一次如此广泛而多样性地集中展示。

通过引力波探测,寻找新的未知星体,可对人类已经看到的宇宙进行更深入的研究。推动新一代激光干涉引力波探测器的设计和研发,可研究宇宙中双黑洞的合并现象等。目前,所谓的第三代系统设计,正在积极推动精密测量更前沿技术发展,包括激光器和光学技术、振动控制技术、工程新光学材料、量子传感技术等。精密测量新技术的不断发展,是 AMO 学科与引力波探测领域相互促进的结果。

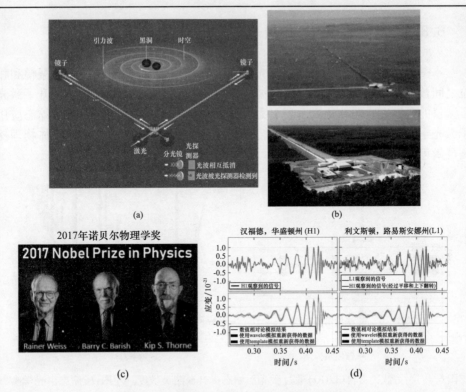

图 6.3　（见彩图）历史上首次探测到引力波

注：（从左上角顺时针方向）：通过检测激光干涉仪两臂中的光束干涉信号进行引力波探测；位于美国华盛顿和路易斯安那州的 LIGO 天文台鸟瞰图；LIGO 探测器在 2015 年 9 月 14 得到的第一个黑洞碰撞引力波信号；2017 年诺贝尔物理学奖授予 Rainer Weiss、Kip Thorne 和 Barry Barish，以表彰他们"对 LIGO 探测器和引力波观测所做出的决定性贡献"。LIGO 的成功可直接归功于 NSF 几十年的长期持续经费资助（资料来源（左上角顺时针方向）：© Johan Jarnestad/瑞典皇家科学院；加州理工学院/麻省理工学院/LIGO 实验室；诺贝尔奖媒体报道；Nergis Mavalvala/LIGO）。

自 2015 年首次探测到引力波以来（图 6.3），美国 LIGO 及其欧洲同行 Virgo，继续在 2019 年夏季发布了 10 个双黑洞合并和一个中子星合并的引力波探测与互确认结果。黑洞碰撞时没有光或仅有很少的光逃出，中子星碰撞时会产生千兆瓦级的辐射光线，伴随着壮观的宇宙灯光表演秀，中子星的合并会聚变产生更重的元素。LIGO 和 Virgo 对中子星合并的引力波测量，引发了全世界天文望远镜的大规模观测热潮，中子星合并时所发出的光会覆盖很宽的波长范围，从射频到红外到光学甚至 X 射线和伽马射线，可被各类光学仪器观察研究。同时，引力波探测宇宙的另一大引人之处在于，引力波是由不发光的物体发射的，与传统的望远镜探测手段完全不同。另外，即使中子星合并过程能发出丰富的光学信息，引力波探测器也能提供大量的补充信息，提供更全面的认识。探测的先期成就，已经在改变人类对宇宙一些特别剧烈事件的理解深度。

6.3.5 引力波探测中的量子工程学

本书编委会已在第 2 章介绍了光的压缩态相关知识,即噪声在光的振幅和相位之间被重新分配。压缩态在引力波探测中得到确实的应用,且明显提升了激光干涉仪的灵敏度。图 6.4 展示了引力波天文台(LIGO)的测试结果,将压缩态应用于激光干涉仪,其噪声水平明显改善,应变敏感性提高约 30%,相应的天体物理探测灵敏度增加 2 倍。

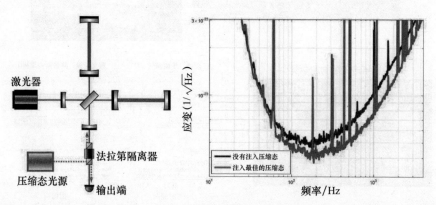

图 6.4 引力波天文台(LIGO)通过激光压缩态提升探测灵敏度。左图:压缩态由光学参量振荡器产生,在此振荡器中,非线性光学产生光子间的关联特性,压缩态被注入 LIGO 干涉仪的输出(反对称)端,沿干涉仪传播,并与通过对称端入射的携带了引力波信号的激光,一起离开反对称端。光电探测器检测到低于散粒噪声(无压缩态)极限的噪声(如右图)。右图:路易斯安那州 Livingston 的 LIGO 探测器的极限噪声谱,黑色曲线是没有注入压缩态时的性能,灰色曲线是压缩态性能。在最佳的探测频率下,压缩态的应用可提升噪声水平约 30%,可使 LIGO 的探测灵敏度提高 2 倍以上。资料来源:Maggie Tse/LIGO。

6.3.6 空间引力波天文台

电磁频谱的波长覆盖从千米(无线电波)到皮米(伽马射线)量级范围,引力波的频谱也类似,波长范围可跨越 20 多个量级。不同的辐射源以不同的波长辐射引力波,波长取决于辐射背后的天体物理过程。像 LIGO 这样的地面探测器,只对频率为 10Hz～10kHz 的引力波敏感,通常由质量只有太阳几倍的致密型星体辐射产生。而更重且更大的星体,如星系中心的超大质量黑洞,会以更低的频率辐射引力波,频率范围为 10～100mHz。由于地面上的探测器振动较大,无法探测到频率较低的引力波。为了探测和研究低频下丰富的引力波源信号,科学家提出并推动了空间引力波探测器的工程设想。目前,由欧洲航天局主导,美国国家航空航天局

(NASA)参与,先进的激光干涉空间天线(LISA)工程项目正在设计推进之中。

LISA 由 3 颗卫星组成,卫星间相距约 100 万千米,以三角编队飞行,激光从一颗卫星发射到另一颗卫星接收,星载原子钟精确地测量激光传播的时间,精确推断卫星间距离,该距离会受到引力波的扰动。与 LIGO 一样,LISA 使用了大量 AMO 手段,涉及超稳激光器、原子钟、量子光学噪声抑制及测量等。LISA 任务已被谋划和推进了 30 年,前期已执行过一次 LISA 探路者任务,效果不错非常成功,验证了在轨航天器的精确飞行控制能力,可以满足加速过程中严格而精确的探测要求。LISA 任务计划于 2034 年完成发射。

6.3.7 未来探测引力波的物质波干涉法

基于过去数十年来人才和资金的持续投入,目前激光干涉法已成为较成熟的引力波探测技术。但是,激光干涉法并不是唯一的引力波探测手段,随着原子物理和光物理技术的不断进步,出现了一些新颖的引力波探测手段,可去冲击更高的测量精度。这些新颖手段中就包括原子干涉法,相关技术在 6.3.6 节的惯性传感器中已涉及,利用原子的德布罗意物质波干涉法可实现更精确的引力波测量。原子干涉测量法和超稳激光器的结合,可使基于原子的传感器性能指标大幅提升,可能在未来几十年为引力波探测提供一种全新的方案。

在原子干涉方法中,激光先后经过两个分离的冷原子系综,通过精确测定引力波引起的相移量,确定引力波辐射源的具体位置信息。在激光与原子系综相互作用的过程中,产生的动量反冲引起原子波包相互干涉。从功能上讲,原子系综作为精密时钟,测量原子系综之间光的飞行时间。对于天基原子干涉引力波探测器,当光晶格钟结合传统的无阻隔振技术(已应用在 LISA 探路者系统),可实现极高的应变灵敏度。

对于地球上的测试系统(图 6.5),原子干涉法对地球局部震动、噪声具有一定的免疫力,因此可在 0.3~10Hz 频带内进行引力波探测。目前,美国费米实验室正在建造一个 100m 深的实验探测系统(MAGIS),开展该方法的评估和有效性研究,该测试系统还为超轻暗物质 DM 探测提供了一种全新的手段。目前,法国(MIGA)和中国(ZAIGA)也在开发建设相关实验系统。

在 0.03~10Hz 频段内,引力波频谱蕴含着丰富的科学研究价值。在低频端,可观测白矮星双星合并;在稍高的频率范围(1Hz),则可能是搜索研究宇宙起源的一个非常有价值的区域。此外,黑洞或中子星双星的螺旋、合并和衰荡阶段,也可能在此频段内被观测。LISA 在数十毫赫频率下进行的观测,以及未来在更高频率下运行的中频探测器,可以预测 LIGO 中数十赫兹的合并事件的时间和位置,从而允许窄场高灵敏度光学、X 射线、伽马射线和其他望远镜在实际双星合并期间的单点观测。由于辐射源通常在该中间频段内辐射较长时间,因此即使仅通过单个基线探测器,它们也可以在宇宙中被定位。因为探测器在观察单个辐射源的时间内会显著改变方向和位置,这可能需要一个更强大的宇宙探测器。

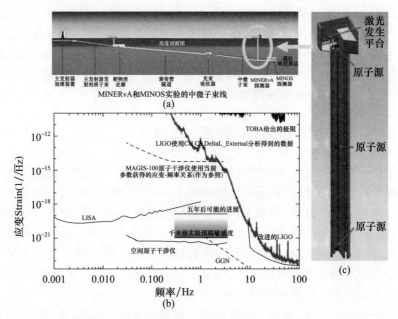

图6.5 美国费米实验室目前正在建造的MAGIS-100原子干涉仪

注:(a)、(c)目前正在费米实验室建造的MAGIS-100原子干涉仪。(b)探测器的应变灵敏度与引力波频率的关系。上、下原子源相距100m。这个装置作为可能的天基和更长基线的地基探测器(MAGIS-km)的原型。图中GGN表示基于发表的噪声模型计算的地球重力梯度噪声的预期水平。(资料来源:斯坦福大学Jason Hogan提供)

总之,基于LIGO/Virgo及其改进后的各种实验系统,如LISA以及未来基于原子干涉法的引力波探测器等,有可能覆盖大部分的引力波频谱范围。因此,我们应该能够绘制出更多的天体物理源,包括超大质量黑洞、白矮星双星、中子星、恒星质量级黑洞、超新星爆发以及尚未知的宇宙合并现象等。随着引力波探测器灵敏度提升,科学家可了解更多的神秘辐射来源,增加对我们所处宇宙是如何形成的、恒星是如何生存和死亡的、中子星和黑洞的结构是什么、星系是如何形成的等基本问题的理解。

除应用于以上天体物理学研究之外,引力波探测系统还可以让我们更多地了解引力自身的基本性质,如引力波的速度和色散、引力子的质量和自旋、引力波是否会永久性地改变它们所经过的区域时空等。引力波探测系统实现的极高灵敏度,也使引力波探测器成为研究量子精密测量中量子测量极限的独特实验平台。总而言之,引力波探测器使用了一系列AMO先进技术,推动精确测量领域的量子极限探测水平,观察暗物质和扭曲的宇宙,同时研究重力和量子力学的本质。

AMO科学与引力波天文观测之间的另一个关联领域,是在实验上可进行光谱信号源的表征。据理论预测,中子星合并的产物是元素周期表中的重元素(原子序数 $Z \geqslant 44$,如金、铂、锕系和镧系元素等),该过程通过快速中子俘获合成原子核。引力波探测器首次观测到第一颗中子星合并之后的数小时内,望远镜的光学和红外光谱测量似乎也证实了这一点。为了充分理解该观测结果,需要高分辨率的光谱信息,在地球上最好的方式是通过实验室光谱测量与AMO理论相结合来验证。为了最大限度地理解我们在天文上的新发现,给出合理的科学理解,需要在AMO理论和实验方法等方面进一步取得突破。

6.3.8 磁场精密测量

磁场测量有着悠久的历史。磁性测量是量子精密测量的重要组成部分,目前仍属于"精密测量的前沿"领域,不仅影响着各种应用行业,其研究还对加深物理学自身基本问题的理解具有重要意义。磁场精密测量可应用于地磁绘制、地质勘探、行星与星际间磁场分布测试等;可应用于生物磁场测量,参与生命科学和医学研究。目前,主要集中于测试人体的心脏和大脑磁场,属于非侵入式测量,探测生物电所引起的磁场随时间和空间的变化规律。同时,还可直接应用于核磁共振(NMR)或磁共振成像(MRI)信号的检测,应用于"远程"NMR等新型系统(如样品和磁强计间可以在空间上适当分离)。脑部磁场测量(脑磁图)广泛用于脑功能方面的研究,如脑部响应区域定位等。另外,磁强计的其他应用还包括探测各类人造物体,包括:从海滩上寻找硬币这样相对平凡的事,到定位敌方坦克或潜艇这样影响国家安全方面的应用等。特别需要强调一下,在本章重点关注的内容中,磁场的测量灵敏度对基本物理对称性问题研究起到至关重要的作用,如磁强计的测量灵敏度直接决定了电子或其他粒子的EDM、洛伦兹不变性破缺,以及可能轴子自旋相关作用力等测量的灵敏度极限。不同的测量指标针对不同的应用需求。一些应用方向关注磁场测量敏感度,即多小的一个磁场或磁场变化量可以被探测到;另外一些应用方向则关注空间分辨力,会为了空间分辨而牺牲掉部分灵敏度。当在宏观上要求观察到硬币或潜艇时,高灵敏度至关重要,这样就不会错过任何东西;但是,对于生物系统或材料探伤等微观领域,神经元或材料缺陷探测则要求足够小体积的传感器探头。图6.6所示为目前各类量子传感器的磁场测量灵敏度与空间分辨力的关系。尽管人们仍然希望获得尽可能高的灵敏度,但是在微观领域,则只能寻求平衡,牺牲掉几个量级的磁场灵敏度。另外,可以在磁屏蔽环境中进行微观测量,而不必像探潜那样必须在地球噪声环境中进行。

几十年来,超导量子干涉仪(SQUID)磁强计一直作为磁场测量的高灵敏标准:一是因为它们可以达到接近飞特斯拉的灵敏度指标($1fT = 10^{-15}T$);二是也可以实现极高的空间分辨力,但磁头必须冷却到非常低的温度使用,冷却设备通常成本高、体积大且系统复杂。本书讨论的多数原子磁强计并不需要这样的冷却设备。另一个权衡是灵敏度和屏蔽要求,SQUID 磁强计必须进行磁屏蔽或主动磁补偿,降低各类磁噪声,以便以高的灵敏测量叠加在大背景磁场上的微弱磁变化。

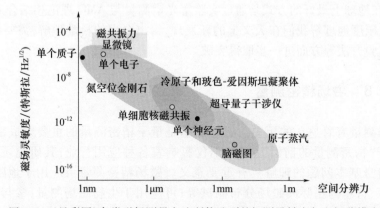

图 6.6 （见彩图）各类磁场测量方法所能达到的探测灵敏度与空间分辨力

注:图中各点分别显示了检测单个质子、单个电子、NMR 生物细胞、神经元,以及脑磁图(MEG)所需的磁场灵敏度和大体空间分辨力。众所周知,超导量子干涉仪(SQUID)是一直以来最灵敏的磁场测量手段,至今仍在大量使用。然而,基于 AMO 方法的磁力仪目前已在灵敏度和分辨力方面超越了 SQUID。当然,磁场传感器在实际应用中还暗含了与环境相关的各种要求,如需不需要冷却、杂散磁场怎么屏蔽、是否近零场运行等。图中 MRFM 为磁共振力显微镜,是原子力显微镜的一种(资料改编自:哈佛大学 Ron Walsworth)。

　　基于 SQUID 或 AMO 技术实现的原子磁强计,具有高的测量灵敏度或高的空间分辨力。但由于 SQUID 在低温设备上的高成本和系统复杂性,当基于 AMO 方法实现的原子磁强计具有相当灵敏度时,其应用面会越来越广。图 6.6 比较了各类磁强计的灵敏度与空间分辨力。

　　基于 AMO 技术实现的各类磁强计中,最重要的一种是基于热原子的光泵磁强计(OPM),它基于电子顺磁共振(EPR)或原子核磁共振(NMR)原理,热原子被封装在玻璃气室中,激光穿过气室对气态原子进行泵浦,使原子处于自旋极化状态,一般使用铷原子或铯原子,这样泵浦光的频率可以很好地与半导体激光器波长相匹配,半导体激光器自身的小体积可以减小原子磁力仪的整体体积。(当然,也有基于氦-4 原子的磁强计,由于其结构相对简单可靠,在太空中被广泛使用)。进而测量电子的拉莫尔进动频率,该频率与磁场成正比,从而实现磁场的高灵敏测量,这种磁强计可以实现 fT 级的磁场灵敏度。原子自旋的进动频率通过垂直于进动轴的线性光来探测,也可以通过非线性磁光旋转探测。影响磁场测量灵敏度的因素主要包括:原子与气室泡壁碰撞,以及原子间自旋交换碰撞等。两者都可以通过一定手段进行抑制(例如,在玻璃泡壁上涂覆石蜡等涂层、降低原子密度、增加缓冲气体减少原子间碰撞等),虽然这些方法可适当增加相干时间(有效延长探测时间),但并不能完全解决问题。例如,降低原子密度会降低原子磁强计的灵敏度;涂覆虽然有效,但目前仍属于一项"不可控工艺",人们对其了解不多(因此通常重复性不强),即使效果不错,也可能因为小面积杂质而影响整体效果。

在一种新型的热原子气室磁强计中,当自旋交换碰撞引起的退相干被抑制时,即通过在无自旋交换弛豫(SERF)区域工作,也可以实现非常高的灵敏度。然而,在这种情况下,需要原子磁强计在接近于零磁场的极低磁场环境中工作。SERF和其他零场 OPM 磁强计只能在背景磁场几乎为零、且背景磁噪声非常低的磁屏蔽环境中使用。解决环境磁噪声问题的一个通用方法是使用磁场梯度计,可以在两个近邻的位置同时测量磁场,消掉共模噪声。目前,在采取了一切可采取的措施之后,SERF 和 OPM 磁强计的灵敏度可优于 $1fT/Hz^{1/2}$。

微观磁学测量方法与气室型 OPM 磁强计原理不同,为了得到更高的空间分辨力,需要牺牲掉部分灵敏度为代价(图 6.6)。结合原子力显微镜(AFM),目前微观磁力显微镜(MFM)已能够测量单个电子的磁矩。微观磁测量的一个方法是使用氮空位(NV)的金刚石色心,如第 2 章所述,其空间分辨力会大大超越 OPM,甚至超过 SQUID,并且不需要 SQUID 必须的低温系统,金刚石 NV 色心可以在室温中正常工作。NV 色心掺杂在金刚石基体内,也可以附着在 AFM 针尖,利用光学方法测量 NV 基态自旋能级在磁场作用下的塞曼频移,来得到精确的磁场值。相比于原子气室,金刚石 NV 色心有一个明显的缺点,即 NV 在金刚石内不是全同的(如 NV 可能处在不同的晶格位置或化学环境中),因此多个 NV 信号的谱线会叠加展宽,影响了最终的测量灵敏度。当然,可以使用单个或少量的 NV,但是信号强度较低。金刚石 NV 色心目前已取得了许多令人兴奋的发现和应用,包括:亚微米分辨的活体细胞与整个动物的生物磁性非侵入式传感和成像;以微米分辨率绘制原始陨石和早期地球岩石中的磁性物质图像,为理解太阳系和地球的地磁现象提供了手段;应用于各种先进材料中纳米级磁场的成像,使智能材料的开发成为可能。

在某些中间区域,兼顾灵敏度和空间分辨力,还存在一种冷原子磁性测量方法,甚至可利用玻色-爱因斯坦凝聚体(bose-einstein condensate,BEC)这样的超冷原子。这些冷原子被制备、俘获,并利用光学方法放置于被测目标附近。冷原子磁强计的空间分辨率略高于 SQUID,但达不到金刚石 NV 或 AFM 的水平。冷原子自旋相干时间较长,有利于提高信号增益,但由于 BEC 原子数量远低于气室内的原子数,因此其灵敏度仍无法达到热原子气室型磁强计水平。冷原子磁强计一般采用密度调制方法进行检测,测量空间密度的变化来反馈局域磁场,还可采用自旋 BEC,根据不同自旋状态的相对数量和它们之间的拉莫尔进动进行检测。基于 BEC 磁强计的最新实现版本是利用扫描量子低温原子显微镜(SQCAM),这是一种接近量子噪声极限的扫描探针磁强计,具有较高的磁场灵敏度和微米级的空间分辨力。

人们也可以使用冷原子进行磁场梯度的测量,这一般有两种方式:第一种使用 Raman 方式(测量频率差),两团原子同时探测两个空间区域的磁场值,可得到梯度;第二种使用原子干涉法,利用两个不同磁超精细能级的叠加态,它们在磁场中的演化不同,当两团原子重新相遇时,可得到梯度相关的干涉条纹。基于冷原子磁强计得到的灵敏度通常在 $pT/Hz^{1/2}$ 量级。

总之,在使用磁强计时,需要考虑诸多因素,包括是否需要高的空间分辨力或高磁场灵敏度、设备复杂性(包括低温系统)、是否可以在零场状态下工作等。正如本节开头所述,磁强计有多重应用,从国防到地质学、行星科学、天体物理学,再到生命科学和医学,以及物理学基础问题研究等。基于 AMO 技术实现的原子磁强计,是量子精密测量的基本工具,广泛应用于基础物理研究,同时作为传感器应用于基础和应用科学的其他领域,以及工业和军事领域用途。下面将会在搜寻 BSM 物理的背景下讨论其中一些问题,第 7 章将继续讨论对其他领域的影响。

6.4 理论研究的意义与近期理论进展

理论指导实验,解释实验,是 AMO 领域的一个重要特征。当然,对精密测量和基础物理研究来讲,理论尤为重要。从方案阶段到最终实验分析,理论在研究中起着许多关键性作用。

(1)理论可提供新思路:使用精密 AMO 工具除了探测原子和分子,未来还可以研究哪些基本物理问题?

(2)理论可设计新方法:通过指导高灵敏实验系统研究一些新的物理效应。

(3)理论可计算原子性能:协助设计实验方案,满足实验系统的不确定度评估需要。

(4)通过进行必要的计算,根据新的物理效应解释实验现象,或者对可能的新物理效应设定探测极限。

(5)理论可提出新的精密测量方案,如开发对基础物理特别灵敏的新时钟等。

在过去几年里,由于新方法的发展和计算资源的显著增加,针对原子与分子结构的理论计算准确性有明显提升,如最近开发的包含单激发态、双激发态和三重激发态的原子耦合团簇的计算程序,极大地提升了重原子(如 Cs)的计算准确性,该原子的跃迁矩阵元和超精细常数的计算准确度达到了 0.15% ~ 0.35%。在 6.5.7 节中将提到,在分析 Cs 原子的对称破缺物理实验时,确实需要如此高的精度。其他高级程序也可对碱土原子和类似系统的诸多性质进行准确预测。理论还可用于评估光学原子钟中的黑体辐射频移及其他的系统不确定性;用于高电荷态的离子钟设计;用于新物理探测实验分析;用于简并量子气的研究,设计新的不敏感态冷却及俘获方案;用于理解光镊控制碱性原子的原子光频移模型,应用在光晶格的量子模拟,以及其他诸多方面。

此外,一些提高准确度的第一性原理相对论计算方法,可以在没有实验数据的情况下用理论的方法来预测和评估系统不确定度。这些方法的发展可能在更高维度上研究电子关联特性,使得人们不仅可以在碱金属和碱土金属中进行精确的理论预测,而且可应用在更复杂的系统中。反过来,新的实验数据也在检验理论的正确性。

目前,正在发展的新计算方法和正在设计开发的新代码,将允许在非常大规模的计算设施上进行高效并行计算,目的是准确预测更为复杂系统中的原子性质。分子理论的进步使人们能够在 ThO 和 HfF$^+$ 中以超过 10% 的精度计算有效电场,这是在极限探测 eEDM 实验中所必须要剔除的影响因素。

新的原子结构数据包(CI + MBPT 和 AMBiT)最近已发布并供公众使用。在计算原子和分子物理学中,开发灵活性和稳健性兼备的软件,是 2018 年国家科学基金会(NSF)资助的原子、分子和光物理理论研究的专题之一,基金会确定了 AMO 科学中的突出问题,并对其进行了优先排序,共同努力开发新的软件工具和算法,使学术界受益,从而用最佳的方法更快地解决问题。

值得注意的是,高能和粒子理论与 AMO 精密测量之间的研究合作,最近变得越来越活跃重要。考虑到未来的发展潜力,我们应该鼓励和加强这种合作关系,联合资助相关研究。

6.5 寻找超越标准模型的新物理学

6.5.1 搜寻永久电偶极矩

与大型粒子对撞机相比,桌面级 AMO 实验系统在搜寻新作用力和新粒子方面,具有相当的、可比拟的灵敏度。在这里,委员会关注到一个非常重要的研究热点,即沿着任何粒子的量子化自旋轴方向搜寻永久 EDM,一个电子的 EDM(eEDM)可能由于电子电荷分布的微小形变而引起,偏离了完美的球形分布。本章中 AMO 实验将探测电子和核的这种电偶极矩(EDM)效应。

一个电子(以及所有其他基本粒子)具有 EDM。电子云概念的引入会使观察者更加了解电子的性质,理解电荷分布的形状。量子不确定性原理指出粒子的质量越大,EDM 对云的影响就越小。超对称理论或其他理论预测宇宙中存在新的太电子伏(TeV)能量范围内粒子的可能性,可在目前实验精度内观察 EDM。

EDM 本质上与离散对称性的破缺有关,当时间反演(T)对称性被破坏时,也就是说,如果时间逆流,事件发生变化,就会出现 EDM。更形象的描述为:如果一个粒子(如一个电子)具有 EDM,它的取向将与粒子的自旋平行或反平行。假设像电影倒放一样,粒子如果倒转的话,就会与原粒子完全不同,因为此时电荷分布保持不变,而自旋方向发生反转,意味着时间反演(T)是不对称的。

粒子物理的标准模型中包括了导致 T 破缺的力,但它们对 EDM 的影响是间接的,预测值非常小。例如,在 SM 中,预测的 eEDM 值仅为当前检测到的十亿分之一。然而,众所周知,必须包含新的 T 破缺力。尽管在宇宙大爆炸的 SM 描述中会产生等量的物质和反物质,但要解释目前宇宙为什么几乎完全由物质构成,就需要引入这些力。SM 中的 T 破缺力太弱,无法解释宇宙中观测到的物质与反物质的不平衡现象。要解决这个长期存在的谜题,就需要包括一些新的、更强大的 T 对称性破缺来源。

令人高兴的是,许多新的 SM 扩展模型引入了新的 T 破缺来源。这些理论中的新力和新粒子通常比 SM 中的力更直接地诱导 EDM。正因为如此,在这些理论中经常出现更大的 EDM,尽管他们预测的新粒子比已知粒子的质量大得多。例如,在理论上,新粒子的质量对应能量高达 TeV 量级,即比希格斯玻色子的质量大 10 倍,预测的 EDM 大小通常也在当前 AMO 实验可以探测的范围内。由于这超出了当前和将来一段时间内粒子对撞机可以直接探测的能量范围,因此一些基于 AMO 的 EDM 实验,就可以在发现新粒子方面显示出巨大的潜力,超出了其他任何实验方式。

AMO 实验可以探测某些类型粒子的 T 破缺效应,包括电子、质子和中子的 EDM,以及 T 破缺的电子 - 核子和纯强子(核子 - 核子)间相互作用等。因此,有必要在不同粒子系统中进行相关实验,探测不同的效应。顺磁系统(其包含未成对的电子自旋)对 EDM 和某一类型的电子 - 核相互作用最为敏感;而抗磁系统(具有闭合的电子壳层,但核自旋不为零)主要对纯强子(核子 - 核子)间相互作用和其他类型的电子 - 核子相互作用敏感。在不同的理论模型中,EDM 可能出现在其中一种或其他多个系统中。

在典型的 EDM 探测实验中,粒子自旋首先被极化,它们的 EDM 指向一个已知的方向;然后,施加强的外电场,对 EDM 施加扭矩,导致自旋轴旋转,在尽可能长时间的电场作用后,再测量轴的最终方向;最后,将电场方向反转再重复实验测试,从中提炼 EDM 效应。几十年来,全球科学界进行了一系列实验,试图在顺磁系统中探测 EDM,这些实验通常根据 eEDM 进行解释。在最近 10 年内,通过将电子嵌入极性分子中,实验测试灵敏度取得了革命性进步。在极性分子中,作用于 EDM 的分子内电场大约可达到其他系统的 1000 倍。到目前为止,最灵敏的 eEDM 实验系统称为 ACME(advanced cold molecule electron,先进冷分子电子),详细方案如方框 6.2 所示。

> ### 方框 6.2　ACME 搜索电子的电偶极矩
>
> ACME 系统利用一氧化钍(ThO)分子中的电子,探测电偶极矩(EDM),ThO 除了具有一个非常大的分子内电场,还有诸多优势:它的能级结构使其内部的电场更容易反转,不仅可通过外场来反转极化的分子,而且可制备不同的内部量子态。ThO 还拥有两个未成对的自旋电子:一个电子可用于感受这个大的内电场;另一电子用于抵消第一个电子产生的磁矩。同时,以上特性使得 ThO 在电偶极矩(EDM)测量过程中,能够剔除掉诸多错误干扰信号。
>
> 在 ACME 实验系统中,ThO 分子被一组可调谐的激光系统冷却至低温,激光与分子束相互作用,通过荧光完成信号检测,荧光强度取决于最终电子自旋与激光偏振之间的方向角度。在过去的 10 年中,这种方法产生的统计数据足以使 EDM 的测量灵敏度提升 100 倍。目前,虽然尚未观察到 EDM,但 ACME 实验将测量边界提至$|d_e| < 1.1 \times 10^{-29}$ e cm,置信水平为 90%,其中 e 是基本电荷。它还得到了一种 T 破缺的电子 – 核子相互作用的最优极限值,其灵敏度足以检测是否存在具有 T 破缺的相互作用的粒子,其静态能量高达 3TeV、50TeV、甚至 100TeV(取决于具体的理论模型)。在许多情况下,都远远超过了欧洲核子研究中心的大型强子对撞机(CERN's large hadron collider)上可直接产生的粒子质量范围。ACME 系统的规模相比粒子对撞机要小得多,但要大于多数基于原子、分子和光学(AMO)的实验装置。目前,ACME 系统安装在大学校园的两个实验室中,由教师、学生和博士后组成的一个小组维护。这项由十几位科学家组成的小型合作团队,在 eEDM 测量研究方便取得了显著进展,并对可能出现的系统误差深入分析和精确控制。目前正在开发新一代 ACME 系统,其目标是在几年内将测量灵敏度再提高一个量级。

图 6.7 显示了 ACME 系统在测量电子 EDM 方面与其他系统利用 Tl、YbF、HfF$^+$ 分子或离子实验上的结果比较。图中也显示了 eEDM 实验在未来可达到的灵敏度,以及一些新理论模型的限定范围。一些新的实验也正在进行或计划进行之中,包括 ACME 实验和 HfF$^+$ 实验,以及在 YbF 和其他分子类型的实验中利用激光冷却和/或囚禁技术。

原子 ^{199}Hg 也可用于开展 EDM 测量研究,且是最灵敏的抗磁性 EDM 实验,^{199}Hg 具有零电子自旋的闭合电子壳层,但具有非零的核自旋 $I = 1/2$,因此,其 EDM 必然指向核自旋轴。目前,通过 ^{199}Hg 实验已实现中子 EDM 的探测极限值为 $d_n <$ 1.6×10^{-26} e cm,其精密度为自由中子直接测量的最佳极限的两倍,它还得到原子

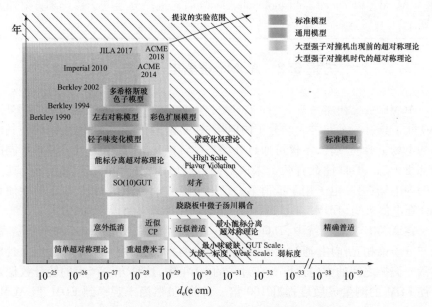

图 6.7 （见彩图）通过电子电偶极矩寻找新的基本粒子

注：图中横坐标为 EDM 的可能值，纵坐标为实验进行的时间（年）。灰色区域显示过去 30 年测量极限值的提升情况，彩色区域为各种粒子理论物理的预测范围。粒子理论中标准模型预测的值要比目前 ACME 实验值再精确约 9 个量级。然而，许多包含新粒子的新理论预测 EDM 值，恰在目前或下一步提议的实验范围内（阴影区域）。这里提示一句，由于大型强子对撞机（LHC）、直接暗物质探测、EDM 测量等实验中并没有检测到新粒子的存在，为了与这些实验结果保持一致，一些新理论对预测区域（有色区域）进行了修正（绿色区域）。基于 AMO 的 EDM 探测方法是为数不多的被认可的方法之一，它预期可在未来 10～20 年内发现质量超过 LHC 的新粒子（资料来源：耶鲁大学 David De Mille）。

核内夸克之间以及电子与原子核之间的某些 T 破缺相互作用的探测极限。利用 ^{129}Xe 原子、^{225}Ra 原子、^{205}TlF 分子等其他抗磁系统也进行了相关实验，这些系统中 EDM 的测试为寻找潜在 T 破缺相互作用提供了大量重要的实验数据。在极性分子（如 TlF）或变形核（如 ^{225}Ra）中观察到抗磁 EDM 的可能性大幅增加。有望在不久的将来，基于这些系统的实验，将探测新 T 破缺的物理能量范围提高一个数量级或更多，如正在建设中的一个新实验系统（CeNTREX），利用低温的 TlF 分子束可以提高抗磁性 EDM 的探测极限。而 ^{225}Ra 实验系统也在升级之中，有望进一步提高测量灵敏度。

使用 AMO 方法和实验室内相对小的设备，进行精密的 EDM 探测，完全有可能为超越 SM 物理学研究提供第一手证据，这将会成为粒子物理学的一个革命性发现，并将为未来任何粒子对撞机产生新粒子所需的能量建立一个清晰的参考。

6.5.2 暗物质、基本常数、第五种力

暗物质的本质是当今物理学中最大的谜团之一。迄今为止,暗物质探测实验研究主要集中在质量为 10~1000 GeV 的弱相互作用大质量粒子(weakly interacting massive particle,WIMP),且需要在很深的地下实验室安装探测器进行实验。尽管过去几十年一直在努力,且近年来实验的探测灵敏度在迅速提高,但尚未观察到 WIMP 存在的确凿迹象,不过在理论上 WIMP 仍然有很好的预期。其他一些暗物质候选实验可使能量延伸到更宽的范围,甚至低至 10^{-24} eV,覆盖了超轻轴子和类轴子的粒子,甚至到更复杂的暗区,这些暗区域可能形成组合的暗物质"聚集团"。

粒子探测器可表征所测粒子的能量大小,精密测量技术的发展非常适合通过单个粒子探测器或探测器阵列来检测轻质量的 DM 候选粒子。光学和原子干涉测量技术、磁强计、原子钟技术的最新进展,推动了大量新的实验方案,一些桌面级的 DM 搜索实验可以在地球表面进行,而不必非要在地下完成。这些方案背后的关键思路是轻 DM 候选粒子具有较多的模式数,并表现出相干性,其行为类似于波(这种轻质量范围内的 DM 候选粒子必须是玻色子,因为其费米速度超过了这种 DM 的银河逃逸速度)。理论学者已提出多种这样的轻 DM 候选粒子(低于 1eV),它们对 SM 粒子的影响主要包括以下几方面。

(1)引起核自旋和电子自旋的进动。
(2)电磁系统中的驱动电流。
(3)诱导物质加速的等效原理破缺。
(4)调节自然基本常数的值,引起原子跃迁频率和局域引力场的变化。

因此,本章讨论的所有 AMO 精密测量工具(原子钟、干涉仪、磁强计)皆可用于 DM 探测。这些实验借鉴其他物理学领域的研究成果,通过引入具有特定性质的新 DM 候选粒子来解决谜团。寻找在理论上最有可能发现的轻质量 DM 候选粒子,进行探索研究。

SM 扩展理论预测了大量超轻 DM 候选粒子,并用自旋和固有奇偶性(标量、赝标量、矢量和轴向矢量)来表征。轴子(赝标量)是最有可能存在的轻质量 DM 候选粒子之一。它被引入量子色动力学(QCD,一种由胶子为介导的夸克间强相互作用的量子场论)中,用以解决所谓的强电荷-宇称 CP 问题:根据 QCD 的公式,CP 对称破缺应该发生在强相互作用之中,但实验上并没有在抗磁原子和中子间观察到,正是缺乏 EDM。轴子可以与电磁耦合,可以通过与胶子场的相互作用诱导核子的 EDM,并且可以引起电子和核子自旋的进动。

6.5.3 轴子和类轴子粒子的探测

赝标量粒子,如轴子和类轴子粒子(ALP),可以通过两个光子的相互作用,通过一种称为 Primakoff 效应的过程产生。这个过程可以朝任何一个方向进行,也就是说,在磁场中翻转一个轴子或 ALP 粒子可以产生一个光子(两个光子中的一个可由磁场提供)。ADMX 实验方案利用 QCD 轴子与微波腔中电磁场的强耦合,在强磁场存在时将轴子转换为微波光子。谐振腔的共振频率可以调节,使其与这种相互作用产生的微波光子的频率相匹配。HAYSTAC 系统是另一个新的实验系统,它将 ADMX 实验系统扩展到寻找更高质量的轴子,使用相应更高频率的微波腔,该系统最近报告了第一个实验结果。另一个大型微波腔实验项目正在韩国进行,德国也在开发一种新的宽带轴子 DM 实验 MADMAX 系统,该实验是基于不同介质间的轴子-光子转换进行。

目前,正在进行的另一项新实验,使用与 ADMX/HAYSTAC 不同的耦合方式,搜索更轻的 QCD 轴子和 ALP 粒子。宇宙轴子自旋进动实验(CASPEr)是利用轴子-胶子耦合,产生原子核振荡的 EDM(CASPEr electric),以及产生轴子-核自旋间的耦合(CASPEr wind)。CASPEr 使用核磁共振(NMR)技术来检测由背景轴子 DM 引起的自旋进动。CASPEr electric 有潜力在一定质量范围内(均远低于 ADMX)对 QCD 轴子的探测灵敏度提升 5 个量级,并可在相当大部分的未探测参数空间搜索 ALP,达到质量约 10^{-7} eV。

轴子共振相互作用探测实验(ARIADNE)的目的,是使用核磁共振技术检测轴子间可能引起的新相互作用(见 6.5.5 节)。ARIADNE 探索的轴子质量范围的上限,对其他 DM 探测实验来说尤为困难,因此 ARIADNE 有潜力填补轴子参数空间中的一个重要空白区。

自旋为 1 的 DM 粒子,通常被称为暗光子或隐藏光子。隐藏光子 DM 可以描述为弱耦合的"隐藏电场",以隐藏光子康普顿频率(由其质量决定)振荡。最近有人提出,可以使用可调谐的谐振 LC 电路来搜索隐藏光子和轴子/ALP。使用 LC 电路进行宽带检测的建议是基于轴子-光子的耦合,有效改进的麦克斯韦方程组,在磁场存在的情况下,DM 轴子和 APL 会产生一个振荡的电流密度波动。

在一些新的物理模型中,随着宇宙的膨胀和冷却,早期宇宙中标量场的初始随机分布导致了畴壁网络的形成。这一机制结合其他机制可能导致"块状"的 DM 物体。在"搜寻奇异物理的光学磁强计全球网络"(global network of optical magnetometers to search for exotic physics, GNOME)工程项目中,正在合作寻找地球通过这类紧凑的 DM 物体而产生的瞬态信号,如寻找与原子自旋耦合的畴壁或 DM"星球"(类似于 CASPEr 搜索的 ALP wind 耦合)。虽然单个磁强计可用以检测此类瞬态事件,但为了有效避免假的或错误的信号,需要一组磁强计来同步进行。

6.5.4 基于时钟的基本常数测量与暗物质探测

基本常数只能通过实验确定,根据目前的理论还无法预测。表征基本粒子间电磁相互作用强度的精细结构常数 α,以及质子与电子质量之比 $\mu = m_p/m_e$,都是基本常数。虽然"常数"这个标签的定义本身就意味着这些数值是不变量,但 SM 之外的许多理论预测它们在时间和空间上是变化的。如前面所述,轻 DM 可能是导致基本常数变化的来源之一。如果基本常数具有时空依赖性,那么原子光谱和分子光谱也是如此,人们可以通过观察非常遥远的光源来探测它们从历史到现今的变化。对类星体的吸收光谱研究表明,精细结构常数可能在宇宙时空尺度上发生变化,但这一结果仍存在争议。基本常数的变化也会改变原子钟的滴答频率,变化的程度取决于原子钟的种类,因此监测不同时钟的钟频随时间变化的比率,可以在实验室内测试基本常数的不变性。目前,许多计量实验室已经在进行此类测试工作,图 6.8 比较了不同实验室 α 和 μ 常数的测量极限值。

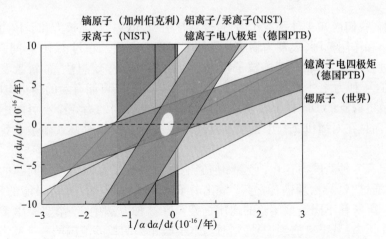

图 6.8 通过不同原子跃迁频率的比较,测量随时间变化的精细结构常数 α 和 μ(质子-电子质量比)的极限值。填充的条纹标记了单个测量的 1 倍标准偏差 σ 不确定度区域,中间的空白椭圆边界是所有数据组合后产生的标准不确定度。
(资料来源:N Huntemann, B Lipphardt, Chr Tamm, V Gerginov, S Weyers, E Peik, Improved limit on a temporal variation of m_p/m_e from comparisons of Yb$^+$ and Cs atomic clocks, Physical Review Letters 113:210802,2014; copyright 2014 by the American Physical Society)

原子钟探测实验最初集中于基本常数变化的"慢漂移"模型上。最新研究表明,超轻标量 DM 可以引起基本常数的振荡和瞬态变化,从而为此类时钟的比较实验提供了新的方向。如前所述,这种穿过我们星系的轻质量 DM 表现出相干性,表现为波的特性。它与原子钟中的 SM 粒子相耦合会导致基本常数的振荡,从而导致时钟跃迁频率的振荡,导致持续的时间变化信号,这些信号可根据 DM 质量决定的频率中寻找。对于大范围的 DM 质量和相互作用强度,这样的振荡信号可以用原子钟检测到,但由于太微弱,目前还无法使用其他设备探测。为了检测这些振荡信号,需要在最小死区时间内测量时钟跃迁频率之比,在与 DM 场保持相干的情况下连续测量。将时间序列测量的结果转换到频域,可以提取 DM 信号,或者可设定 DM 质量和相互作用强度的测量极限值。目前,国际上几个时钟实验室正在进行这种振荡效应的早期研究。

除了振荡变化,具有较大空间范围的 DM 物体可能会引起基本常数的瞬态变化,如形成稳定的拓扑缺陷。这种瞬态信号可以通过时钟网络进行观察,具体实验表现为其通过时钟网络时可能形成时钟的"小故障"。关于这种 DM 到 SM 粒子耦合的第一个极限测量实验,目前正在基于光学原子钟的第一个全球尺度的量子传感器网络中进行,终极目标就是实现暗物质 DM 探测。

6.5.5 搜索第五种力

目前,我们已知 4 种基本作用力,分别是引力、电磁力、强核力和弱核力。这些力的大小和作用范围,表现为物质与场的不同耦合方式。在过去 10 年间,AMO 测量技术进步神速,再加上理论粒子物理学中出现的一些新想法,重新激发了使用 AMO 对这 4 种力之外新作用力的精确搜索。例如,DM 可能有新的相互作用,其发现将导致更广泛的 DM 探测实验。到目前为止,足够弱的力完全有可能逃脱我们的检测,而且在对撞机实验中也很难发现。惊人的发现有时候就隐藏在我们测量能力之外。

如果有一种新的力存在,它会如何影响原子和分子?回答这个问题的一种方法,就是通过"奇异物理耦合常数"量化电子、质子、中子之间所有可能的新力,从而建立一个解释不同类型实验的通用框架。在这种方法中,一个实验用于寻找一种新的作用力,若未检测到信号,则对与本实验相关的长度范围的一个或多个耦合常数建立探测极限。换句话说,实验学家探索"耦合常数与长度范围"参数空间的新区域,以确定是否存在新的作用力,而粒子理论学家则可以用特定的理论来解释这些结果。AMO 领域几乎所有最先进的实验工具都被用于精确搜索新的作用力,并在耦合强度和范围方面将我们知识前沿推进了多个量级。

(1)原子和分子精确光谱测定了原子、分子尺度下新作用力的极限值,包括物质与反物质之间的作用力。

(2)使用金刚石 NV 色心测量了电子间新作用力的极限值。

(3)先进的原子磁强计在 1cm 到地球半径的大尺度范围内测量了各种自旋相关力的极限值。

(4)原子干涉仪被用于寻找与暗能量相关的新作用力。

(5)原子和离子囚禁冷却实验中的量子纠缠用于寻找电子间的新作用力。

(6)扭矩天平和悬臂梁已被证明是一种非常敏感的工具,用于搜索新的作用力和探测爱因斯坦等效原理破缺的情况。

目前,正在发展的各种令人兴奋的新实验方法,有望搜索更广泛的参数空间,包括新的核磁共振技术、最先进的光学原子钟,以及微米级物体的光机实验(囚禁和冷却的微球或铁磁针)等,这些实验方法都有望在数量级上提升新作用力的探测灵敏性。

这些只是这个充满活力的研究领域各类创造性实验的几个例子。未来10年的发展,不仅可能对新作用力探测更精确,而且可能带来革命性的发现。

6.5.6 将来利用引力波探测器寻找暗物质和新作用力

原子干涉型引力波探测器对扰动原子运动轨迹或原子内部能级的新机理非常敏感,如 DM 可以在这类探测器中产生时间相关的信号,从而能够对其进行独特的探测。特别地,这些时间相关的信号可能由超轻 DM 候选粒子引起。一些理论认为,质量范围为 $10^{-22} \sim 10^{-3}$ eV 的物理将会特别有趣,原子干涉测量法是在该质量范围内搜索较低质量区的一种很有前途的方法。在这个区域内,可能的 DM 候选粒子存在弛豫特性,这是特别有趣的,因为它们出现在最近提出的层级问题(hierarchy problem)的替代解决方案中(通过动力学弛豫),在 LHC 已观察的 TeV 范围内没有再引入任何新的物理理论。

除了这些 DM 搜索方法,还可以通过如上方法在搜索新的力时发现新的基本粒子。这些新的力可能源于地球,如果它们的作用范围足够长程,可能会导致不同元素/同位素的不同自由落体加速度。通过比较由不同元素/同位素制成的原子传感器,可以揭示这种力的存在,在 MAGIS - 100 中,通过比较两种 Sr 同位素的下落来探测这种力。

6.5.7 宇称破缺:弱相互作用的 AMO 测试

宇称 P 是改变位置矢量的符号,对应于镜像反射和180°旋转。虽然在宇称变换下电动力学是不变的,但弱相互作用不是不变的。似乎不可能在原子中观察到如此小的效应,因为这是由原子组分之间的弱相互作用造成的。然而,人们意识到,随着核电荷的立体化,重原子中的宇称破缺效应在增强,导致一系列重原子中的原子宇称破缺实验。原子中的宇称破缺会导致原子跃迁的振幅非零,否则宇称选择定则会禁止原子的跃迁,如在铯原子中具有相同宇称性的 6s 和 7s 态之间的跃迁。高精度原子宇称破缺(atomic parity violation, APV)研究的目标是通过精确测定"弱电荷",寻找超越 SM 的新物理,将其与 SM 预测进行比较,并探索强子宇称破缺。APV 对某些 DM 候选粒子也特别敏感。

高精度理论的最新进展使得分析 Cs 原子的 APV 实验成为可能,它为 SM 在低能弱电区提供了迄今为止最准确的结果,并限定了 SM 之外的各种物理场景。结合高能大型对撞机的实验结果,Cs 原子的 APV 研究证实了电弱力对跨越 4 个量级能量范围内的动量传递约 3% 的依赖性,如图 6.9 所示。APV 实验在 2009 年对额外 TeV 范围 Z 玻色子的测量极限值,直到最近才在 LHC 上实现。APV 实验对某些 DM 模型也特别敏感,并对图 6.9 所示的可能在 50 MeV 的暗玻色子测定极限值。

Cs 原子实验也被用于探测弱强子相互作用,但实验分析得出的弱介子-核子耦合值与核物理给出的值并不一致,并且由于核计算的困难使情况更加复杂。要解决这个长期存在的难题,还需要对其他原子或分子进行更多的实验,目前正在进行 Yb(Mainz, Germany,已经报告了第一批结果)、Dy(Mainz, Germany)、Ra⁺(Santa Barbara)、Cs(Purdue)、Fr(TRIUMF, Vancouver)和 Molecular(Yale)等实验研究。

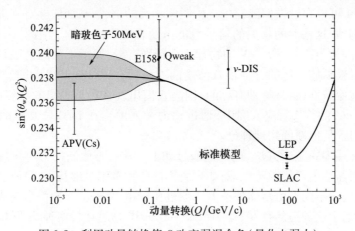

图 6.9　利用动量转换值 Q 改变弱混合角(量化电弱力)

注:曲线为 SM 预测值。桌面级 Cs 原子 APV 实验结果补充了大型粒子物理实验数据。灰色区域来自"新物理"场景之一:质量为 50MeV 的暗玻色子。(资料来源:经 M. S. Safronova, D. Budker, D. DeMille, D. F. Jackson Kimball, A Derevianko, C. W. Clark 同意许可, Search for new physics with atoms and molecules, Reviews of Modern Physics 90:025008,2018,版权:2018 年美国物理学会,改编自 H. Davoudiasl, H. S. Lee 和 W. J. Marciano, Muon g - 2, rare kaon decays, and parity violation from dark bosons, Physical Review D 89: 095006,2014)

6.5.8　测试量子电动力学:迄今为止所有物理理论中最精确的验证

量子电动力学(QED)是描述电磁相互作用的量子场论。QED 的精确测试是将实验结果与理论预测进行比较,理论上与实验上都达到了非常高的精度。在自由粒子性质(如电子的反常磁矩)和束缚态 QEP 性质(如兰姆频移)的 QEP 测试中,已经取得了大量成果。束缚态测试包括各种简单的原子和分子、分子离子、高电荷离子、奇异原子(如正电子素、反质子氦)等。

6.5.9 精细结构常数的测定

精细结构常数 α 决定了基本粒子间电磁相互作用的强度,它是 QEP 中的一个展开参数。目前,有两种非常精确的测定方法。其中第一种测量涉及测定电子磁矩异常值 a_e(相对自由电子狄拉克方程值 $a_e = 0$ 的偏离),该测量使用单个电子,在圆柱形潘宁阱中一次悬浮数个月。阱中的电子自旋翻转频率与回旋加速器频率之比决定了 a_e 值。通过将实验结果与理论 QED 到五阶的计算结果(超过 10000 费曼图)相结合,并考虑多电子和强子效应,得到的 α 值为 $\alpha = 1/137.035999084(51)$,达到 3.7×10^{-10} 的准确度。

另一种完全不同的测量方法,通过物质波干涉法精确测量普朗克常数 h 与原子质量 M 的比值,测量光子散射后传递给原子或从原子传来的反冲动能,也可以获得 α 值。最精确的此类实验利用铯原子云,得到 $\alpha = 1/137.035999046(27)$,其准确度达到 2.0×10^{-10}。该值不依赖于 QED 计算结果,但两个实验之间的一致性,既验证了 a_e 的理论 QED 计算,也提供了迄今为止量子电动力学(以及任何物理理论)的最精确测量值。目前,将这两个实验的测试精度再提高一个量级的工作正在进行之中。这些测量方法还可用来探测电子内部可能的子结构,也可用于寻找潜在的新 DM 粒子。

6.5.10 质子半径之谜

借助于 QED 计算和电子散射实验,可以从氢原子光谱中提取出质子的均方根(RMS)电荷半径。为了改进测量精度,科学家设计了另一种实验,即利用 μ 介子氢(原子的电子被 207 倍重的 μ 介子取代)的光谱进行测量。结果却碰到了所谓的质子半径之谜,从 μ 介子氢的 2S – 2P Lamb 位移中得到的高精度 $r_p = 0.84087(39)$ fm,从普通氢光谱和电子散射实验得出的结果却是 $r_p = 0.8758(77)$ fm,两者存在显著差异。这种差异性使人们猜测这里可能暗示着新的物理机制。为了解开这个谜团,科学家又进行了两次氢原子谱线测量:一次测量得到的质子半径值与 μ 介子氢的结果一致;另一次则支持之前普通氢的结果。目前更多的测量正在进行之中,期望尽快破解这个令人困惑的谜题。

6.5.11 基于高电荷离子进行基本相互作用精密测量和基本常数测定

通过在实验上测量类氢离子中束缚态电子的磁矩或 g 因子,与 SM 理论计算值进行比较,可以进一步验证QED。在这种思路下,已测得了电子质量的最精确值,相对精度为 10^{-11} 量级,相关工作在德国 Mainz 完成(图 6.10),精确测量了囚禁的 $^{12}C^{5+}$ 离子中单束缚态电子的 g 因子,与最精确的束缚态 QED 计算值进行了比较。

图 6.10 Penning 阱中高电荷离子的简单示意图(剖视图)
注:测试束缚态电子的磁矩(g 因子)可以验证强场量子电动力学,也可测定基本常数(如电子质量或精细结构常数 α 等),(资料来源:Sven Sturm 提供)。

高电荷离子可以在强场区($Z\alpha$ 接近 1,Z 为核电荷)验证束缚态 QED,利用 X 射线光谱进行兰姆频移测量,利用激光光谱进行超精细结构和精细结构测量,利用磁能级微波谱进行束缚电子 g 因子测定。这些实验通过移除重原子中的大部分外层电子来实现强场区的测量。仔细比较不同电荷态离子的实验结果,可以在很大程度上剖析核结构和 QED 效应。通过电子束离子阱(EBIT)源或德国 GSI 加速器的 ESR 重离子存储环等加速器设施,将冷却的高电荷离子存储在精密离子阱中,以达到最高的测量精度。

为了测量精细结构常数以及核效应和同位素效应,有一项新的竞争性实验方案,即从 EBIT 中提取类氢的高电荷重离子(如铅 $^{208}Pb^{81+}$),并将其注入 ALPHA-TRAP – Penning 阱中。通过这种方式,测定高电荷重离子中的同位素效应,从而直接、无障碍地获得核效应,以及测量类氢和类锂高电荷重离子 HCI 的特定加权 g 因子间的差异。后者允许消除核效应,可精确地验证 QED 理论,以及进一步确定精细结构常数。值得强调的是,美国需要有竞争性地开展 HCI 实验研究,HCI 方向的新发展可提供许多机会。

6.5.12 电荷-宇称-时间和洛伦兹对称性的检验

1. CPT 检验

目前的物理学定律认为在电荷-宇称-时间(CPT)反演下是不变的,但对称性破缺可能出现在超越 SM 的物理模型中,如在弦理论中。CPT 不变性确保了粒子及其对应的反粒子具有相同的磁矩和质量,通过比较粒子/反粒子的性质可以验证 CPT 对称性。最近,下面这些实验取得了突破性进展,包括:CERN 的 ALPHA 实验,对反氢原子的 $1s-2s$ 跃迁频率进行激光光谱测量,此实验系统也是反氢原子实验的一个长期目标。将该结果与普通氢原子中的 $1s-2s$ 频率进行比较,在 2×10^{-10} 的相对精度下验证了 CPT 不变性,该实验系统还报道了反氢原子的超精细光谱的观察结果。

重子-反重子对称实验(BASE)系统,报道了使用先进的低温多潘宁(Paning)阱,对单个粒子进行囚禁,测试了反质子磁矩和质子磁矩,并进行了非常精确比较,精度达到十亿分之一。将来,BASE 合作者提出利用量子逻辑技术进一步推进 CPT 测试,该方案基于协同冷却方式,利用库仑相互作用,将(反)质子附近的"量子比特"(qubit)离子囚禁,通过耦合相互作用,间接对(反)质子进行探测。这项技术有可能使质子和反质子磁矩的测量精度达到万亿分之一的水平。上述最新的 CPT 测试方案,标志着从原理验证实验系统到高精度计量学上 CPT 相互比对的转折点,并有望在不久的将来取得重大进展。

2. 洛伦兹对称性的检验

局域洛伦兹不变性(LLI)是现代物理学的基石。它告诉我们,任何局部非重力实验的结果都与(自由下落)装置的取向和速度无关。AMO 实验可以用于测试光子、电子、质子、中子及其组合的洛伦兹不变性,其中光子出现在所有原子实验中。电子-光子相关的原子 LLI 破缺(LV)实验,利用不同能级对假定洛伦兹破缺具有不同的敏感性。量子化轴由磁场方向决定,在地球自转和绕太阳公转过程中,监测两个具有不同 LV 灵敏度的原子能级的能量差。2015 年,一项基于囚禁 $^{40}Ca^+$ 离子的实验,使用量子信息技术(两离子叠加态的无退相干子空间)降低磁场涨落引起的噪声,将之前测量精度提升了 100 倍(图 6.11)。

2018 年,一项利用两个镱(Yb)离子钟的实验方案将测试精度提高了 100 倍。精密测量工具,特别是基于量子信息的传感器,再一次展示了测试基本物理假设的巨大潜力,核子或光子的最佳 LLI 测试方法使用了铯(Cs)原子钟、原子磁强计、旋转光学和微波谐振器等。

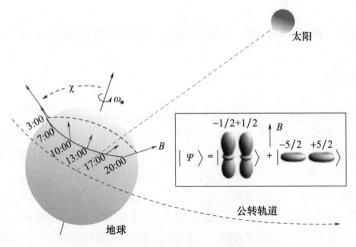

图 6.11 离子 $^{40}Ca^+$ 的 LV 实验示意图

注:随着地球自转,磁场的方向在变化,由此导致电子波包的方向(如插图中概率包络线所示)相对于太阳静止参考系发生变化。叠加态受到潜在 LLI 破缺的不同影响,导致波包随地球自转发生相位演化(资料来源:经 Springer Nature 许可转载,T Pruttivarasin,M Ramm,S G Porsev,I I Tupitsyn,M S Safronova,M A Hohensee,H Häffner,Michelson – Morley analogue for electrons using trapped ions to test Lorentz symmetry,Nature 517: 592 – 595,2015)。

6.6 基本常数和计量基准

AMO 方法的核心作用在于可精确定义具有巨大技术和经济价值的基本物理量,如长度单位(m)、时间单位(s)、质量单位(kg)等。2018 年 11 月 16 日,由 59 个成员国组成的国际计量大会第 26 次会议,一致表决通过,国际单位制(SI)重新定义。新的国际单位制于 2019 年 5 月 20 日世界计量日正式生效,这意味着现在任何地方的任何人都可以根据这些数值,结合我们目前理解的自然定律,经过适当的测量和方程式变换,实现国际单位制的量值复现。如方框 6.3 中所述,国际单位制是基于一些基本常数和自然不变量精确定义。

方框 6.3 国际单位制(SI)的重新定义

要重新定义国际单位制,必须能够利用两种独立的实验方法,达到所要求的准确度和一致性。千克是 SI 的核心物理量,目前新千克有两种复现方法:一种通过 Kibble 天平测定普朗克常数(图 6.12);另一种通过 X 射线晶体密度法测定阿伏伽德罗常数。只有通过不断改进 AMO 物理的实验工具和技术,才能对这些完全不同的方法进行必要的比较,从而能够精确测定精细结构常数、里德堡常数、电子质量等。例如,在过去30年中,利用光学晶格中的拉曼跃迁和布洛赫振荡、Penning阱囚禁技术、量子跃迁光谱、量子非破坏性耦合测量、量子电动力学理论的高阶计算等方法,对原子反冲测量进行改进,使精细结构常数测量的不确定度提升了两个量级。现今,结合其他新技术,新SI提供的精确基本常数值,正被用来进一步推进我们对物理世界的理解,这其中也包括对不一致测量结果的研究,如质子半径之谜、μ子磁异常的测定等。

图6.12 美国NIST-4 Kibble天平,测试质量的重力块被电流线圈产生的磁场补偿。截至2019年5月20日,它用于重新定义基本常数,构成国际单位制(SI)的基石,复现计量单位千克。图中科学团队从左到右为:前排Frank Seifert、David Newell、Jon Pratt、Darine Haddad、Shisong Li,后排Stephan Schlamminger、Leon Chao。(资料来源:美国国家标准技术研究院"瓦特天平组",由J. Lee/NIST提供)

6.7 总结、发展潜力和重大挑战

6.7.1 总结

在过去10年内,国际上出现了大量旨在发现新物理的新型桌面式AMO实验系统,虽然这个领域已存在多年,但最近在研究规模上和发展潜力上急剧加速,因此AMO被认为是一个新兴的跨领域学科。随着新技术发展和大量新发现涌现,这一领域有望在未来10年更加快速推进。下面列出该领域发展的几个重要方向。

(1)在原子钟、物质波干涉仪、磁强计、冷分子等AMO工具的开发方面,取得了数量众多的成就。已经开发出全新的测量技术,如光学原子钟(代替微波)、用于磁场测量的金刚石氮色心、用于多种精密测量的原子干涉仪、引力波探测器等。

(2)量子信息和相关技术的进步,导致对量子系统操控能力不断提升,并可抑制某些类型的测量噪声,使人们能够超越标准量子噪声限值的情况下进行测量。

(3)AMO 理论取得了重大进步,现在可允许对灵敏度最高的系统快速预测,以进行最敏感的新物理学搜索,并分析实验结果。理论还可预测实验方案中一些未知性质,从而节省实验时间。

(4)一些专用的 AMO 精密测量实验系统正在快速发展,用于开展能量范围在 3 ~ ^{30}TeV 的新物理探测,如 ACME 将 eEDM 的极限灵敏度提高了两个量级,这超出了大型强子对撞机的精度和能力范围。本章也描述了许多其他方面的新物理探测研究,灵敏度也有多个量级的提升,其中包括 DM 探测等。

(5)在大型强子对撞机上并未发现新的 BSM 粒子,这极大地限制了超对称理论和其他 TeV 尺度物理理论的参数空间,这些理论仅仅为几个突出问题提供了解决方案,包括 CP 破缺新来源、DM 候选粒子,以及破解层级问题(hierarchy problem)等。类似地,弱相互作用大质量粒子(WIMP)的大型探测器经过几十年的努力,也未能检测到 BSM 粒子,由于缺乏在预期质量范围内的实验结果,可能超对称粒子/WIMP 在几 TeV 尺度下并不存在,需要继续寻求其他解决方案。基于以上事实,产生了大量新的理论,尤其是在 DM 探测领域,许多新想法只有在 AMO 桌面级实验系统中才能实现。现在也考虑到了不存在 100TeV 级别的新物理的可能性,在这种情况下,在 21 世纪建造的新一代大型对撞机可能都无法检测到新粒子。这使得 AMO 实验系统通过低能信号在极高能量范围内探测物理变得越来越重要。

(6)利用地基激光干涉仪搜寻黑洞形成与中子星合并产生的引力波,为理解这些天体内部性质和宇宙本质提供了新的机会。去探寻新的未知引力波源,并最终绘制出多个波长的引力波空间图景,并推动新一代引力波探测器的设计,其中包括激光干涉仪和原子传感器等。此外,也有可能从这些引力波源中发现违背广义相对论的情况,这可能为引力的量子理论提供了思路。

6.7.2 发展潜力

AMO 对新物理的发现和探测能力,可能超越对撞机或其他高能物理技术无法获取的物理极限。例如,它对 EDM 的搜索能力未来预期可达到 100TeV 的能量范围,远远超出对撞机可触及的范围,当研究洛伦兹不变性破缺、CPT 破缺等时,可在更高的能量尺度上探索;轻质量(低于 1eV)的 DM 候选粒子需要在低能量范围进行探测。这里,需要重点强调一下,大多数的 AMO 都是桌面级实验系统,比传统高能搜索装置便宜得多,目前 AMO 产生了大量新的物理想法,考虑到这些 AMO 实验系统的发现潜力,为将来发现新物理提供了一条极具竞争力和成本效益的途径。

6.7.3 重大挑战

(1)在量子信息科学领域,发展新的测量方法和开展新的测量工具,有针对性地搜索新的物理机制,迎接重大挑战。

(2)在新物理理论预测的范围内寻找 EDM,并排除一些明显的非 EDM 效应,这将会对粒子物理学产生革命性影响,并为未来任何粒子对撞机产生新粒子所需的能量范围建立一个明确的比对标准。

(3)暗物质 DM 探测:充分利用精密 AMO 实验设备(时钟、干涉仪、磁强计和其他 AMO 工具),直接检测 DM 或相应新的作用力信号,一个具体目标是在整个允许质量范围内探测或排除 QCD 轴子。

(4)探测来自更高能量范围的新物理信号,实现在可预见的未来对撞机都无法获取的能量范围。在寻找基本常数变化、洛伦兹对称性破缺、等效原理、CPT 不变性和其他此类测试时,去追求数量级的灵敏度提升,可大幅地改进 QED 测试结果。

(5)开发激光干涉引力波探测器等先进技术,更灵敏地绘制可见宇宙。同时,去发展原子传感器探测引力波物理的其他有前途的替代技术,涉及用于引力波探测的原理性大型实验系统。

6.8 发现与建议

发现:AMO 技术在精度和能力方面的快速进步,极大地推动基于 AMO 技术发现超越标准模型新物理的可能性。由于目前缺乏专门用于支持高能物理与 AMO 交叉融合的联邦资助计划,耽误了大量新物理的发现机会。

发现:加强支持 AMO 物理学、粒子物理学、引力物理学、天体物理学、宇宙学之间的学科联合,对于促进创造性想法与基于 AMO 的科学新发现是非常必要的。

发现:在部署多种 AMO 精密测量平台和将工具集成到专用设备等方面,最大限度地发挥其科学新发现的潜力,在这方面美国是落后的。

发现:为了充分推动基于 AMO 的科学发现,国际合作是必要的。

建议:美国能源部的高能物理、核物理、基础能源科学项目应资助量子传感研究,并通过基于 AMO 科学的项目来研究超越标准模型的基础物理问题。

建议:联邦资助机构应修改资助比例,支持理论实验合作,促进基于 AMO 科学的新物理探索,并发展各种 AMO 精密测量平台,加强大型(超过 5 名主要研究人员)项目和长期(10 年)项目的资助力度。

建议:资助机构应建立与固化资助比例,继续支持原子、分子、光学与粒子物理及其他领域在理论实验方面的合作,资助包括联合项目、联合暑期学校、专门的年度会议等。

建议:美国联邦机构应建立长效机制,与全球其他基金机构共同资助精确测量新物理方面的国际合作。

第7章
AMO 科学更广泛的影响

AMO 的发展,对天文学、天体物理学、宇宙学、粒子物理学、凝聚态物理学、生命科学和工程学等众多领域的科学和技术发展产生了巨大影响,对当今工业也产生了强烈影响。很多时候,AMO 领域的新研究理念和研究进展在物理学的其他领域有着惊人的应用。同时,针对特定目标需求的专用工具开发同样会激发 AMO 的创新。最近的两项诺贝尔奖授予改变生物科学的 AMO 技术:超分辨荧光显微技术(2014 年,化学)和光镊技术(2018 年,物理学)。正如之前所提到的,2017 年的诺贝尔物理学奖授予激光干涉引力波天文台(LIGO)的引力波探测工作,这是 AMO 学科与其他学科交叉融合极具代表性的例子。在本章中,讨论了 AMO 学科之外或 AMO 与其他学科交界领域的系列主题,列出了 AMO 物理正在产生积极影响力的例子。这些双向联系使 AMO 成为当今科学界最核心与最活跃的领域之一。

7.1 生命科学与 AMO

生命是在多个尺度上组织形成的,从形成蛋白质分子和 DNA 分子的原子,到形成细胞器的亚结构分子,从细胞器和分子在细胞内组成的"群体",再到构成器官以及整个人体的数千亿个细胞。蛋白质因为它们的纳米尺寸以及在体内做着类似机器的重要工作,因此通常称为纳米机器,但它们的精度和效率是人造机器无法比拟的。AMO 科学通过光源、成像/光谱学技术进步以及调控组件的新方法,如本章开头提到的光镊技术,加深了我们对蛋白质在正常和疾病状态下在身体中功能的理解,这些新开发的技术能在更自然的状态/环境中获得更高的分辨率。

7.1.1 用 X 射线自由电子激光测量蛋白质结构

X 射线晶体学可以用来获得原子水平分辨率的蛋白质结构,但直到最近,其检测还依赖于高质量的晶体材料。获取较大材料的结晶通常是极其困难的。这对于膜蛋白这种重要的治疗靶点来说尤其如此。从早期 X 射线自由电子激光器（XFEL）开始，科学家们就梦想着在不结晶分子的情况下进行分子结构测定，甚至在单个分子中实现结构测定。2011 年，该领域取得重要进展，串行飞秒晶体衍射利用其高强度的飞秒 X 射线在低于辐射损伤条件下获得衍射信号，其使用的纳米晶体尺寸远小于传统晶体（图 7.1），将这些获得的连续衍射图样结合起来可以得到高分辨率的结构信息。相对于用于触发光敏膜蛋白中的光化学反应的激光脉冲，通过对 X 射线脉冲精确计时现在可以在飞秒时间尺度和原子分辨率上记录光合作用与视觉过程中蛋白质结构的变化。在未来，串行飞秒晶体衍射可能会扩展到单分子水平，且完全不需要结晶。此外，当特定元素的 X 射线测量与其他光谱仪（如拉曼光谱）相结合时，可能会出现振奋人心的发展。

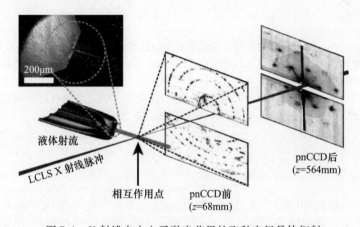

图 7.1　X 射线自由电子激光获得的飞秒串行晶体衍射

注：入射蛋白质纳米晶体的 X 射线脉冲时间小于辐射损伤时间（10～100fs）（资料来源：H N Chapman, P Fromme, A Barty, T A White, R A Kirian, A Aquila, M S Hunter, et al. 飞秒 X 射线蛋白质纳米晶体学（Femtosecond X-ray protein nanocrystallography），Nature 470：73－77，2011）

7.1.2　单分子测量技术

X 射线晶体学通常只能提供生物分子许多可能结构的静态照片。在理想情况下，人们希望实时测量单个分子在溶液或活细胞等自然环境下生物功能过程中的结构变化。为了将结构变化与功能作用联系起来，人们开发了强大的单分子测量技术。例如，可以将单荧光探测技术和光镊技术（如前所述，它们分别是 2014 年和 2018 年诺贝尔奖的主题）结合来开展研究。光镊通过对分子施加皮牛顿大小的力，利用端到端距离测量方法获得 0.1mm 精度的分子响应，但这种方法对分子内部结构变化并不清楚。通过将超高分辨率光镊技术与单分子荧光光谱相结合,研究人员能够在单碱基对分辨率的精度下测量运动蛋白对 DNA 的作用,并直接关联到其相关的结构变化(图 7.2)。这种混合单分子方法只是一个例子,其通过同时测量多个可观测量来使信息资源最大化,有助于我们研究多成分的复杂生物分子群体。

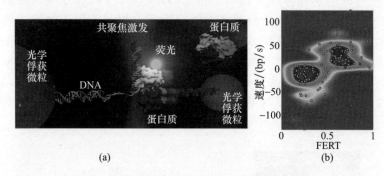

图 7.2 单分子荧光灵敏度的超高分辨率光镊

(a)双光学阱对连接俘获微粒的 DNA 片段施加作用力,并在 0.1nm 分辨率下探测 DNA 解链酶通过蛋白质导致的 DNA 长度的变化,同时共焦荧光激发和探测可以测量蛋白质的结构变化(资料来源:Matthew Comstock);(b)以反应速度表示的光镊测量 DNA 解离与用单分子荧光共振能量转移(FRET)测量的蛋白质结构变化之间的相关性(资料来源:Comstock,et al.,Science348:352 – 354,2015)。

7.1.3 超分辨成像

超分辨成像技术的分辨率低至 20~30nm,这使亚细胞结构成像成为可能。该分辨率比光学衍射极限分辨率小一个数量级,这有助于推动活细胞功能探测领域的深入研究。这些研究不仅对生物过程的基本理解有广泛影响,而且对导致疾病的功能障碍机制研究也有广泛的影响。这些工作,包括受激发射损耗(STED)显微技术和单分子定位显微技术(也简称 PALM 和 STORM),被授予 2014 年诺贝尔化学奖。超分辨成像生物学的一个代表性例子是发现神经元肌动蛋白环形结构(见方框 7.1,这也说明了 STORM 的概念)。在未来,超分辨技术将为探索疾病产生机制的研究提供重要视角,我们将尝试通过精确的三维分子分辨率成像技术实现"细胞内生命进程"的完全可视化和精确解析。相应的技术要求只是将空间分辨率提高 10 倍,达 2~3nm。例如,最近展示的微弱光子流实现纳米分辨率成像,这种通过少光子探测实现高分辨成像的技术极具发展潜力。当然,超分辨率成像技术的突破,也促进了诸如探针开发、样品制备和图像分析算法等相关领域的发展。

7.1.4 原生细胞和组织的实时成像

为了观察自然环境中分子的运动和活性,我们需要标记单个分子并在弱扰动的条件下实现活体细胞和组织成像,其中一个挑战是光毒性。荧光探针分子的激光照射会产生活性氧和自由基,其在没有彻底杀死细胞时会极大地干扰研究相关的生化过程。光片显微技术的开发就是为了在全组织、动物等大型三维样本成像过程中减少光毒性。基于贝塞尔光学原理设计的特殊技术可以制备厚度仅为 400nm 的光片,其在探测过程中可以确保探测区域以外的区域不会被照射。光片显微镜除了能够完全消除光毒性,还大大减少了光漂白和离焦背景噪声(图 7.4)。

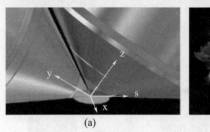
(a)

(b)

图 7.3 晶格光片显微镜
(资料来源:Chen, et al. Science. 346:439, 2014)

目前,一个明显的进步是,人们可以在亚波长分辨率拍摄免疫细胞在血管内缓慢行进以及寻找病原体和肿瘤的图像,甚至可以在活体动物体内的数小时内持续成像。另一个进步是最初为天文学开发的自适应光学技术,该技术用来补偿光在不均匀深层组织中传播时产生的光学像差。此外,光遗传学技术的深层次应用,不仅能识别细胞过程(目前主要是神经元),还具有识别大脑在内的更复杂的神经系统的环路功能。在未来,光遗传学研究将从神经元扩展到非兴奋型细胞,不同类型细胞功能的光学控制也将成为可能,如最近酵母代谢过程的实验证明。活细胞成像也可以使用振动能量对比技术,如受激拉曼散射显微技术,其无须荧光标记样品,可以直接探测具有化学特异性的细胞或组织级动力学特性。预计利用量子技术对光响应蛋白的相干控制来调控细胞的代谢、行为、功能和相互作用即将成为可能(见方框 7.1)。

方框 7.1 单分子定位超分辨成像

光学显微镜可以通过多种衬度机制实现生命过程的三维探测,但光的衍射极限决定了其半波长的空间分辨率。荧光成像的衍射极限分辨率为 200nm 左右。

基于单分子定位的超分辨率显微镜可以将分辨率提高一个数量级左右（图7.4(a)）。考虑样品中两个间距小于200nm的荧光分子,如分子间距80nm,如果二者同时成像,每个分子都会绕其中心产生高斯强度分布的峰,由于单峰宽度大于分子间距,因此重合分布的峰导致两个分子不能独立分辨。然而,如果分子具有荧光活性,可以通过关闭一个分子同时打开另一个分子的交替过程获得远低于200nm分子中心"定位"精度,这种重复定位的方式通常可以获得10~20nm的分辨率,这完全可以分辨两个相邻的分子。将这一原理推广到可以随机开启的多个分子,可以获得细胞内超分辨的分子结构。

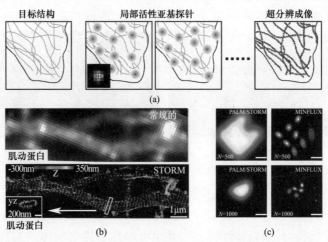

图7.4 (a)基于单分子定位的超分辨率成像原理;(b)利用超分辨率成像技术(一种称为STORM的变体)发现肌动蛋白环的全新细胞结构,研究人员通过对神经元中的肌动蛋白荧光染色发现,肌动蛋白在神经元轴突周围呈周期性环状排列,由于排列周期约为180nm,常规显微镜无法观察到此类结构;(c)基于DNA的纳米结构的STORM成像(左)和MINFLUX成像(右)的对比。在MINFLUX中,荧光分子不是定位在荧光强度最大的地方,而是通过甜甜圈形状的光斑激发,定位在其强度最小的地方。MINFLUX可以通过光子数量减少一到两个数量级的成像过程(因此得名MINFLUX)来实现相同的空间分辨率。DNA纳米结构可以通过MINFLUX(每张图像500-1000个光子)实现内部清晰成像,而STORM却不能利用同等数量光子成像(资料来源:(a)Huang et al.,Annual Review of Biochemistry 78:993-1016,2009;(b)Sigal et al.,Science 361:880-887,2018;(c)Balzarotti et al.,Science 355:606-612,2017)。

7.1.5 医学影像

目前,在显微镜下检查身体组织以寻找疾病迹象的组织病理学已经过时了。

此外,标准的组织病理学需要大量的时间和人力,并且需要先进的技术来实现分子、细胞、组织级别的病变可视化识别。低空间相干光源、散斑抑制方法(方框7.2)以及无标签光学成像技术的进步,使我们在技术上更容易取代医院中这几十年来的常规做法。通过对光波前的相干控制,可以解决深层组织成像中的多重光散射问题。在未来,无载玻片和无染色光学成像将优先发展,其后续可能取代组织病理学并用于辅助更多的临床护理和临床手术的医学决策。

方框7.2 光学调控和低空间相干光源散斑抑制

高相干性的激光因其高亮度和单色性推动了重要的科学发展与技术进步。然而,光场的高相干性会产生散斑噪声等有害影响,限制了激光在全场景成像、平行投影和显示、材料加工、光学阱、全息和光刻中的应用。光学相干层析成像(OCT)是一种生物医学成像方法,它利用后向散射激光的相干探测来实现组织的形态成像。目前,OCT是诊断青光眼和其他一些眼病的黄金标准,已在全球数百万患者中使用。由于激光光源的相干性及检测机制的原因,OCT会受到散斑噪声的影响(图7.5(a))。通过创建大量不相关的散斑图案并对其进行平均,现在可以在不影响空间分辨率的情况下极大地降低散斑噪声(图7.5(b))。

另一种消除图像中相干伪影的方法是使用低空间相干度的非常规激光。随机激光器就是一个例子(图7.6(a)(b))。这种光源使超高速大规模并行共焦显微镜能够用于活体微观定量生理学。此外,还研发了激光空间相干性高低切换的新技术。这允许在不同显微镜模式中通过使用单个光源获得结构和功能信息。典型例子是活体蝌蚪心脏的动态多模态生物医学成像,这是人类心脏疾病的一个重要动物模型。如图7.6(c)(d)所示,低相干照明提供结构信息,而高相干照明则对心脏中的血流成像,因为血细胞的运动使散斑成像随机化,所以降低了时间平均对比度。

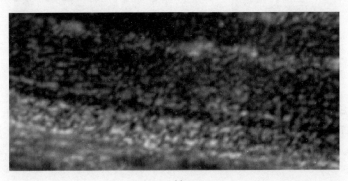

(a)

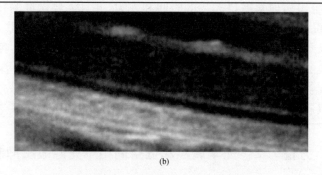

(b)

图 7.5 光调控的散斑抑制

(a)无光调控的组织标本光学相干断层扫描(OCT)图像;(b)光调控的 OCT 图像(资料来源:SOURCE O Liba,M D Lew,E D SoRelle,R Dutta,D Sen,D M Moshfeghi,S Chu,A del a Zerda,Speckle – modulating optical coherence tomography in living mice and humans,Nature Communications 8:15845,2017;根据知识共享协议的许可条款发布的开放获取文章)。

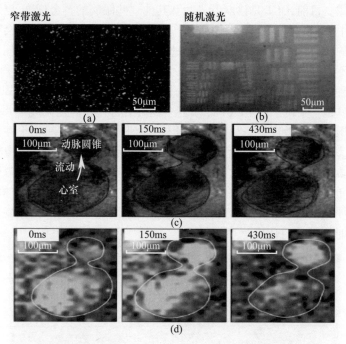

图 7.6 (a)(b)随机激光散斑抑制;(c)(d)蝌蚪心脏的双模成像对比。(c)低相干光散斑抑制,(d)高相干光血流成像(资料来源:(a)和(b) B Redding,M Choma,H Cao,Speckle – free laser imaging using random laser illumination,Nature Photonics 6:355 – 359,2012,doi:10. 1038/nphoton. 2012. 90. (c)和(d) S Knitter,C Liu,B Redding,M K Khokha,M A Choma,H Cao,Coherence switching of a degenerate VECSEL for multimodality imaging,Optica 3:403,2016;开源获取文章)。

7.1.6 生命科学领域非传统研究实体对 AMO 的影响

慈善组织通过建立自己的研究实体取代了直接的研究资助,如 Howard Hughes 医学研究所、Allen 研究所和 Chan – Zuckerberg 项目提出的 Janelia 研究学院(Janelia research campus,JRC),这3家研究所都非常重视发展成像技术。他们的成功,如上面强调的由 JRC 首创的超分辨荧光成像和晶格光片显微镜,表明大学和国家实验室之外的非传统研究实体同样可以成为创新与发现的温床。技术人员获得稳定的机构支持、不用为团队领导撰写管理文件和拨款文件以及小规模团队运行,这些都可能是他们成功的原因。此外,非 AMO 技术的荧光探针和荧光报告技术,同样受到 AMO 技术进步的推动;反之亦然。这种良性循环可以通过不同类型的科学家和工程师的协同工作交互推进,通过这种协同工作提高对这些技术的了解和使用,也将使最新的 AMO 技术更快地应用于生命科学领域。

7.2 天文学、天体物理学、引力、宇宙学和 AMO

人类对未知事物的渴望促进了望远镜性能的突飞猛进,如通光孔径、空间分辨率和光谱灵敏度。AMO 物理在通过观测宇宙活动获得有用信息中起着至关重要的作用。尽管这些数十亿美元的投资以及由此开展的相关观测已经取得了巨大的进步,但通过对基本理论的深入理解,我们仍有机会了解更多。这包括深入了解碰撞、反应以及关键元素光谱,如将现有方法应用于天体物理相关的分子研究,有助于实现天文学上观测分类这种简单但关键的工作。其他信息只能通过基本理论的推进、计算能力的提升以及 AMO 实验的相关进展而获得,其中 AOM 实验包括复杂反应过程、纠缠、AdS/CFT 对偶等相关行为。

7.2.1 系外行星

迄今为止,已经发现了4000多颗系外行星,受观测条件的限制,要求这些行星比地球质量更大或与主恒星的距离较小。现在开始有针对性地搜索质量、轨道与地球接近的类地行星,这需要校准可见光和红外光谱仪,使其光谱精度达到 $1/10^9$ 甚至更高,并且能够在几十年内保持稳定运行。系外行星的大气层为其宜居性提供了线索。然而,由于对深层大气分子的物理性质及其光谱特性了解甚少,这导致我们对系外行星大气层的解读有限。

对围绕遥远恒星旋转的系外行星的探测和特征识别,有两种不同的方法,这两种方法都涉及重要的 AMO 技术。直接观测行星的反射光比较困难，因为恒星的发光强度可能比行星反射光强 10 亿倍。在相关探测方案中，所谓的凌日方法适用于一小部分行星（类地行星小于 0.5%），该方法要求待观测行星从恒星前面经过且恰好完美排列。这一过程会导致日偏食，使恒星发光的强度略微降低（对于类地行星来说大约是 1/10000，这会导致误报风险）。行星的直径可以通过光强减少量来测量，在未来，最终希望可以使用穿过行星大气层的恒星光来检测生物分子的光谱特性。

多普勒方法是一种补充技术，它依赖于恒星相对于地球的速度微小变化，这种变化是由绕恒星运行的行星引力牵引导致的。恒星径向速度（RV）的微小变化会导致其原子辐射谱线的特征频率发生微小的多普勒频移。因此，RV 方法可获得行星的质量，结合凌日法获得行星半径可以得到行星密度。密度对于确定行星是由岩石构成的还是由气体构成的至关重要。类似木星的巨型行星可以产生 50m/s 的恒星 RV 振荡（见 51Pegasib；Mayor and Queloz, 1995.) 的数据（图 7.7(a)(b)），但地球运动导致的太阳速度变化仅 9cm/s。在如此低的速度下，光频的多普勒频移只有百亿分之三。

这个多普勒频移的大小，如果用光谱仪测量，其在 CCD 相机硅片上的图像只移动了约 10 个硅原子的距离。过去 20 年的技术进步已将 RV 测量精度提高到了 7cm/s（图 7.7(c)）。这一壮举是由 AMO 领域发明的光学频率梳（天文－光学频率梳）实现的，该光频梳由频率稳定且间隔相等的光谱梳齿组成，光频梳可以输出宽带光谱，用于持续校准光谱仪并消除由于大量系统误差产生的长期漂移。这一点是至关重要的，因为必须在几个轨道周期（数年到数十年）持续跟踪类地行星引起的 RV 振荡，才能确认系外行星的存在并精确定位其轨道参数。就目前来看，基本上不可能在数年时间内保持测量设备的机械稳定性和光学稳定性，因此持续用光学频率梳进行绝对频率校准将是系外行星天文学的突破。

AMO 精确计时和 GPS 对于确定望远镜的星历也很重要，望远镜的位置和速度会因为地球自转与绕太阳公转而变化，这些影响会导致 RV 信号产生 30km/s 量级的巨大变化；通过现代精密测量技术可以识别并消除这些影响，修正后的 RV 信号精度优于 1mm/s。

在未来，用于外系行星探测的精密 RV 测量，也能探测银河系附近由于存在其他恒星和暗物质（DM）而导致的恒星加速度。这些测量可直接用于局部引力势和暗物质密度探测，从而有可能绘制银河系引力势分布图。银河系暗物质密度的测量，对于直接或间接寻找形成暗物质的未知粒子以及对标准宇宙学模型的理解都是至关重要的。下一代大型望远镜，再加上天文光频梳波长校准仪与系外行星光谱仪，可实现更高的 RV 精度和稳定性，同时能满足恒星测量所要求的 10^{-8}cm/s^2 加速度条件。

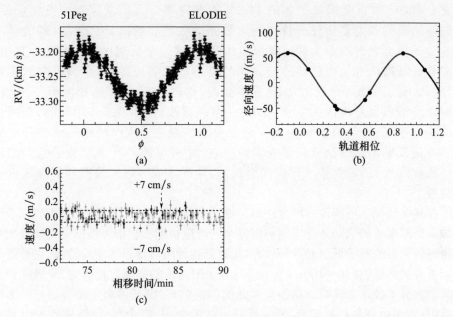

图 7.7 （见彩图）(a)Pegasus 51b 的原始数据，一颗轨道周期仅为 4.23 天的大质量行星运动导致母星以 50m/s 的径向速度振荡（资料来源：M Mayor, D Queloz, A Jupiter – mass companion to a solar – type star, Nature 378:355 – 359,1995）;(b)同样信号来源下，当前技术给出的误差明显减小；(c)残差显示 EXPRESS 光谱仪的径向速度精度为 7cm/s（资料来源：(a) D Naef, M Mayor, J L Beuzit, C Perrier, D Queloz, J P Sivan, S Udry, The ELODIE survey for northern extra – solar planets III. Three planetary candidates detected with ELODIE, Astronomy and Astrophysics 414(1):351 – 359,2004. (b – c) Debra Fischer, Yale University）

7.2.2 分子宇宙

通过对系外行星大气化学成分的光谱观测，可以获得行星宜居性的线索。当一颗行星经过它的主恒星时，行星大气层会对恒星辐射光吸收滤波而产生光谱。2021 年发射的詹姆斯韦伯太空望远镜（JWST），将开启行星大气的近红外与中红外（IR）波段的光谱探测。但是，因为对产生光谱的分子具体物理特性了解有限，这导致我们在分析系外行星大气成分方面的能力不足。许多分子光谱是不完整、不正确或完全未知的。一些重要的分子包括 H_2O、CO_2、CH_4、O_3、CO、NH_3、TiO、VO、HCN、C_2S_2、H_2S、PH_3、SO_2、HCl、HF、OH、SiO、KOH、KCl。需要的参数包括压力诱导谱线展宽、碰撞诱导吸收导致的连续谱不透明度、高精度光谱分辨率下的分子不透明度、高温下分子的光子吸收截面，以及与大气相关的化学反应扩展数据库。

现在拥有 Atacama 大型毫米波/亚毫米波阵列（ALMA）、平流层红外探测天文台(SOFIA)以及即将工作的JWST,随着这些令人印象深刻的设施建设,人们热切期待获得复杂分子特征的海量光谱数据。然而,天文观测到的绝大多数分子特征光谱很难实现元素识别和分类,这是个长期存在的难题。其中,许多特征谱被认为是由已知的与未知的复杂分子造成的,如布满太空的多环芳烃(PAH)。目前,理论方法还不够准确,仍然无法可靠地预测分子光谱。实验室光谱识别是确认太空分子的唯一可靠方法,但实验工作很耗时,按照目前的进展速度,每年只能识别出少量新分子。总之,AMO领域需要在分子光谱学方面发展出新理论和获得新实验突破,才有可能解开宇宙分子的全部谜团。除此之外,还需要推进反应散射技术,这样才能可靠地模拟和解释宇宙分子特性。

在某些情况下应用现有的方法就足够了,而在更多情况下,需要真正的创造性思维来突破现有的认知才能定性识别复杂的反应机制。德国海德堡马克斯普朗克核物理研究所的离子低温储存环(CSR),就是这种极具前景的实验设施,它开展与星际云有关的低温(10~100K)下电子与分子阳离子的碰撞过程研究,开展非弹性碰撞率和分子破坏率研究。斯德哥尔摩的德西里环,则开展离子碰撞研究。美国的AMO组织也开展相关实验,研究俘获冷却的分子、离子与低温、慢速自由基粒子束的碰撞和反应。然而,目前美国几乎没有AMO理论家对这些设施给出的实验结果开展进一步的理论研究。

7.2.3 重力与宇宙学

正如第6章讨论过的,引力波开启了天体物理学和宇宙学中的新领域。压缩光探测与激光干涉仪的功率增强探测相结合,预计将实现高频(50~5000Hz)引力波检测。这些进展将增加可探测空间、提高定位精度(源方向确定),能够更好地估计致密天体合并的潮汐变形参数,使探测天体合并演化以及约束中子星物态方程成为可能。AMO作为替代方案,有可能利用大型原子干涉引力波探测器实现低频区的引力波测量,AMO技术的不断进步,有助于通过引力波技术揭开宇宙的奥秘。

2019年,射电天文学家利用事件视界望远镜成功拍摄了第一张距离地球5500万光年的黑洞图像,这是一项长达14年的重大探索任务。在如此遥远的距离上分辨如此小的物体,需要使用口径接近整个地球大小的"虚拟"射电望远镜,这个"虚拟"射电望远镜的信号由分布在世界各地的望远镜观测信号合成。为了将这些不同的无线电信号进行数字融合,这些持续记录几天或几周的数据必须通过分辨率足够高的"时间戳"标记到达时间。上述过程又需要高精度原子钟(商用氢原子钟,大于10s时间尺度上频率稳定度为$2/10^{14}$),这些钟的时间同步和长期稳定通过GPS卫星实现,而GPS的钟又通过铷原子钟同步。所以,如果没有AMO领域的这些成果,就不可能有图7.8所示的壮观图像。

图7.8　NASA Spitzer 太空望远镜拍摄的 M87 星系图像
注:上部分插图显示了超大质量黑洞边缘高能物质喷流的红外光学图像;下部分插图显示了事件视界望远镜拍摄的黑洞射电图像(资料来源:NASA Jet Propulsion Laboratory, "Spitzer Captures Messier 87(EHT)," April 25,2019;courtesy of NASA/JPL – Caltech/IPAC/Event Horizon Telescope Collaboration)

　　AMO 对引力物理学(或宇宙学)更基础的影响是弦论的 AdS/CFT 对偶性。这是一个在特定几何背景下(AdS 空间)引力和量子理论(指共形场理论(CFT))之间存在了几十年的关系。最近人们已经清楚这种 AdS/CFT 对偶性意味着时空几何和量子纠缠密切相关。特别地,前者可能是后者的一个涌现属性。在该模型中,量子理论中的纠缠是对偶性中引力出现几何现象的原因。但是纠缠也是量子系统中出现热化的原因(见7.3节)。从对偶性的一个角度来看,大规模纠缠导致了黑洞几何结构的形成,从对偶性的另一个角度来看,大规模纠缠导致了平衡和热化的过程(通过将信息隐藏在因纠缠而无法获取的全局关联中),信息"丢失"似乎与宇宙学中的"黑洞信息悖论"具有对偶性。无论在哪种情况下,信息都不是真的丢失了,只是难以恢复。

7.3 统计物理、量子热化、经典世界的形成、AMO

正如本节标题所提到的,AMO 提供了一个优秀的平台,可以探索宏观系统如何实现平衡、量子世界如何演化到经典世界等问题。这可能是所有物理学中最基本的问题。第 3 章讨论了少体物理展现出的复杂性,如果从热化理论的角度考虑,这又是自相矛盾的。由于时间反演不变性的存在导致系统的基本动力学过程可逆,可是一个系统看起来总是趋于平衡状态。混沌似乎弥补了这个漏洞,混沌中微小的扰动就会阻止动力学沿着相反的路径演化。上述过程从量子力学考虑就有点不合常理,因为波函数的幺正演化仍然存在可逆性。这意味着,如果不考虑其他机制的话,系统的熵不能增加,这正如系统趋向平衡时所被预期的那样。那么,热化的本质应该是什么呢?

这个问题的答案似乎与纠缠密切相关,也与平衡态以及经典特性密切相关。过去十多年的理论工作提出利用本征态热化假说(ETH)来阐明其中联系。ETH 理论展示了量子系统如何实现热化,该框架中微观模型和宏观现象通过具有高度纠缠的量子态关联。AMO 提供了纠缠态的产生方法以及相关假说的实验验证。具体来说,通过 AMO 实验特别是量子气体显微技术可以构建相关实验系统并实现精确控制,最近的实验使用这种量子气体显微技术研究了俘获在光晶格中的一维铷原子阵列。初始时刻,阱中原子是独立且没有相互作用的。当有隧穿相互作用时,系统作为一个整体保持纯态,但较小的子系综开始遵循热分布演化。该实验可以观测量子系统中的统计力学演化,以及验证量子纠缠在系统演化中的基本作用。部分纠缠态的测量产生了局域熵,此时的子系统不再是纯态,而是统计上的混合态。这些现象即使在像贝尔态一样的简单系统中也会出现,但在强纠缠的宏观系统中更容易发生。

在量子气体显微技术中的 AMO 测量使上述假说的实验验证成为可能,事实也证明系统趋近平衡的过程与 ETH 假说的描述是相符合的,全局纯量子态在局域态的作用类似统计力学定律演化的经典系统。

根据这种理解,幺正的量子系统热化中信息不会丢失。但是,初态信息会因为纠缠而改变,并不可逆转地隐藏在复杂的全局关联中,这些信息无法通过局域测量获得。

这更具有推测性,但似乎纠缠熵、热化的来源也可能就是我们现实世界中可观察到经典性出现的原因。这种局域经典性在经典混沌(同样是局域的)动力学中是允许的,这居然又完全让我们回到如何利用混沌解释热化的循环中了。

总之,基于 AMO 的思想和方法,特别是围绕纠缠的产生和调控,对于回答热力学第二定律、万有引力以及现实世界中的经典现象等重大问题来说,可能是至关重要的。AMO 科学可以通过大规模纠缠的研究继续为这些基础问题服务。

7.4 凝聚态物质与 AMO

在不久之前,Art Schawlow 在谈到 AMO 物理学时开玩笑说:"双原子分子中的原子已经够多了"。然而,经过 20 年来的发展,原子物理学已经远远超越了两个原子,甚至超出了分子物理领域。

AMO 物理对统计力学与凝聚态物理(CMP)的影响,包括玻色-爱因斯坦凝聚态的实现以及随后量子简并费米气体的实现,以及探索它们的渡越机制、奇异配对机制以及在统计力学领域的其他问题,这一趋势在新物态相(包括动力学诱导相)的产生与研究等领域正在加速。与 CMP 不同,AMO 物理中的相互作用容易调节且系统"纯净"。例如,系统基本没有缺陷或混乱,除非明确研究一些特定引入的效应,并且这些效应可以被控制在所关注的核心物理之内。

在过去的 10 年中,基于 AMO 的量子模拟,特别是 CMP 现象的模拟得到了越来越广泛的推广和应用。与此同时,不断改进的技术方案使可控性更好,从简单的光学晶格到量子气体显微成像,再到目前精确可编程控制的光镊阵列(见第 3 章和第 4 章)。在模拟系统中,我们不再局限于新物态和相变的研究,逐步开始探索其他方法无法实现的量子相变(在绝对零度产生)。我们还可以研究 CMP 模型的哈密顿量,这是包括磁性和新型超导电性在内的各种现象的基础。此外,AMO 技术允许通过 CMP 中非常规的测量技术直接获得模型系统的全部波函数。

在过去的 10 年中,持续关注但亟待解决的问题是高温超导。该问题涉及的 Fermi-Hubbard 模型(一个非常优雅但高度简化的模型)包含必要的物理量吗? 如果没有,最基本的附加条件是什么? 由于希尔伯特空间的维度随粒子数指数增加,即使是这种简单模型的计算机模拟也很困难。基于 AMO 的量子模拟所能处理的系统已经远远超越经典计算机所能处理的最大系统,基于此已经观察到了反铁磁 Néel 态。然而,高温超导相仍然不清楚。基于上述模型可以推导出高温超导相吗? 目前,阻碍 AMO 相关研究的原因不仅仅是没有获得更冷的系统温度,更本质上是没有理解封闭量子系统如何以及在什么情况下达到平衡。这些困难本身就是 AMO 物理领域之外重要且未解决的传统问题,但现在已经成为 AMO 领域的一部分。

此外,AMO 物理学已经明确进入观测 CMP 现象的领域,如 Mott-绝缘体相变、Bloch 振荡(存在"倾斜"周期势)以及不久将很快出现的量子自旋液体。自玻色-爱因斯坦凝聚态实现以来,CMP 与 AMO 之间的联系不断加强,上面所述的 CMP 系统量子模拟是近年来的重要领域。在过去的 10 年中,这些领域间的交叉融合日益增加,具体例子可以在下面的两个亮点工作中看到。

7.4.1 玻色–爱因斯坦凝聚极化子

CMP 中的激子类似于原子物理中的氢原子,它们是由半导体导带中带负电荷的电子和价带中带正电荷的空穴(丢失的电子)形成的类氢束缚态,光子穿过固体时会通过吸收过程产生激子。反过来,电子与反粒子(空穴)的湮灭过程会使激子消失,同时产生光子。值得注意的是,在量子相干激发过程中,在固体中真正激发的既不是光子也不是激子,而是两者相干叠加态。这种相干的光–物质激发被称为极化子。

在过去的 10 年中,人工结构半导体中的激子特性调控取得了令人振奋的实验进展。如图 7.9 所示,激子通过量子阱技术被局域在二维薄片上,光子被周围一对高反射率的反射镜局域在同一个区域,这种受限结构形成了高相干、长寿命的极化子。

此外,结构限制使极化子的有效质量比电子质量小 3 个数量级。相应地,低质量意味着粒子在数十开尔文的温度下就可以形成玻色–爱因斯坦凝聚,这不同于冷原子气体要求的 100nk 温度要求,如图 7.10 所示。而且,极化子与普通光子不同,其可以通过相互排斥作用实现碰撞和散射。这意味着在形成 BEC 的基础上,还可以形成无阻力流过障碍物的超流体。通过倾斜激光束形成非零动量的极化子凝聚体实验系统,首次实现了超流体穿过障碍物的量子波函数直接成像。排斥性相互作用还引入了其他相关的现象,如通过极化子"流体"的集体密度波,即所谓的"光的声速"。这是新领域中一个令人兴奋的例子,该领域中光子和极化子是关联与相互作用量子系统的基本量子。

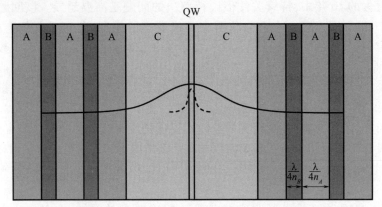

图 7.9 不同半导体材料层构成的人工结构

注:中心的量子阱(QW)相对周围材料具有更小的带隙,因此阱中产生的激子被约束在该层。周围材料层构成一对高反射镜(分布式布拉格反射器)约束内部反射光子。因为光子和激子被限制在相同二维空间区域,极化子的形成被显著增强。(资料来源:S M Girvin,K Yang,"Bose–Einstein Condensation and Superfluidity," pp. 531–548 in Modern Condensed–Matter Physics,Cambridge University Press,2019)

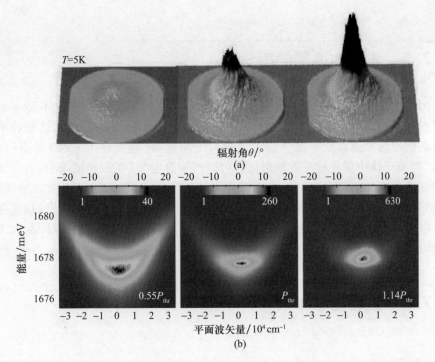

图7.10 （见彩图）温度为5K时二维量子阱中极化子的玻色-爱因斯坦凝聚（相变温度几十开）(a)3种不同密度的极化子准平衡动量分布。动量矢量方向由光子的辐射角确定,凝聚态缓慢逃逸的光子通过反射率略小于1的分布式布拉格反射器(DBR)反射输出。注意,这与温度为100nK冷原子系统的观测结果非常相似。(b)直接显示色散曲线上不同点的极化子数量。能量由DBR反射的凝聚态辐射光子的频率决定。动量由相对于二维系统法线方向辐射角确定(资料来源:经Springer Nature许可转载,J Kasprzak, M Richard, S Kundermann, A Baas, P Jeambrun, J M J Keeling, F M Marchetti, et al, Bose - Einstein condensation of exciton polaritons, Nature 443:409 - 414,2006)。

7.4.2 光诱导的物质相

当强激光脉冲入射到材料时,光通常会被电子吸收形成电子激发态。然而,如果强激光频率调谐到低于吸收阈值频率,会出现新的量子效应。此时,光可以与固体中的电子相干杂化,产生光子-电子的量子叠加态,称为Floquet - Bloch(FB)态。最近的实验通过红失谐光照射材料来拍摄电子能级的"电影",证实了这种叠加态。这些研究为物质量子态的光学操控铺平了道路。它可以通过改变光的偏振、强度、频率等参数来改变材料的相,如将其从导电相变为绝缘相,从透明相变为不透明相。例如,在某些半导体中,对称性使两种不同电子态("谷")能量简并,可以通过圆偏振光打破对称性从而消除能量简并,圆偏振光的作用类似于强磁场的作用。在其他材料中,光可以用来增强超导。利用光调控固体物质的领域仍处于起步阶段,但从这些例子来看,无论是在科学研究方面还是在未来的应用方面,这些工作都为物质调控提供了可能。

7.5 先进加速器的概念

另一个 AMO 物理与高能物理前沿相关的是加速器物理,虽然这不是一个新课题,但在过去的 10 年中,AMO 领域的进步促进了激光技术的突破,这些技术将使所谓的尾场加速器变得比传统大规模粒子加速器(通常是千米级)紧凑(和经济)。等离子体中激光脉冲的辐射压力可以产生静电力(在激光尾流中,由等离子体中深度分离的电荷组成),这比现在使用的传统加速器(如射频直线加速器)所能达到的静电力大 3 个数量级。最终,如果该领域当前的实验进一步升级,就意味着可以使现有加速器体积减小 3 个数量级(米而不是千米),或者可以探测大 3 个数量级的高能现象。

7.6 集成光学和 AMO

7.6.1 可编程纳米光子处理器的动力学控制

光子集成电路(PIC)在高性能计算机以及数据中心的通信和互连中变得越来越重要。基于互补金属－氧化物－半导体(CMOS)的中央处理器(CPU)/图形处理器(GPU)和冯·诺依曼计算机架构逐渐达到物理极限,支持非传统架构的模拟计算技术硬件加速器在处理棘手问题方面显现出应用前景。这些新方案依赖的重要光子模块之一是芯片级 PIC,它可以对光信号执行完全并行的通用线性代数运算。这些电可重构的系统,能够对在经典信息处理中计算复杂的新兴应用开展计算,如无序情况下的高效量子传输模拟和机器学习。对于更通用的光学计算机,仍然需要诸如非线性门、存储等附加的信息处理功能。例如,通过两个具有共振频率和相位的微环谐振器耦合,可以构建二能级人工光子分子,谐振器的频率和相位可以通过微波精确控制。这样的系统具有可扩展性和可制造性,同时展现了经典和量子信息处理所要求的光子频率、振幅与相位的调控。未来,随着低损耗材料非线性光学效应的进一步发展,芯片级光子逻辑运算和开关电路的全光控制将成为可能,由此可以避免光晶体管等单独组件的需求。这些技术进步促使了全光加速器概念的提出,这种之前在文献中提到过的加速器可以处理传统上难以实现的计算,如计算难度指数增加的"旅行商问题",对于这个典型的调度/优化问题,当前数字计算机通常不能在有效时间内解决。

7.6.2 神经形态计算与通信

机器学习(ML)是"人工智能"的一个分支学科,这个有50年历史的领域经历了兴起和资金支持的起伏,目前进展迅速。与大多数现代经典和量子信息处理的模型不同,机器学习技术通过超大数据集(从数百拍字节到几十艾字节)训练学习,这种学习方法往往来自直觉知识而不是证明,并且严重依赖于非智能计算平台上执行的各种算法。例如,储备池计算(RC)已成为很有前途的模拟方法,其通过构建神经形态计算技术(包括旨在模拟神经系统的模拟电路)可以非常有效地完成复杂的时间依赖性机器学习任务。在储备池计算中,储备池是一个由任意连接的人工神经元网络组成的非线性动态系统。通过在输出层训练,操纵储备层外部的动力学变量使输出与所需目标匹配。与人工神经网络的方法不同,计算开始后其内部动力学变量就不再改变,对于求解通信、机器人、经济学和神经科学等领域的问题,可以极大地缩短计算时间。近年来,利用光子器件构建的储备池计算平台取得了很大进展,其高带宽和并行性优于传统的电子器件储备池。在未来,深入研究储备池计算过程中的机器学习问题的解决方案,有助于推动对复杂方法(如神经网络)底层行为的认识,并为实现光子芯片上的高度集成网络提供应用场景。大规模集成光子技术应用于基于人工光学神经元的工程化神经形态系统,已经在脉冲神经网络与生物大脑简单连接方面开始了模拟研究,并取得了重大进展。集成光学固有的可扩展性以及光路连接的灵活性,可能会加深对神经学习以及神经可塑性的进一步理解。

7.7 AMO 和经济机遇

7.7.1 基础科学推动工业发展新技术

几十年来,AMO 与工业界密切合作明显提高了用于先进实验的设备性能。最近重要的一个例子是激光干涉引力波天文台(LIGO),它通过测量反射镜的运动来探测引力波,这个 10kg 重的反射镜变化距离比质子直径小数千倍。激光器制造商、反射镜基片与镀膜制造商、光电探测器制造商以及 LIGO 科学家,共同建立了一个运行精度空前的光学系统。新型工业设计的高稳定、低噪声激光振荡器为测量提供了基本波长参考。商业化熔融石英测试镜的基片纯度非常高,每百万个光子的吸收损耗小于一个光子。这些基片的表面曲率非常完美,相对于设计偏差只有几个原子层。

7.7.2 现有商业技术促进新基础科学

一些源自基础研究的实验发现和发明在工业领域转化,并产生了具有广泛应用和经济影响的商用现成技术(commercial off-the-shelf technology,COT)。其中,一些技术也会回流到实验室促进新的科学发现。

一个有趣的例子是蜻蜓望远镜系统,该系统由两组各有 24 个商业长焦镜头(图 7.11)构成,可以实现极快的 1mf/0.4 折射望远镜功能。通过巨大的商业投资改善透镜组规模和单长焦镜头的增透膜涂层,极大地促进了大视场与衍射极限成像等基础科学问题的研究。这种商业技术生产的高质量光学镜片,一个关键特征是镜片涂层不是光滑的,而是分布着比光波长还小的微小锥形凸起。这些涂层导致光线进入透镜时从空气到玻璃的过渡更加缓慢。这极大地减少了散射光,使得这种望远镜非常适合在有明亮前景恒星存在的情况下对表面亮度很低的延伸目标成像。这种技能促进了大量意想不到的发现,包括围绕银河系的新伴星系、几乎完全由暗物质组成的极暗星系,以及暗物质极少的稀疏星系(图 7.12)。

图 7.11 (见彩图)两组 24 个镜头的蜻蜓系统中 400mm 商用长焦镜头之一
(资料来源:Pieter van Dokkum 提供)

图 7.12 蜻蜓望远镜系统发现的几乎没有暗物质的幽灵般的"透明"星系
(资料来源:Pieter van Dokkum 提供)

最近,另一个例子证实在商业化的互补金属-氧化物-半导体(CMOS)器件中制造平面离子阱是可行的,它具备优化的再现性设计、更低的制造成本和高度的可扩展性。包括掺杂有源区和金属互连层的标准 CMOS 工艺,允许 CMOS 数字与模拟电路以及用于全光控制和探测设备的共同集成。这种离子阱方案利用金属层代替表面电极,该金属层充当俘获层和底层 p 型掺杂硅衬底间的接地层。综合上述集成光子技术,商用 CMOS 技术允许通过协同设计制造可靠、稳定的平台,用于俘获离子阵列中的大规模量子处理。

7.7.3 AMO 创造商业新技术

在过去的 50 年中,AMO 基础科学带来了数百项涉及我们日常生活的新发明和新技术。相关领域包括以下几项。
(1) 生物医学新的成像和分析技术。
(2) 平板电视、计算机和手机显示屏(三维)。
(3) 更便宜、更高效的光源。
(4) 太阳能电池。
(5) 增强导航和通信。
(6) 加强国家安全和国防建设。
(7) 化学、生物和环境传感器。
(8) 电力传输。

此外,许多创新技术,如高分辨率显微镜和望远镜、用于计量和通信的频率梳等,极大地增强了我们开展科学实验和发展商用颠覆性新技术的能力。50 年前,在没有考虑具体用途的情况下,Charles Kao 提出了一个简单的问题:玻璃的透明程度是否有极限?经过十多年的研究,他对相关问题的探索激起了实用化光纤通信和互联网的发展。同样,在 20 世纪 80 年代和 90 年代,研究人员开始探索使用亚微米绝缘硅光学结构来实现各种各样的器件和功能,开创了"硅光子学"领域。许多想法已被工业界采纳,在高性能计算机与大型数据中心数据通信中用作铜线的高性能替代品。数据中心和高性能计算机很可能是光学芯片的主要用户,光学芯片由大规模集成的激光器、调制器和探测器构成,作为超高带宽数据的发送器和接收器。如图 7.13 所示,光子器件和电路现在可以在标准 CMOS 代工中制造,其密度和性能比 10 年前高出 10~1000 倍。

在大规模集成纳米光子学领域,研究人员和工业界之间的互动促进了科学研究与高端开发的良性循环,改进的可扩展制造硅光子器件可以提供给 AMO 科学家使用,这些科学家的发现反过来又能促进新的商业产品开发。目前,硅光子学还没有硅电子学那样普及,其原因主要是集成光学一直遵循设计和制造由不同公司单独完成的"垂直"商业模式。相比之下,CMOS 行业采用了"水平"的商业模式,鼓励在广泛的工业生态系统中多供应商设计、制造和封装。通过向每个 CMOS 代工的客户开放光子工艺设计包(PDK),普及集成纳米光子学技术并扩大良性循环

图 7.13　由惠普实验室设计并采用 65nm 工艺流程制造的 300mm 硅光子晶片照片
注：这是 AMO 科学家与学术和工业界工程师数十年合作的直接成果，每个裸片（段）包含由数千个集成光学元件组成的数百个纳米光子电路，可以使用配备光纤探头的标准工业 CMOS 晶圆测量站对单个电路元件进行测试（资料来源：Rebecca Lewington，Hewlett Packard Enterprise）

范围和持续时间，为同类型的多项目晶圆运行提供平台，这些都是电气工程教育、研究和高级开发的基本内容。这些工具是实现高产量硅光子器件和电路制造的技术诀窍，与当前的电子 PDK 为整个电子行业提供的服务类似。在州政府和基础产业的联合支持下，这里有足够多的机会在大学中持续开展 AMO 相关的科学研究和工程用户设施建设，如下文所述。

AMO 在过去 10 年中的科学进步催生了一批新的科技公司，旨在应对和发展这些技术进步新开创的市场。这些公司中的多数是全球政府对大学基础科学投资和政府项目将学术创新转化为商业市场的直接产物。虽然现在评估经济影响还为时过早，但其中许多技术具有潜在的开拓性，并可能会带来全新的市场、创新周期和应用领域。例如，最近成立的计算公司寻求开发量子和光子计算平台；保密通信和网络公司寻求将量子保密协议商业化；医疗诊断公司寻求先进的原子蒸汽室和固态缺陷材料磁强计；精密导航公司探索先进的原子干涉测量技术和时间与频率技术；环境监测和地球物理勘探公司寻求开发下一代地球物理与环境传感器；以及其他新型传感测量公司。新兴市场包括信息、通信、医疗和航空航天技术领域。此外，还有其他公司则面向供应链市场，为大学、政府和工业客户提供 AMO 相关的创新模块技术，如激光器和光电子器件。这些公司为快速循环创新提供了商业上无法获得的先进产品和采购渠道，并在研发生态系统领域发挥着至关重要的作用。

7.8　联合资助跨学科研究实验室

大学中 AMO 科学和工程领域相关的跨学科研究实验室和中心，将来自不同学科领域的研究人员和学生聚集在一起。这些设施的成功得益于州政府和行业在内的联合资助模式。州政府通过产业和人才劳动力发展的联系促进了经济发展。在这些设施中,学生可以进一步拓展视野,而不再是局限于他们的课程选择,这符合他们在工业界的职业发展目标以及学术界的跨学科研究。这些中心还为希望开展新的跨学科研究计划的教师增加了外部资助机会。

这方面成功的例子包括罗切斯特大学光学研究所和罗切斯特市的光学、光电学和成像技术的加速器项目。他们最初获得的 188 万美元联邦资金支持用于帮助 50 家中小企业的加速发展,后续又获得 20 万美元的州政府支持和 70 万美元的私营组织支持。此外,2012 年以来纽约州已投资 61 亿美元用于芬格湖地区包括光电子在内的关键产业的经济发展。"创新纽约"项目为新公司和不断壮大的光电子公司提供了进入学校、先进研究实验室机会,提供了发展资源和重点行业人才的机会,这些设施条件为学生提供了跨学科研究机会以及行业就业机会。

艾奥瓦州在 1987 年投资 2500 万美元启动了光学科技中心、艾奥瓦大学微加工系统、中央显微镜系统,这是高校在物理、化学和工程领域的跨学科激光应用研究的典型例子。这项原始投资进一步促进了激光在生命科学中的应用、光学与光子工具应用公司的发展及经济的发展。

还有其他的例子,遵循联邦、州和行业联合资助的模式。佛罗里达大学(UCF)拥有光学与激光教育研究中心(CREOL),这是光学与光子学院 4 个研究中心中最大的一个,也是学院的基本组成部分。1986 年,佛罗里达州立法机构批准启动 UCF 预算,提供 150 万美元的年度经常性资金用于支持 CREOL。2007 年,UCF 利用佛罗里达州 450 万美元的资金成立了汤斯激光研究所(TLI),以表彰诺贝尔奖获得者、激光的共同发明者 Charles Townes。TLI 与 CREOL 合作,致力于开发用于医学、先进制造和国防领域的下一代激光。亚利桑那大学光学科学学院(OSC)成立于 1964 年,拥有屡获殊荣的学生、研究人员和行业合作伙伴,50 年来一直是创新的领跑者。OSC 作为大学的一部分由亚利桑那州资助,并得到行业和政府合同支持。蒙大拿州,尤其是博兹曼市,通过资金和税收优惠政策鼓励蒙大拿州立大学的毕业生创办光学公司。如今,有 30 多家公司在博兹曼市蓬勃发展。

7.9 发现和建议

发现:生命科学等其他科学领域从 AMO 科学及其工具中受益匪浅,利用单分子荧光显微镜和自适应光学在自然环境中对细胞超分辨率成像就是典型代表。合成化学和材料科学的后续进展,极大地提高了 AMO 科学及工具的传统范围和影响。然而,由于人们对新工具、新技术、新技能的认识不足和利用有限,AMO 与其他领域的交叉融合还没有全速推进。

建议:联邦机构应改善 AMO 最新技术的可用性,并提高其他科学领域研究人员对 AMO 新技术的认识和利用。此外,各机构应通过资助将最新的 AMO 技术与其他学科联系起来,特别是针对早期使用者。

发现:AMO 相关的科学和工程促进了经济发展。罗切斯特大学、艾奥瓦大学、中佛罗里达大学、亚利桑那大学和蒙大拿州立大学就是典型的例子,国家资助 AMO 引领的卓越中心将来自大学不同学科的研究人员和学生聚集在一起,通过州政府产业建立联系,从而促进人才劳动力的发展。在校大学生通过直接参与工业研发而了解职业知识需求,能够从更广阔的视角选择课程从而受益匪浅。这也促进了大学的跨学科研究,并为希望开展新的跨学科研究的教师提供了更多的外部筹资机会。

建议:各州政府应鼓励高校利用国家资金及行业联合支持的机会,在 AMO 相关科学和工程用户设施领域展开促进经济发展的竞争。

发现:第 2 章和第 4 章中通过对量子物质工程的讨论,描述了一个重要的新兴领域,该领域将 AMO 物理学的多个学科融合,显著增强了材料与电磁场量子态间的相互作用。科学家和工业界在技术转化方面合作潜力巨大,可以使光钟、频率梳在内的大量实验室量子传感器小型化和规模化。这需要显著提高用于硅和 III – V 材料纳米光子结构的先进光刻技术的可用性。此外,AMO 的学生将受益于这些致力于博士培养的量子技术中心,这些中心效仿了英国工程和物理科学研究委员会资助的博士培训中心。

建议:美国国家科学基金会和国防部高级研究计划局应创造资助机会,以学术界和工业界之间强有力的多学科合作为目标,将量子物质工程中当前的电子束光刻方法转移到先进的光刻试验线。

建议:应扩大国家科学基金会研究实习生项目,以确保下一代博士后研究员能够应对工程和物理科学领域的研究与创新挑战,特别是量子工程领域。

建议:联邦政府应为基础研究提供资助,通过开发诸如代工方式的工业平台来支持光子学和工程量子物质的集成。

发现:天文观测领域暴露了我们对 AMO 科学的理解明显不够,这需要重大的科学进步来解决。为了最大限度地利用地面观测和卫星观测,AMO 需要新的理论和实验突破来对观测到的物质进行分类,并深入理解天体物理环境中基本原子和分子的形成过程。

建议:美国国家科学基金会、美国能源部和美国国家航空航天局应支持与强化有能力开展实验、发展理论、进行计算的教职群体,同时并鼓励其他资助机构加强支持,尽可能确保从业人员从天体物理的观测中获得回报。

第8章
AMO 科学与美国经济社会的生态融合

在前几章中,强调了过去10年中AMO科学取得的惊人成绩,并展示了未来科学发现和新技术的机遇。然而,编委会认识到,AMO科学并不是孤立于国家经济社会之外发展的。因此,在本章中,编委会调查了与经济社会相关的AMO科学领域状况。同样,全球范围内都在开展AMO科学研究,具有广泛的跨学科影响力,我们讨论了资金、教育、劳动力发展、人口参与广泛性,以及美国AMO科学的全球定位等。利用过去10年的趋势评估了美国AMO科学的表现,并提出为应对挑战和抓住机遇期的发展战略。

几十年来,美国在AMO科学领域享有卓越地位,主要包括以下几个原因:持续的政府资助、学术机构和工业研究中心的广泛投资、AMO研究商业化和产品有效转化,以及世界级有创造力的科学家群体。但是,美国AMO科学也可更好地抓住未来发展机遇,让不断变化的美国人口更广泛地参与,保持和扩大资金来源,并确保开放性,让世界所有国家的优秀公民都能参与到美国的科学事业,增加科技人员数量。本章将深入探讨这些主题。

8.1 对 AMO 研究的投资:资金、合作和协调

8.1.1 联邦资金

AMO研究经费支出是衡量该领域发展潜力以及衡量美国竞争力与领导力的重要指标。除了学术机构、行业合作伙伴、私人基金会的支持,AMO科学还收到大量联邦资金的资助。在统计AMO科学在美国的资金来源概况时,编委会联系了以下机构,这些机构投资了AMO科学研究:美国国家科学基金会(NSF)、能源部(DoE)、美国国家航空航天局(NASA)、国家标准技术研究院(NIST),以及国防部(DoD)的一些部门,如国防部高级研究计划局(DARPA)、空军科学研究办公室(AFOSR)、海军研究办公室(ONR)、陆军研究办公室(ARO)等。

为了了解联邦资金对AMO研究的影响,了解并确定过去十年间对AMO科学的资金支撑是否保持强劲,编委会邀请各资助机构回答在所有项目中与AMO相

关支出的以下问题。

(1)过去10年间,该机构每年用于AMO研究的绝对金额是多少?

(2)过去10年间,每年的资金规模分布情况如何?

由于编委会还试图了解早期职业科学家获得联邦资金进行研究的机会,因此还要求各机构回答:过去10年间,每年有多少奖项授予AMO相关研究,多少资金资助已取得博士学位的年轻科研工作者?

编委会要求分3个时间段:博士毕业后5年内、博士毕业后10年内,以及博士毕业后超过10年。

编委会收到了几个(但不是全部)机构的详细回复,某些项目还给出了附加说明。具体数据如表8.1所列。2008—2018年,共10年内,每年用于AMO相关研究的总金额(以百万美元计)都被显示出来,总资金变化趋势如图8.1所示。每个数据点统计了提供数据的各机构支出总和,并给出各机构的年度支出情况。

在过去10年间,联邦政府对AMO相关科学的资助金额总体保持稳定,年度波动较大,其中美国国防部(主要是DARPA,其次是各军兵种)的AMO支出环比变化最大。DARPA有一个庞大的预算,资金的分配方式时不时会发生重大变化,如在2003年之前,DARPA资助的AMO相关基础研究就相对较少。AMO资金的增加可归因于确定的特定机会或针对特定的领域或相应指导资金的项目官员变化。此外,如图8.1(b)和(c)所示,NSF和DoE用于AMO研究的支出(以及因此产生的预算)在过去10年中基本保持不变,大约以2018年为平均值,而NIST则稳步增长,国防部(DoD)每年都有较大波动。

在传统上,AMO物理是由小规模的课题组在桌面级实验系统中开展研究的,虽然这仍然是AMO实验的核心模式,但AMO科学有越来越多的机会在更大的多学科团队中为其他科学领域做出贡献,这需要资金资助模式适应这种变化需求。例如,激光干涉引力波探测(LIGO)项目,以及小一点的实验项目,如ACME和轴子共振相互作用探测实验(ARIADNE)等,这些都是使用AMO技术探测天体物理或未知粒子基本性质的综合实验系统。

为了促进AMO科学发展,使其高效利用,努力改革资金模式,需要长期连续支持,需要资助机构间的协调,需要个体研究与团队支持间平衡。灵活的资金资助结构至关重要,要及时应对现有不断增加的发展机会。在探索粒子间基本相互作用问题的许多比桌面级规模更大的实验系统,过去都是由能源部(DoE)提供资金支持的,同时,DoE越来越感兴趣的另一个领域是帮助规划量子信息科学和技术的未来发展。DoE必须与NSF、NIST、DoD,甚至NASA合作,通过对量子和AMO科学的投资,在DoE国家实验室内部和外部确定最能解决的基本物理问题及其应用。例如,要建造功能强大的量子系统,并利用其解决重要的科学和技术问题,需要大型设施科研团队间紧密合作,共同解决材料和各类技术挑战,同时希望小团队追踪量子信息科学中的基本问题研究。

表 8.1 AMO 科学的资助历史(2008—2018 年)

(单位:百万美元)

年份/年	DoD				DoE[③]	NIST[④]	NSP[⑤]	DoD/DoE/NIST/NSF		
	AFOSR[①]	ARO	DARPA[②]	ONR				共计花费	平减指数[⑥]	财政年度2018年
2008	4.00	8.55	9.6	1.55	14.70	76.86	22.15	137.41	0.854	160.86
2009	4.00	11.29	17.68	3.9	20.10	79.78	22.25	159.01	0.861	184.75
2010	4.00	7.03	11.44	2.2	20.10	79.46	23.55	147.78	0.871	169.73
2011	4.00	9.29	57.58	2.12	21.60	80.74	23.07	198.39	0.889	223.2
2012	10.00	8.51	29.2	2.19	20.10	83.32	23.02	176.33	0.906	194.64
2013	10.00	9.74	33.92	2.73	20.10	85.07	21.01	182.56	0.922	198.05
2014	10.00	13.04	11.65	3.96	21.00	86.34	21.08	167.08	0.939	177.89
2015	10.00	12.05	8.32	3.08	20.40	87.73	22.19	163.76	0.949	172.51
2016	10.00	9.62	23.4	2.75	21.60	87.81	22.17	177.35	0.960	184.8
2017	10.00	10.11	2.85	2.92	21.90	88.96	22.63	159.37	0.978	162.97
2018	10.00	11.05	7.27	3.45	23.40	90.82	22.54	168.54	1.000	168.54

注:①AFOSR 只提到了两个主要项目的资助情况:原子与分子物理项目,每年约 400 万美元;以及始于 2012 年的超短脉冲激光与物质相互作用项目,每年约 600 万美元。AFOSR 和 ONR 都没有对 MURI 项目进行资助,其中一些 AMO 项目由 ARO 资助。

②DARPA 2008 年的数据是根据其服务推测的下限,并非由 DARPA 提供。注意,DARPA 项目并不是一般的 AMO 通用(或核心)资金项目,而是一些创新性项目。

③DoE 没有提供确切数字,这些数字是通过他们提供的条形图粗略估计的,并按照他们的指示乘以一个 97% 系数。

④NIST 的数据根据 AMO2010 推断得出,2005 年为 7000 万美元,并根据 Minneapolis 联邦储备银行公布的当年 CPI 通货膨胀率进行了调整。

⑤不包括 Plasma 或 QIS 计划。

⑥根据 St. Louis 联邦储备银行公布的利率计算。

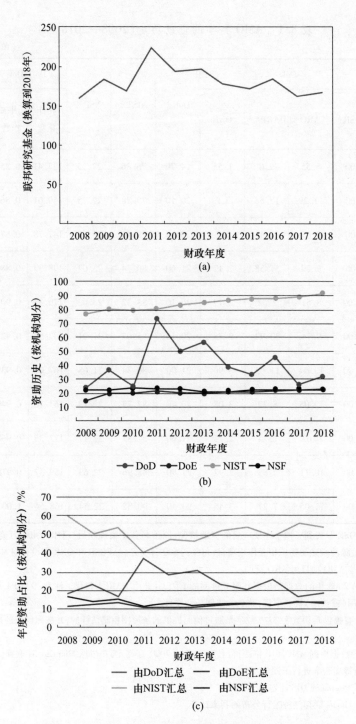

图 8.1 （见彩图）AMO 相关研究资金的年度变化趋势

(a)表 8.1 列出的各机构资助总额；(b)各机构年度资助值；(c)各机构年度资助占比。

另一个比较担忧的问题,是职业生涯早期的 AMO 科学家,现在门槛越来越高。随着 AMO 实验项目的初期成本不断增加,规模较小的学院或大学在聘请 AMO 科学家担任助理教授的成本也越来越高,其中一个可能的原因是完成越来越复杂精密的实验,许多定制化设备的累积成本导致启动成本的激增。一个可能的解决方案是,为这种自研设备的 NSF 仪器研制项目提供新的资金资助模式。鉴于初期实验室建设成本是一个大的门槛,对在 AMO 实验室接受教育培训的学生的广度和多样性有负面影响,这已确实成为国家迫切需要解决的问题(见 8.2 节)。我们试图了解资金如何分配给职业生涯早期、中期、晚期的研究人员,但目前仍无法持续获取此类数据。编委会了解到,杰出科学家在早期学术生涯,6% 的奖项由 NSF-AMO 资助,这是过去 10 年的平均水平。根据美国物理学会(APS,见 8.2 节)收集的当前成员数据,原子、分子和光物理分部(division of atomic molecular and optical physics,DAMOP)的成员中 47% 是学生。虽然 NSF 的基金只资助最优秀的新入职教师,而且并非所有 DAMOP 学生都会进入学术圈,但这些资助与该领域年轻人数量相比,仍然是很小的比例。这就说明,需要向早期职业学者提供更多的资金支持。当然,我们也意识到,在早期学术资金资助与 DAMOP 的早期职业成员之间,没有很强的数据相关性,需要另外进行一项单独的研究,来确定初入此行的学者的最佳资助水平。

支持 AMO 学者早期职业生涯的一种可行方式是提供优秀博士后奖学金,并允许在机构间转移。这种奖学金可以在博士后找到固定职位之前进行资助,并可作为许多较小机构无法承担的启动资金。

8.1.2 AMO 科学的跨机构跨行业合作

AMO 研究是一项国际性的科研行动,在欧洲、亚洲、澳洲的国家中,皆对 AMO 科学进行了大量投资。AMO 科学也是一个多学科领域,第 6 章和第 7 章已介绍了与其他领域及行业的紧密联系。因此,通过国际合作,以及在美国各个联邦资助机构、州一级资助机构、工业界、教育界,以及公众的支持下,继续深入扩大合作,显得尤为重要。

在美国,AMO 研究主要由几个联邦机构资助,是多个工业领域的重要组成部分,从制造业到金融服务业,AMO 培训的科学家几乎遍布所有类型的商业企业,现在已发展到"后续行动":AMO 领域主动向其他行业了解劳动力需求,便于更好地培训学生,以满足社会需求。AMO 与其他行业之间的密切合作对于技术转让和产品开发至关重要,同时可以加强对基础科学的支持。加强不同联邦资助机构之间,以及机构与行业之间的伙伴关系,可进一步巩固 AMO 与其他行业之间联系,并提高基于 AMO 培训与技术的即时社会效应。

在联邦机构内部,有对跨学科研究活动的支持,如 NSF-AMO 项目与 NSF 的近十几个其他项目共同资助研究。在美国国防部(DoD)的各机构内部和各机构之间,也有重要的跨学科与跨项目资金资助。然而,跨不同机构的资金联合资助情况,存在着更大的挑战性,其中 NSF、DoD、DoE 两两共同资助的项目有一些,但其实并不多,不是一种普遍现象或不是有意而为之,而更可能是一种碰巧。前几章已提到,当跨机构联合资助情况出现时,各方皆会受益。

8.1.3 AMO 研究成果的产业化

在第 7 章,我们讨论了 AMO 经宣传形成了广泛的社会影响力,从大学获得知识产权许可,经初创企业、研发(R&D)合作方式向产业链转移技术。电信行业是 AMO 应用的一个比较典型例子,该行业需大幅降低光纤损耗,提高激光器功率和频率稳定性,提升光电探测器的灵敏度,然后在全球范围内利用这些 AMO 技术提升效率和经济价值。更高的集成度意味着更低的成本,以及更高的容量("摩尔定律"),基于Ⅲ-Ⅴ族半导体的集成光子学技术,在互联网连接需求的推动下迅速发展成为一个 5 亿~10 亿美元的产业。同时,硅光子学领域于 20 世纪 80 年代和 90 年代由研究人员提出,通过制备亚微米硅-绝缘体光学结构,研制无源器件(波导、分路器、光纤耦合器),以及有源器件(调制器和探测器),应用于数据收发芯片甚至片上实验系统等领域。负责为数据中心和高性能计算机部署互联网络的数据通信行业,密切跟踪 AMO 研究进展,在 21 世纪初,初创公司开始出现,迅速将相应研究成果商业化。

这个高商业容量、高可靠性、低成本的数据通信光子电路领域,已成形为价值 10 亿美元的行业,其增长速度可能比电信行业快得多,学术界与工业界密切互动,但由于关注点不同,方法不一致,也带来了互为紧张的关系。

(1)随着光电子技术的发展,规模越来越大,基础组件的可靠性也越来越重要。在学术论文与学术会议中,一般强调的是实验室最好的结果,但在工业领域,产品能力的公开报道通常采取较为保守的策略。工业界已经掌握如何在基底上构建更可靠的产品,学术界应该向工业界学习。

(2)目前工业界用于设计大规模光子电路的软件与硬件工具,是从 CMOS 工业软件改编而来的,功能强大且技术先进。20 年来,电气工程师相关学院一直在教学生使用这些工具,但很少听说有 AMO 物理学院在教授相关课程。

(3)同样,将科学实验转化为技术成果,需要对产品的设计、集成、包装、可靠性有深刻的认识。这些技能一般不在 AMO 实验室中教授,因此工业界必须进行大量在职培训,以便新的年轻学者跟上时代。现在一些优秀的学术中心已考虑到相关培训,如工程和物理科学研究委员会正在资助 Bristol 大学的量子工程中心进行博士培训活动,旨在为研究生提供现代制造技术方面的教育,以加速这一新领域的产品开发。在美国,NSF 已启动了相关研究培训计划,旨在履行类似的职能。

弥补当前美国工业需求与大学生教育之间的错位,使学生掌握合适的工业方法和工业工具,应该是美国大学能够胜任的。

8.1.4 AMO 科学的国际化

有很好的证据表明(2018 年 NSB 科学与工程指数),与世界其他地区相比,美国的研发投资逐年下降(图 8.2)。虽然这并不是 AMO 的具体支持数据,但我们可以预测 AMO 科学也应该遵循类似趋势。事实证明,收集每个国家 AMO 科学的具体资助数据非常困难,但有趣的是,我们看到世界范围内对 AMO 科学的投资增长速度都比美国快。为制定美国的发展战略,编委会收集了世界上其他地区的 AMO 发展情况。特别值得一提的是,欧洲通过研究与技术开发框架和量子旗舰计划,以及大规模的研究和创新倡议,欧洲对 AMO 科学和技术进行了大量投资。除了欧盟成员国项目,欧洲还拥有网络资助机制,通过该机制,来自不同国家的各个资助组织可以协调推动量子信息科学的研究。美国可以学习其先进经验,多元资助方法可以满足不断增加的资金需求。我们认为,要保持竞争力并有效利用现有资源,需要美国各机构之间加强合作,不仅彼此间合作,还包括国际间合作。

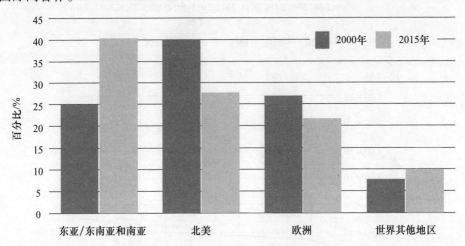

图 8.2 按地区划分的全球研发经费支出

注:东亚/南亚包括:中国、日本、韩国、新加坡、马来西亚、泰国、印度尼西亚、菲律宾、越南、印度、巴基斯坦、尼泊尔和斯里兰卡(资料来源:2018 年科学与工程指数——研发绩效的跨国对比第 4 章)。

编委会使用同行评审期刊上的出版论文,作为衡量各国 AMO 研究体量的重要指标,虽然知道出版物的质量可能有所不同,但出版物的总数应该可以作为衡量 AMO 研究参与度的合理标准。在出版物的绝对数量上,中国和美国领先于所有其他国家,如图8.3(a)所示。然而,如果按每个国家的人口对出版物总数进行平均时,人均数量德国处于领先地位,如图8.3(b)所示。另外,图8.3(c)也给出了单位国内生产总值(GDP)出版物的类似分析。

利用过去10年出版论文变化趋势作为本领域研究体量的指数,可以发现,与所有其他领先国家相比,来自中国研究机构科研人员的出版物数量大幅增长。除了中国和俄罗斯联邦,其他地区人均出版物或人均GDP出版物在过去10年呈下降趋势。值得注意的是,欧盟的几个成员国包括德国、法国、意大利和英国是AMO科学人均出版物数量最多的前十国家,相关数据如图8.4所示。

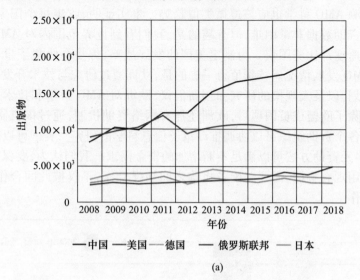

(a)

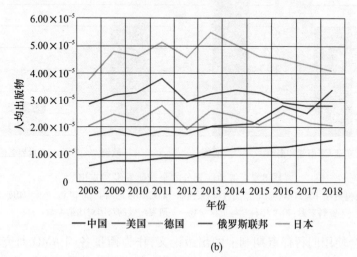

(b)

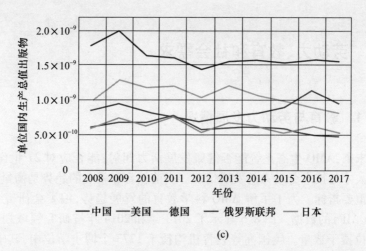

(c)

图 8.3 （见彩图）(a) 原子、分子和光学相关研究在同行评审的期刊上发表数量最多的前 5 个国家；(b) 这 5 个国家人均出版物数量情况；(c) 这 5 个国家单位 GDP 出版物数量情况，其中 GDP 根据购买力进行了修正，俄罗斯联邦的巨大差异与俄罗斯金融危机（2014—2017年）有关

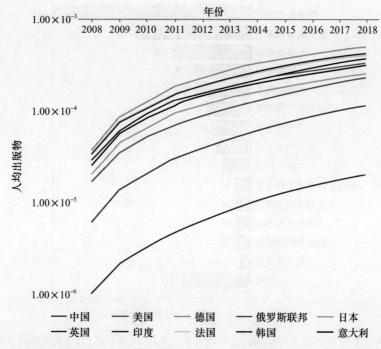

图 8.4 （见彩图）同行评议期刊上原子、分子和光学相关研究的人均出版物排名前十国家（为突出差异性以对数坐标显示）

8.2 劳动力、教育和社会需求

8.2.1 教育与劳动力发展情况

展望未来,AMO 生态系统能否健康发展活力四射,能否应对 21 世纪挑战,最终取决于人才与技术劳动力的发展情况。当前教育和就业的趋势是衡量未来劳动力的一个重要指标。为了了解 AMO 科学教育的发展趋势,编委会研究了美国物理联合会(AIP)的数据。图 8.5 显示了 2013 年和 2014 年按研究领域划分的物理学博士学位授予数量。美国高等教育机构授予 1773 个博士学位中,其中 99 个是原子和分子物理学博士(5.6%),79 个是光学和光子学博士(4.5%),总计 178 人,在物理学分支领域中并列第三。2002—2015 年,物理学博士的数量增长了 68%,而 AMO 博士的数量仅增长了 52%。图 8.6 显示了 2002—2015 年美国各机构授予的物理学博士学位数量,以及 AMO 的博士学位总数。

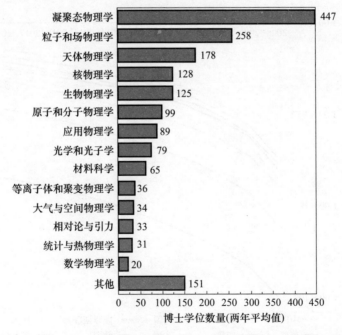

图 8.5　2013 年和 2014 年美国机构授予的博士学位总数(资料来源:美国物理联合会提供)

为了评估是否错失了扩大劳动力参与的机会,编委会以女性和少数族裔学生的教育趋势为例进行了研究。在后面人口统计部分,我们将更深入探讨这个话题。

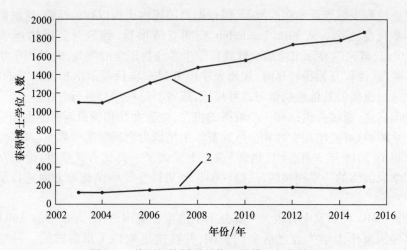

图 8.6　美国机构授予的物理学博士学位数量

注：曲线 1 显示授予的所有物理博士学位；曲线 2 显示 AMO，以及光学和光子学学位。自 2015 年以来，美国物理联合会改变了这些类别的定义方式，因此我们无法获得近期数据及变化趋势。（资料来源：美国物理联合会提供）

图 8.7 显示了美国获得科学、技术、工程和数学（STEM）学位的女性比例的变化趋势。编委会注意到，在美国，女性现在获得的学士学位几乎占所有学士学位的 60%（见 NCES 2019-038），但在所有学士学位中，女性只占物理学专业的 20% 左右，这个数字在过去 10 年中基本保持不变（见美国物理联合会 AIP 关于物理学和天文学领域女性的报告，2019）。

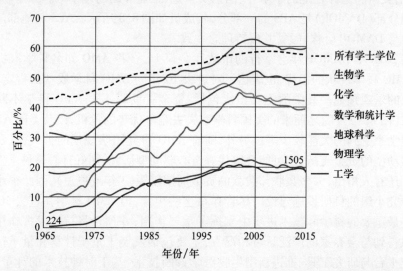

图 8.7　（见彩图）1965—2015 年美国女性获得科学、技术、工程和数学学士学位情况（资料来源：综合高等教育数据系统和美国物理学会提供）

没能找到少数族裔学生的数据,但根据美国国内机构以往的经验,这些群体的物理学参与度更小。从 Fisk Vanderbilt 长期支持项目,到最近美国物理学会的 Bridge 项目,越来越显示出增加少数族裔学生参与物理学的曙光,尤其当学生们仍在本科阶段,课程开始得较早时,加州大学的 Bridge 项目显示出非常积极的成果。我们在这里也提倡其他机构学习这种模式,或者与这些项目进行合作。

总而言之,通过提供这样一个难得的机会,克服女性和少数族裔学生面临的一些系统性障碍,可能增加女性和少数族裔学生培训为物理学家的数量。Blue、Traxler 和 Cid 在 2018 年 3 月《今日物理》杂志上发表了一篇优秀文章,讨论了女性成为物理学家面临的一系列挑战,从隐性偏见到男性主导的文化等方面进行了详细分析。

美国 AMO 科学家中有很大一部分不是出生在美国,一些有才华的 AMO 科学家从其他国家作为学生或之后来到美国,并在这里取得了卓越成绩。一些从事 AMO 科学研究的最杰出的美国公民出生在美国境外,NSF"科学与工程指标"报告显示,外国出生的科学家占"物理学"博士学位的大约一半。有趣的是,与这个数字相比,似乎知识移民对 AMO 科学的贡献率不成比例。

吸引和留住优秀的外国科学家,对美国 AMO 科学的持续健康发展至关重要,因此必须保持并改善非美国出生科学家能够为美国科学事业做出贡献的机制,并确保美国仍然像以往一样,成为从事 AMO 研究受欢迎的地方。

作为本报告数据收集工作的一部分,编委会还分别在美国物理学会(APS)和美国光学学会(OSA)的年会期间举行了两次市政厅会议。APS 有超过 55000 名会员,包括美国和世界各地的学术界、国家实验室、工业界的物理学家。原子、分子和光物理分部(DAMOP)是 APS 的一部分,其成员如图 8.8 所示。APS 其他部门越来越多地与 DAMOP 合作联系,并保持理念一致。

在 2018 年 DAMOP 年会举行的市政厅会议上,一些 AMO 知名科学家提出他们对 AMO 科学现状的担忧,也表达了对过去 10 年间 AMO 科学成就的肯定,以及对未来的乐观预期。其中的主要担忧包括:资金资助跟不上 AMO 科学不断发展的需求(图 8.1)及随之而来的美国科学家失去竞争优势的危机,以及美国 AMO 理论物理学家受到的关注较少等。另外,随着 AMO 研究团队规模的扩大,以及更多项目驱动型的资金支持,这可能会取代好奇心驱动型研究,而好奇心是科学发现的源泉。还有人指出,大多数联邦拨款的资金周期较短(3 年或更短),因此很难持续加强研究小组的科研设施建设。尽管存在这些担忧,但 AMO 科学在过去 10 年间在一些最重要的科学和技术进步中发挥了重要作用,并预计将持续发挥作用。一些成果得到与会专家的广泛认可和祝贺,主要包括发展了量子计算和量子信息科学研究平台与研究工具、推进新型生物医学诊断技术、基于时钟技术的计量学、引力波探测技术、合成新形态的物质、以前所未有的高强高速观察光与物质相互作用等。

图8.8 (见彩图)美国物理学会(APS)会员人数统计,原子、分子和光物理分部(DAMOP)成员相对APS总数的比例,以及女性成员的比例。蓝色曲线显示了APS的总成员数,对应于左轴,其余曲线显示女性成员相对于总成员的比例(红色)、DAMOP科学家相对于所有成员的比例(绿色)和DAMOP女性成员的比例(紫色),对应于图的右轴(资料来源:APS数据)

从劳动力培训行业得到一个重要反馈,国内对接受过AMO培训的学生需求量在不断增加,尤其在集成光子学、量子信息科学技术等快速发展的领域。这种劳动力需求增长很容易理解,他们在学习期间拥有实验室AMO相关经验,AMO培训与行业需求极为匹配。因此,行业在积极寻找有足够AMO知识储备的、受过培训的本科生和硕士生,尤其具有AMO实验室学习经历的人。实验室经验表现为教科书之外的知识技能,在实验室里,仪器的复杂性充分表现出来,不可控因素很多,实验时刻受环境噪声的影响。为满足社会需求,AMO教育领域可改进当前课程设置,为学生提供更多的创新性实验培训。

针对AMO专业学生进行培训,所需的实验室资源更多,超出其他专业。技术劳动力中一个被低估但很重要的岗位是熟练的技术员,在实验室拥有所谓"金手"的熟练技术人员,可以不完全通过正规教育,获得极高的生产效率,是工业界、学术界、国家实验室和科学家的重要基本资源。合格技术人员的技能很容易从学术界转移到工业界,也很容易从工业界转移到学术界。

许多有才华的技术人员完成了一些相关的社区大学课程、理工培训,或者在某些情况下完成军事技术认证培训。这些培训不仅为在职科学家提供了重要的帮手,还为潜在的新科学家提供了一条较低门槛的进入途径,使那些技术工人不通过传统的4年制大学课程,仅接受实践培训逐步进入科学职业生涯。资助一些不那么传统的学术途径,对技术人才的发展是一项巨大的帮助。德国学徒制模式是一个不需要 4 年大学学位就可以培训高技能技术人员的例子。美国艺术科学院于 2017 年发布了一项研究(J. Brown 和 M. Kurzweil,《替代高等教育证书和途径的复杂经验体系》),探讨了一系列 4 年制学位课程的替代方案。

如上所述,业界明确表示,AMO 科学作为美国高科技行业发展的工具,成绩令人振奋。然而,目前却很难找到在 AMO 科学的分析和实验方法方面皆受过适当技能培训的员工,这在一定程度上也意味着训练有素的物理学家很容易找到工作。为满足社会对具备这方面专业知识人才的不断需求,显而易见,寻找新的潜在劳动力是努力的第一步,编委会研究了目前 AMO 科学的真正从业者,以确定哪里是突破口。从数据来看,美国人口中 AMO 科学家占比过低,可能是部分原因。

8.2.2 AMO 科学从业者:人口统计

编委会已意识到劳动力多样化的重要性,为充分激发各类为 AMO 工作做贡献的科技人员的潜力,编委会调查了女性和少数族裔参与 AMO 科学的程度,以及潜在的或其他可能阻碍更多参与度的障碍,调查依据主要来源于美国物理学会(APS)的成员统计数据。美国物理学会(APS)向编委会提供了过去十年的成员数据,总结如表 8.2 所列。

表 8.2 美国物理学会成员统计数据

年份/年	总人数	女性成员人数①	DAMOP 成员数	女性 DAMOP 成员数②
2008	46269	无法获取	2837	257
2009	47189	无法获取	2885	257
2010	47947	4573	3023	302
2011	48263	4996	3052	327
2012	50055	5521	3156	354
2013	49653	5524	3072	347
2014	50578	6562	3096	361
2015	51523	7466	3051	359
2016	53096	8313	3114	382
2017	54029	8207	3235	404
2018	55368	9093	3303	427
2019	55160	9704	3185	420

注:①每年大约有 10% 的 APS 成员不报告性别信息。
②每年大约有 5% 的 APS-AMO 成员不报告性别信息。

图 8.8 显示了 2008—2018 年每年 DAMOP 的 APS 会员数据,编委会注意到,2018 年约 55000 名 APS 会员中,3300 人是 DAMOP 会员,约占 6%,DAMOP 会员人数增长速度与 APS 会员总数增速大致相同。DAMOP 并不涵盖所有与 AMO 相关的科学家,其中一些人可能认为自己是某个非 AMO 成员,会认可是:化学物理部、激光科学部、集束物理学部、新量子信息部、精密测量与基本常数小组、少体系统组等。同样,AMO 系统中有许多其他成员不属于 DAMOP。因此,DAMOP 的统计数据可能被低估,应该达到目前 AMO 科学家的两倍。但由于我们只能获得 DAMOP 的数据,因此仅从这些数据中提取一些统计趋势。

注意到,在 2018 年,DAMOP 成员中女性约占 13%,学生约占 47%。学生代表着未来潜在的劳动力,而女性所占的百分比具有重要意义,更多女性参与有助于避免劳动力不足的问题。

APS 数据中有一个引人注目的统计数据,历史上女性在 APS 中会士研究员的比例明显偏低。如前所述,尽管 2018 年女性占 DAMOP 成员的 13%,但 APS - DAMOP 成员中仅 1.4% 女性是研究员。作为对比,男性占 DAMOP 成员的 81%,APS - DAMOP 成员中 17.5% 的男性是研究员。换句话说,11% 的女性成员当选为会士,而男性当选会士比例为 22%,意味着男性是女性的两倍。虽然 APS 的会士选举通常是科研人员职业生涯的中后期,因此这一趋势可能是一项滞后的指标。近年来,尽管在积极努力地提名女性研究人员,情况却并无改善。这是女性在成为 AMO 科学家方面取得完全平等的参与度方面面临的众多障碍的其中一个指标(在物理学的各个子领域中,这种情况普遍存在)。美国国家科学、工程和医学院在 2018 年的一个共识性研究报告中《对女性的性骚扰:文化氛围对学术科学、工程与医学的重要性》,强调了 STEM 领域女性面临的一些问题,该报告审查了学术科学、工程和医学领域对女性的性骚扰,并得出结论:性骚扰的累积效应损害了研究的完整性,并导致 STEM 学术领域人才流失。该报告向学术机构和联邦政府提出建议,希望解决严重影响妇女参与所有 STEM 学术领域的性骚扰这一普遍问题。

了解历史上少数族裔和种族的参与程度尤其不容易,人数少,数据也很少,因此必须谨慎使用统计方法。在缺乏 AMO 特定数据的情况下,编委会使用 STEM 受教育趋势作为 AMO 科学的替代数据。美国学生在 STEM 领域获得博士学位情况如图 8.9 所示。

美国科学院研究生 STEM 教育报告显示,2015 年美国原住民和阿拉斯加原住民学生共获得 5 个物理学博士学位,黑人或非洲裔美国学生获得 18 个,西班牙裔和拉丁裔学生获得了 44 个,总计 67 个,而这一年共授予了 1840 个物理学博士学位,相当于 2015 年授予少数族裔物理学博士学位仅占 $67/1840 = 3.6\%$,与 AIP 收集到的数据基本一致(尽管不完全相同),如图 8.10 所示。

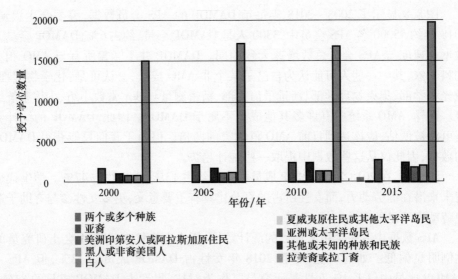

图 8.9 （见彩图）按照种族与民族划分的美国各机构在所有科学、技术、工程和医学（STEM）领域授予学生的博士学位数量。编委会从该报告中单独注意到，在所有授予的 STEM 博士学位中，2000 年和 2015 年分别有 4.3% 和 4.1% 是物理学博士学位。（资料来源：摘自美国科学院研究生 STEM 教育报告的图 2-4）

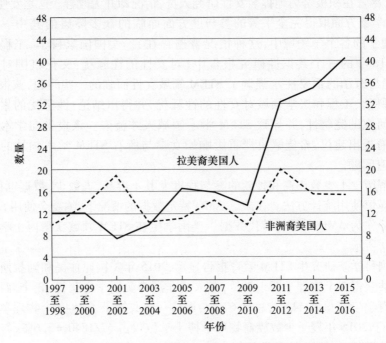

图 8.10 1997—2016 年，授予拉美裔美国人和非洲裔美国人的物理学博士学位情况（以两年平均数表示）

可以推测,AMO人数与物理学总人数上的变化趋势不会有太大区别。美国非白人占总人口数40%以上,以上学位授予数据确实令人担忧,但从积极的方面考虑,是不是也意味着物理学和相应的AMO科学在未来有较大可挖掘的人才库。

毫无疑问,AMO科学有机会扩大人才库,增加少数族裔群体的参与度,但该领域目前总体上似乎增长缓慢。从表8.2中数据可以看出,在过去10年间,被确认为专业从事AMO的科学家数量有所增加,但其增长率与APS成员的总体增长率大致相同。注意,两者年度对比变化可能较大,但长期趋势一致。人数不断增长意味着AMO科学仍有吸引力,也意味着资金资助在同步增长。

8.2.3 全球化视角看美国劳动力的发展与竞争力

传统的AMO学习侧重于物理学课程,然而量子技术的发展需要跨学科跨行业合作,所以必须扩大AMO的知识体系。美国和欧洲已有一些成功的培训资金模式,如美国国立卫生研究院(NIH)-K99和欧洲研究委员会(ERC)的拨款项目,可以帮助早期职业生涯的科研人员。为了使美国保持全球竞争力,需要探索更多的资金资助模式。在设计资助模式时,要确保研究水平与美国物理学术界标准的教学期望相一致。其他AMO资助机构也应该建立类似的资助形式,支持AMO理论学家和实验学家向教师职位转变。

AMO理论学家在过去数量相对不足,但随着近年来持续不断地资助交叉领域,现在有更多的理论学家在AMO领域工作。然而,专门接受过AMO系统学习的理论学家仍是少数,目前多数仍是在AMO交叉点解决问题的凝聚态理论学家,这与欧洲情况大相径庭,可能是世界其他地区在AMO领域迅速超越美国的原因之一。

尽管AMO劳动力的总体增长令人高兴,但对受过更多技术培训的AMO劳动力需求仍然很大。在最近的美国国家科学院研究报告中,对更普遍的技术培训劳动力需求问题进行了非常详细的调查,在评估AMO科学需求时,可以参考这些研究报告。美国国家科学院与专业协会开展的一系列研究,在这场日益高涨的风暴背后,有先见之明地推动着美国熟练技术劳动力的发展。以下5份报告与本研究密切相关。

(1)美国科学院、工程院和医学院:2018年,面向21世纪的STEM研究生教育,国家科学院出版社。该报告为培养具备广泛技术素养和深度专业化的学生提供指导,通过美国研究生教育体系获得核心技能。

(2)美国科学院、工程院和医学院:2017年,构建美国熟练的技术劳动力,国家科学院出版社。

(3)美国科学院、工程院和医学院:2016年,制定国家STEM劳动力战略:研讨会总结,国家科学院出版社。

(4)美国科学院、工程院和医学院:2016年,扩大少数族裔参与:美国科技人才正处于十字路口,国家科学院出版社。本报告论证了代表人口统计特征的劳动力的重要性,以及美国日益多样化的劳动力重要性。提出一些建议,针对教育的前期准备、可获取性、教育动机、教育支持和可负担性等方面,通过教育缩小少数族裔与特权群体之间的差距。

(5)美国科学院、工程院和医学院:2019年,少数族裔服务机构:美国可用于增加STEM劳动力的未充分利用之资源,国家科学院出版社。该报告指出,美国需要在未来十年内增加100万接受STEM培训的劳动力。随着美国人口中非白人比例越来越多,成百上千万有色人种的年轻人在STEM中的代表性仍然严重不足。该报告将少数族裔服务机构确定为国家资源,应加以利用,以强化STEM劳动力队伍并使其多样化。

在本报告中没有重复这些研究,但必须指出,这些报告都给出一致预警,美国劳动力的技术教育和培训无法满足日益增长的技术经济的预期需求。如果与以上报告有一些不同结论的话,就是AMO的需求量甚至更大,因为它与行业和应用有最直接的联系。

8.3 发现与建议:充分发挥AMO科学的潜力

编委会在本章结论中强调以下一些研究结果。

发现:根据AMO基金资助趋势分析表明,尽管过去10年美国AMO科学家人数在增长,但是基金资助经通货膨胀修正后几乎无增加。

建议:至关重要的一点,美国政府需要继续资助好奇心驱动下的原子、分子和光学科学创新,使人们能够自由探索各种科学思想和方法。

发现:随着AMO实验室项目成本越来越高,对研究人员的早期研究资助越来越重要。

建议:联邦政府应成立种子基金和多种灵活的研究基金资助模式,支持原子、分子和光学理论学家和实验学家研究及拿到固定职位。

发现:美国的AMO理论职位数量一直很低(AMO某些子领域的职位数量低到危险程度)。AMO理论是AMO科学的重要组成部分,理论可为这样一个充满活力激动人心领域做出应有贡献。

建议:一个充满活力的理论计划需要资金资助,如灵活的奖学金计划等,以及需要持续不断地教育和聘用AMO理论物理学家。

发现:女性参与AMO科学的比例低得惊人,在教育、职业发展机会及产出方面与白人男性存在巨大差距。阻碍女性更广泛参与的系统性障碍包括对这些群体的社会和制度偏见,这些偏见往往是无意的,但很有杀伤力,导致女性在职业生涯的各个阶段人数不断减少。工作场所的文化规则和实际行动对女性群体非常不友好。

建议：联邦资助机构应制定强有力的措施机制，确保在创造包容性工作环境方面的高标准严要求，资助机构也应制定一系列激励性措施。

发现：少数族裔的数据很少，但从现有数据来看，很明显参与比例也非常低。编委会曾要求联邦基金和专业协会提供少数族裔数据，但由于涉及人数非常少，可获取的信息也非常少。如果没有高质量的人口统计数据，某些群体的代表性仍然靠猜测。我们所知道的是，美国社会广泛参与 AMO 科学和所有 STEM 领域的巨大机会正在被浪费，在 AMO 中，少数族裔科学家比例明显低于普通民众比例，这清楚表明那些受益于 AMO 教育和资助的人口并没有反映出美国人口结构，这对整个领域来说是一个机会的损失。

建议：整个 AMO 科学机构应该找出更多方法，充分利用这个不断增长的少数族裔人才库。

8.4　小结

本书前几章描述了 AMO 科学取得的激动人心成果，这些成绩怎么强调都不为过。在 AMO 科学领域，美国的总体参与度很高，持续进行了几十年的资金投入。为了进一步抓住未来发展新机遇，美国需要继续采取一致性行动，保持在该领域的卓越地位。AMO 作为物理学的分支学科，对社会发展有深刻影响，对知识和技术发展也有非常大的影响力。

尽管 AMO 科学会继续强化研究与创新，但很明显，教育、劳动力发展和职业机会并没有公平地照顾到学会的每个成员。和 STEM 的许多其他领域一样，AMO 科学研究中女性和少数族裔的数量非常少。对于女性和少数族裔来说，存在着明显的不平等和各种障碍，存在性骚扰、缺乏榜样，以及许多其他社会学因素，这是科学文化规范、潜意识或有意识偏见的结果，这些偏见微妙而公开地贬低那些"不属于"主流文化群体的人。这些有害的社会影响导致不公平的结果，损害了 AMO 领域试图提供的善意机会和支持。要构造一个更具包容性的学科，充分利用日益多样化的美国社会力量，仍有大量的工作要做。AMO 领域将通过解决这些问题，并抓住机会把女性和少数族裔作为潜在的国家人才库，从中发掘人才，从而使美国变得更加强大。最后再提一点，美国对 AMO 科学的持续投资正获得丰厚回报，它仍然是一个充满活力的、激动人心的领域，不仅在基础领域开展探索性研究，还催生出许多新技术，是发明创新的源泉，对人才、社会和经济发展产生了重大影响。

附录 A
任务说明

编委会负责编写这份关于原 AMO 科学现状与未来方向的综合报告。编委会在报告中应包括以下内容。

(1) 从整体上回顾 AMO 科学领域,总结最近取得的成就,并确定新的机会和需要关注的科学问题。

(2) 通过 AMO 科学中普适性案例研究,描述 AMO 科学对其他科学领域的影响,确定从事该领域研究的机会与挑战,并鉴于其跨学科特性提出应对未来挑战的建议。

(3) 确定 AMO 科学目前或近期对新兴技术和满足国家需求的影响。

(4) 与国际上正在进行的类似研究进行对比,评估美国 AMO 研究资助的最新趋势,并提出建议,以确保美国在 AMO 科学某些子领域的领导地位(如适用),或者确保加强此类研究支持的合作与协调(如适用)。

(5) 确定 AMO 科学未来在劳动力、社会和教育方面的需求。

(6) 就美国科研实体如何充分发挥 AMO 科学研究潜力提出建议。

在履行职责时,编委会可能也需要考虑 AMO 研究圈子的状态、国际合作模式、体制机制障碍等问题。

附录 B
报告的组织结构

发给本书编委会的任务说明见附录 A。

本报告内容与具体任务密切相关。前 3 项任务涉及评估 AMO 科学的最新发展,并确定未来十年的科学机遇,涉及本报告第 2~7 章的大部分内容。

后 3 项任务旨在评估 AMO 研究的资金与美国领导力、教育与劳动力培训,以及更广泛的社会影响,是本报告最后一章的主题。

附录 C
往年美国科学院关于 AMO 科学的报告回顾

自 1994 年以来,美国科学院、工程院和医学院编制了 5 份相关报告,分别对 AMO 科学的各个方面进行了调研研究,包括:1994 年十年规划研究报告《原子、分子和光学:未来投资》;2002 年的补充报告《原子、分子和光学:AMO 科学的未来预期》;2007 年又一个十年研究报告《控制量子世界:原子、分子和光子学》;2013 年的报告《光学与光子学:美国必不可少的技术》;2018 年的相关报告《超强超快激光的新机遇:追求最亮的光》。在本附录中,本报告编委会评估了以上这些报告的影响以及对相关报告的建议进行了回应。为了强调本报告的历史属性,编委会还对美国科学院《原子、分子和光物理》(1986 年)报告进行了评述。

1.《原子、分子和光学:未来投资》(1994 年)

在 1994 年《原子、分子和光学:未来投资》的研究报告中,为 AMO 科学在不久的将来确立了 3 个优先事项,这些建议的关键点如下。

(1)确保本领域的健康多样性发展,保持核心研究实力,并增强 AMO 科学对国家需求的响应能力。

(2)研究原子、分子、带电粒子和光操控等有发展前景的新技术。

(3)研究新的或改进型激光器与其他先进光源。

显然,在过去 25 年间,AMO 领域基于激光技术取得了快速发展,出现了一批新兴技术,如激光频率梳、阿秒科学、覆盖红外至极紫外的相干光源等。激光技术的进步对 AMO 科学所有领域都产生了深远影响,这些内容已经反映在本报告中。原子、分子、带电粒子和光的操控是 AMO 领域的核心内容,研究人员已经实现了单个粒子的控制,这绝对是革命性的里程碑节点。目前,AMO 领域已经超越了单粒子操控的范畴,事实上正在进入一个全新阶段,可以将这些单独操控的粒子摆放在一起,实现量子信息科学的新实验平台,这些成果很大程度上归功于 20 世纪 90 年代中期的 AMO 科学布局和投资。

1994 年的报告对 AMO 科学未来也有一些具体的评论。事实上,当时预见的一些科学技术发展趋势已实现。

其他一些预测和趋势分析比较模糊,或未发生,或未实现。具体如下。

(1)联邦资金从国防机构移走后,并未导致 AMO 基础研究受到严重侵蚀。国防部对基础科学和 AMO 支持力度仍很强劲,这对美国的 AMO 科学至关重要。

(2)工业和联邦资助的实验室重组或减少,可能对美国 AMO 科学项目造成不利影响。从 20 世纪 90 年代开始,致力于 AMO 研究的大型工业界实验室已基本消失。

在这份 25 年前的报告中,提出的一些问题仍会引起当今共鸣,需要继续解决,具体如下:

(1)在资金有限情况下,鉴于倾向性支持新型研究领域,这对 AMO 科学核心工作的支持力度受到负面影响。

(2)许多年轻科学家仍然无法找到永久职位。

(3)相对于其他国家,尤其相比欧洲国家及中国,美国 AMO 项目在逐渐失去优势。

1994 年报告中的一些建议现在仍具借鉴意义,具体如下。

(1)专家小组建议,通过建立形式多样的资助结构,保持本领域在基础研究和战略研究方面的均衡参与。

(2)专家小组建议,一些领域有益于 AMO 科学发展,并可能进一步受益于 AMO 科学的发展,所以在传统上与 AMO 领域无密切关联的领域和机构,应建立与 AMO 更密切的联系,如与健康领域、交通运输领域、环境领域等应加强合作。进一步加强 AMO 领域的响应能力和价值,平时关注这些领域进展的学术和政府机构,应参与到 AMO 科学的资助。

(3)专家小组建议,联邦机构应加强对单个研究人员和小型科研团体的支持,并依靠绩效评估进行探索性、战略性、目标导向性的基础研究。

2.《原子、分子和光学:AMO 科学的未来预期》(2002 年)

2002 年,出版了《原子、分子和光学:AMO 科学的未来预期》,更新了上述 1994 年出版的 10 年规划文件。本次更新的主要目的是:①总结 AMO 最新发现与整个社会技术应用之间的联系;②聚焦最新研究进展,强调 AMO 将在塑造科学发现与技术发明版图方面发挥的重要作用。本次更新仅出版了一本简短小册子,没有额外的调查结论或建议。期间,值得一提的科学亮点是,1995 年实现的玻色-爱因斯坦凝聚体。

3.《控制量子世界:原子、分子和光子学》(2007 年)

2007 年,AMO 科学完成了又一个十年期的全面研究报告——《控制量子世界:原子、分子和光子学》。报告指出,要将 AMO 与国家优先发展事项(如 2006 年总统国情咨文和 2007 财政预算中概述的优先事项)联系起来,要将 AMO 与未来的关键词(如"相干性"和"控制"等)联系起来。该报告有相当多的建议对今天的报告仍有借鉴意义,具体如下。

(1)联邦政府应认识到科学仪器在研究预算中的高昂成本,并制订相应资助计划。

(2)资助机构应重新审视理论研究的资助比例,确保在劳动力和资助强度方面适度均衡。

(3)联邦政府应制定激励措施,鼓励更多的美国学生,尤其是女性和少数族裔的学生,学习物理学并从事该领域的工作。联邦政府应继续吸引国外留学生学习物理,并大力鼓励他们留在美国从事科学事业。

报告中的其他重点建议可能已得到解决,但解决程度尚不清楚。

(1)鉴于物理学对国家经济实力、医疗保健、国防、国内安全等方面的重要性,联邦政府应着手大幅增加投资,提升各层级物理学和数学教育,并努力推进科学研究,取得成效。

(2)AMO科学将会继续在众多科学与技术领域做出杰出贡献。因此,联邦政府应支持AMO科学的跨学科跨机构合作及项目支持。

(3)基础研究是国防战略的重要组成部分。因此,国防部应扭转最近下属机构对基础研究资助的下降趋势。

该报告(2007年)还提出了与本报告相关联的一系列重大技术挑战,具体如下。

(1)控制超快激光和超冷原子相干性的技术融合带来了精密测量革命。

(2)在相干量子气体发展之后,超冷AMO物理对凝聚态科学和等离子体物理基本问题的潜在贡献。

(3)由于X射线自由电子激光器等新的高强度和短波长光源发展,导致AMO科学、凝聚态物理、材料、化学、医学和国防相关科学取得了进展。

(4)超快光源的出现,使分子内原子运动成像和相干控制取得了革命性进展。

(5)分子和光子科学中对单原子的量子结构操控,具有广泛的社会应用前景。

(6)量子计算的多种方法及其在数据安全和加密方面的潜在应用。

这份报告反响强烈,令人鼓舞。另外,上述重大挑战中至少有两项在后续报告中得到继续推进:一项是关于光学与光子学的未来(2013年);另一项是关于高强度光源(2018年)。

4.《光学与光子学:美国必不可少的技术》(2013年)

在《光学与光子学:美国必不可少的技术》(2013年)报告中,光学与光子学已被证实为经济增长的关键技术领域。该报告旨在:①帮助决策者和领导人制定美国经济发展的行动方针;②为光学与光电子技术及其应用的未来发展提供富有远见的指导与支持;③确保美国在这些领域发挥领导作用。本报告中提出了一些超出本报告范围的针对具体领域的建议;然而,第一条重点建议是相关的,即编委会建议联邦政府在光子学领域制定一项综合倡议(与国家纳米技术倡议类似),旨在将学术界、工业界、政府研究人员、政府管理人员,以及政府决策者聚集起来,探讨一项更为综合的方法,来管理工业界和政府在光电子研发支出与相关投资。

这项重点建议最终形成了当前的国家光子倡议(NPI),如其网站所述,NPI已成为"工业界、学术界和政府之间的合作联盟,旨在提高人们对光子学的认识,推进光的应用,提升国家竞争力和国家安全,针对至关重要的5个关键光子学驱动的领域,推动美国重点资金投入和项目资助"。与之前的国家纳米技术倡议一样,NPI也成为其他科学倡议仿效的模式,如国家量子倡议等。

5.《超强超快激光的新机遇:追求最亮的光》(2018年)

在《超强超快激光的新机遇:追求最亮的光》(2018年)报告中,成立了编委会,评估了超强超快激光的价值,同时评估了相关技术能够为美国带来的科技进步的价值和程度。本报告的基本概念来自原子、分子和光学科学委员会,这是美国科学院的一个常设机构,在物理学和天文学委员会的领导下开展活动。撰写该报告的动机有以下3个。

(1)总结超快高功率激光器及其基础技术的最新进展。

(2)欧洲近10年的激光网络建设情况,包括Laserlab-Europe、Photonics 21和Horizon 2020等项目,采纳了2002年SAUUL报告中向美国机构提出的相关建议。

(3)启动极端光学基础设施项目的第一阶段建设,在欧洲的几个关键地点建设数个拍瓦(千兆瓦)级的光源基础设施。

本报告提出了许多有用的针对本具体领域的建议,国家科学基金会和能源部在内的各联邦机构正在积极采纳这些建议。

6.《原子、分子和光物理》(1986年)

1986年,由Daniel Kleppner主持的《原子、分子和光物理》研究报告,是美国科学院首次将AMO科学明确纳入十年期的调查规划。该研究报告确定了AMO物理学中最有希望的几个研究方向,并提出几个总体建议,以及对许多子领域进行了具体评论。特别关注编委会提出的与本报告相关的几个总体建议,具体如下。

(1)继续为实验和理论研究提供基础支持。

(2)希望机构提出方案,解决理论学家缺乏的问题,可以通过创建研究中心、研讨会、暑期学校等形式,让学生与理论学家在不同时间段一起工作。

附录 D
编委会成员履历

JUN YE(叶军):联合主席,目前是 JILA 的研究员、国家标准技术研究院(NIST)研究员、科罗拉多大学博尔德分校(University of Colorado Boulder)物理学兼职教授。在 JILA,叶军博士从事光与物质相互作用的前沿研究,包括精密测量、量子物理、超冷物质、光学频率计量学和超快科学等。叶军博士是美国科学院院士,曾获多项奖项和荣誉,包括:N. Ramsey 奖、I. I. Rabi 奖、美国总统级(杰出)奖、美国商务部 4 项金牌荣誉、中国科学院外籍院士、澳大利亚科学院 Frew 院士、欧洲频率和时间论坛奖,以及美国光学学会颁发的 Carl Zeiss 研究奖、William F. Meggers 奖和 Adolph Lomb 奖、Arthur S. Flemming 奖、科学家和工程师总统早期职业奖、Alexander von Humboldt 基金会的 Friedrich Wilhem Bessel 奖、Samuel Wesley Stratton 奖、NIST 的 Jacob Rabinow 奖等。叶军于 1997 年在科罗拉多大学获得物理学博士学位。他是美国科学院原子、分子和光学科学委员会(CAMOS)的院士。

Nergis Mavalvala:联合主席,麻省理工学院(MIT)的 Curtis 和 Kathleen Marble 天体物理学教授。Mavalvala 博士致力于引力波探测和量子测量科学。她是 2016 年宣布由激光干涉引力波天文台(LIGO)首次直接探测黑洞碰撞引力波的科学团队的长期成员。为了使 LIGO 探测器实现更高的灵敏度,Mavalvala 博士进行了开创性的实验研究,研究了奇异光量子态的产生和应用,以及激光冷却囚禁宏观颗粒以观察量子现象,而以前这些量子现象通常只能在原子尺度显现出来。Mavalvala 获得 Wellesley 学院的学士学位、麻省理工学院的博士学位。她曾是加州理工学院的博士后和研究科学家,于 2002 年加入麻省理工学院物理系。2015 年 2 月担任 MIT 物理系副主任。Mavalvala 博士获得了多项荣誉,包括 2010 年的麦克阿瑟"天才"奖,2017 年当选为美国科学院院士。

Raymond G. Beausoleil:惠普实验室信息与量子系统 HPE 高级研究员。Beausoleil 博士领导了惠普实验室的大规模集成光子学研究小组,负责研究微米/纳米尺度光学在高性能经典与量子信息处理中的应用。Beausoleil 博士的研究兴趣包括固态激光物理、非线性光学、量子光学、量子信息科学与技术、纳米光子学、嵌入式计算机算法和图像处理等。他在斯坦福大学获得物理学博士学位。

Patricia M. Dehmer:能源部(DoE)科学办公室(SC)前科学项目副主任、基础能源科学办公室(BES)前主任。作为副主任,Dehmer博士是SC的高级职业科学官员,最近一次从2013年到2015年的3年时间内是参议院确认的总统任命的代理主任。作为BES工程的负责人,她持续支持物理科学研究以及广泛参与10多个重大科学建设项目的规划、设计和施工等,因此而闻名,这些项目的总投资额超过30亿美元。此前,Dehmer博士是阿贡国家实验室的杰出研究员,从事原子、分子、光学和化学物理方面的研究。自2016年退休以后,她一直担任管理顾问,并在各类董事会、科学咨询委员会和专业协会委员会提供服务。在联邦机构工作期间,Dehmer博士获得了3项总统级奖项,并于2016年获得了美国能源部最高的James R. Schlesinger奖,以表彰她对SC在物理科学领域投资管理和对美国能源部大科学建设项目管理的杰出贡献。她是美国物理学会(APS)和美国科学促进协会的研究员。Dehmer在芝加哥大学获得化学物理博士学位。她曾担任原子、分子和光物理科学委员会(CAMOS)的副主席。

Louis Dimauro:俄亥俄州立大学(ohio state university, OSU)的Edward E.和Sylvia Hagenlocker物理系主任。在2007年加入OSU之前,DiMauro博士是布鲁克海文国家实验室的高级科学家。DiMauro博士的研究兴趣是超快和强场物理实验研究。他目前的工作重点是阿秒X射线脉冲的产生、测量和应用,以及强场物理的基本标度率研究。DiMauro于1975年在纽约市立大学Hunter学院获得学士学位;1980年在康涅狄格大学获得博士学位。在1981年加入美国AT&T贝尔实验室之前,他在纽约州立大学石溪分校从事博士后研究。

Mette Gaarde:路易斯安那州立大学Les和Dot Broussard Alumni物理学教授。Gaarde博士是原子、分子和固态系统中超快强场激光物质相互作用领域的理论专家。特别地,她的研究兴趣聚焦于微观(量子)效应和宏观(经典)效应之间的相互作用。Gaarde博士最近任职于原子、分子和光物理科学委员会(CAMOS)、美国物理学会(APS)下属的原子、分子和光物理部(DAMOP)执行委员会,担任APS全国组织委员会物理女大学生会议的主席。Gaarde在丹麦哥本哈根大学获得物理学硕士和博士学位,在加入路易斯安那州立大学之前,她是瑞典Lund大学的研究助理教授。

Steven Girvin:耶鲁大学Eugene Higgins物理学和应用物理学教授。Girvin博士是一位理论物理学家,他研究超导体、磁体和晶体管中大量原子、分子和电子的量子力学特性。Girvin博士对量子多体物理及无序系统量子经典相变感兴趣。他的大部分工作集中于量子霍尔效应,但他也研究超导-绝缘体相变、高温超导体中的vortex玻璃相变、分形气凝胶中的超流氦、安德森局部化问题、介观器件物理中的库仑阻塞问题以及量子自旋链等。Girvin博士是美国科学院院士。他于1977年获得普林斯顿大学博士学位。

Chris H. Greene:普渡大学物理学教授。在此之前,Greene博士工作于路易斯安那州立大学和科罗拉多大学博尔德分校。他的研究集中于理论原子、分子和光物理。Greene 博士专长于少体量子系统的新颖处理,如普适性 Efimov 物理、超长程"trilobite"里德堡分子、玻色-爱因斯坦凝聚体中的碰撞、原子/分子碰撞、光吸收过程等。他曾担任科罗拉多大学 JILA 主席。Greene 于 1980 年获得芝加哥大学理论原子物理博士学位,1981 年是斯坦福大学博士后研究助理。

Taekjip Ha:约翰·霍普金斯大学 Bloomberg 生物物理和生物物理化学特聘教授,也是 Howard Hughes 医学研究所的研究员。Ha 博士聚焦于利用突破单分子探测极限的方法,研究复杂的生物系统。他的团队开发了最先进的生物物理技术,并将其应用于研究各种蛋白质核酸和蛋白质-蛋白质复合物,以及体外和体内这些系统的机械扰动及反应。Ha 博士是美国科学院院士。他于 1990 年在首尔国立大学获得理学学士学位,1996 年在加州大学伯克利分校获得物理学博士学位。

Mark Kasevich:斯坦福大学应用物理学教授。在此之前,Kasevich 博士工作于耶鲁大学。他的研究兴趣集中于开发基于冷原子的旋转和加速度量子传感器(量子计量),并使用这些传感器验证广义相对论、研究玻色凝聚体中的多体量子效应(包括量子模拟)、研究超快激光诱导的现象等。1985 年 Kasevich 在达特茅斯学院获得物理学学士学位,1992 年在斯坦福大学获得应用物理学博士学位。

Michal Lipson:哥伦比亚大学 Eugene Higgins 电气工程学教授和应用物理学教授。在此之前,Lipson 博士是康奈尔大学的工程学基础教授。她的研究兴趣是硅光子学、GHz 硅调制器的发明、新型片上纳米光子器件、用于光操纵的新型微米级光子器件等。2014 年,汤森路透社(Thomson Reuters)评选 Lipson 博士为物理学领域被高引的 1% 研究者。她在 Technion(以色列理工学院)获得物理学学士、硕士和博士学位。在 2001 年之前,她一直在麻省理工学院材料科学系从事博士后研究。

Mikhail Lukin:哈佛大学物理学教授,也是哈佛-麻省理工超冷原子中心的联合主任。Lukin 博士的研究兴趣包括量子光学、原子和纳米级固态系统的量子控制、量子计量学、纳米光子学、量子信息科学等。与他人合作发表论文 300 多篇,曾获得了多个项奖,包括 Alfred P. Sloan 奖学金、David 和 Lucile Packard 科学与工程奖学金、美国国家科学基金会职业奖、美国光学学会 Adolph Lomb 奖、AAAS Newcomb Cleveland 奖、APS 的 I. I. Rabi 奖、Vannevar Bush 学院奖学金、Julius Springer 应用物理学奖、Willis E. Lamb 激光科学和量子光学奖等。Lukin 博士是美国科学院院士。他于 1998 年在得克萨斯农工大学获得博士学位。

A. Marjatta Lyyra:天普大学物理学教授。在此之前,Lyyra 博士是爱荷华大学的研究科学家。她的研究领域是原子、分子和光物理的实验研究,重点是高分辨光谱学、量子光学、化学动力学等,使用 Autler-Townes 劈裂的"缀饰态"工具操纵分子动力学。她是美国物理学会研究员和美国光学学会研究员。Lyyra 于 1972 年和 1974 年在芬兰赫尔辛基大学获得学士与硕士学位,于 1979 年在瑞典斯德哥尔摩大学获得博士学位。

213

Peter J. Reynolds：美国陆军研究办公室（ARO）高级研究科学家，也是北卡罗来纳州立大学物理学兼职教授。作为军队的科学顾问，帮助制定研究方向，尤其物理学领域的研究方向，并寻求新兴资助领域。在此之前，他先担任原子与分子物理方向的项目经理，后担任 ARO 的物理主管。Reynolds 博士于 1988—2003 年在海军研究办公室负责原子和分子物理项目。1980—1988 年，他是劳伦斯伯克利实验室的科学家。他的专业背景是统计力学中的计算物理和理论物理方法，尤其擅长经典与量子系统的重整化群理论和蒙特卡罗方法。在 2015 年，他作为杰出的资深科学家获得了美国总统级奖项，并长期担任美国物理学会研究员。Reynolds 于 1979 年获得麻省理工学院凝聚态理论物理博士学位，1971 年获得加州大学伯克利分校物理学学士学位。

Marianna Safronova：特拉华大学物理学教授，NIST 和马里兰大学联合量子研究所的兼职研究员。Safronova 博士目前是美国物理学会 DAMOP 的主席，也是《Physical Review A》编委会（2012—2018 年）成员。她多样化的研究兴趣包括：研究基本对称性、标准模型之外的基本粒子基本相互作用的物理探索，开发用于计算原子性质和探索其应用的高精度方法，原子钟、超冷原子、量子信息学等，以及长程相互作用，超重原子，高电荷离子，原子阴离子等领域。Safronova 于 2001 年获得圣母大学博士学位。

Peter Zoller：奥地利因斯布鲁克大学物理学教授，奥地利科学院量子光学与量子信息研究所的科学主任。Zoller 博士的兴趣和专长是理论量子光学领域，特别是描述光与物质相互作用，以及量子噪声等各个方面。在过去的十年间，他的工作重点一直是量子光学与量子信息之间的交叉领域，以及冷原子的凝聚态物理研究。Zoller 博士是美国科学院院士。他在因斯布鲁克大学获得物理学博士学位。

附录 E
数据征集

1. 从联邦机构征集数据

9个联邦机构(空军科学研究办公室、陆军研究办公室、国防部高级研究计划局(DARPA)、能源部、高级智能研究计划、国家航空航天局、国家标准技术研究院(NIST)、国家科学基金会、海军研究办公室)资助了 AMO 研究,被请求回答以下问题。

(1)资金问题。

为了了解联邦资金对 AMO 研究的影响,AMO 2020 编委会正在寻求以下问题的答案。

①在过去10年,贵机构每年用于 AMO 研究的绝对经费是多少?

②在过去10年,每年的经费分配情况如何?

上述问题旨在了解过去10年 AMO 科学的资金投入是否充足。如果相关项目主管能够汇总各机构所有项目的 AMO 支出,我们将不胜感激。

③在过去10年,每年授予多少奖项,统计获奖者从博士毕业后到获奖需要多长时间,可以分为3个时间跨度:博士毕业后5年、博士毕业后10年、博士毕业后10年以上。

这是为了了解早期职业科学家获得联邦基金资助的机会。这些问题向支持 AMO 研究的联邦资助机构提出。

(2)关于机构间合作的问题。

随着 AMO 研究越来越依赖多学科、跨学科合作,编委会希望了解资金如何在大规模研究工程与单个 PI 小组之间如何分配。为此,我们向资助机构提出以下问题。

①如果您的机构支持 AMO 大科学中心或大型团队的工作,那么相对于每年用于 AMO 的总预算,大科学中心每年获得的资助规模是多少?

②简要描述贵机构对包括 AMO 科学在内的跨学科活动的支持力度。

③简要描述工业界获得 AMO 奖项的比例,以及在过去10年中的变化。

2. 人口调查问卷

为了确保 AMO 科学能够为不同的从业者提供均等机会,编委会希望了解妇女和少数族裔群体的参与程度。为此,我们向资助或支持 AMO 研究的专业协会提出以下问题。

(1) 在过去 10 年,美国各机构每年授予的博士学位总数是多少?

(2) 在这些总数中,每年授予多少个 AMO 相关领域的博士学位?

(3) 在 AMO 相关领域授予的博士学位中,每年授予多少个女性及少数族裔群体博士学位?

这些数据将用于绘制一个曲线图,显示 AMO 相关博士学位与总物理学博士学位的数量随时间的变化情况,以及女性和少数族裔群体获得 AMO 相关博士学位的比例。

图 2.8　JILA 新型的三维光学晶格钟

(a)由三对激光束实现的三维光学晶格量子气体原子钟;(b)蓝色激光束用于激发位于桌子中间圆形窗口后面的锶原子云(锶原子被蓝光激发时会发出强的荧光)。

(资料来源:(a)由 JILA 和 Steven Burrows 提供;(b) NIST, "JILA's 3-D Quantum Gas Atomic Clock Offers New Dimensions in Measurement," News, October 5, 2017,由 G. E. Marti/JILA 提供)。

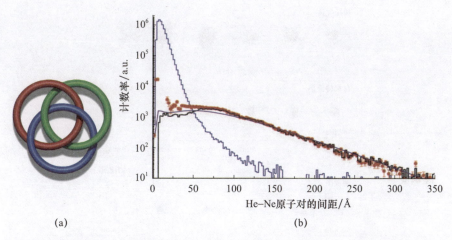

图 3.2　氦原子基态两原子间距(蓝色)和第一激发态三原子 Efimov 态(红色和黑色,Efimov 态的两种不同方法测量结果)原子间距的实验测量数据通过离子计数器一致性处理获得,现有激发态理论预测结果(紫色)。注意,三原子 Efimov 态中任意两个原子间的平均距离比单个束缚对的原子间距大两个数量级左右,这证实了这种普遍束缚机制的奇异量子力学性质

(资料来源:(a)摘自 Jim. Belk, "3D Borromean Rings. png," 2010 年 3 月 23 日,(b)摘自 M. Kunitski, S. Zeller, J. Voigts-berger, A. Kalinin, L. Ph. H. Schmidt, M. Schöffler, A. Czasch, WSchöl-lkopf, R. E. Grisenti, T. Jahnke, DöBlume, R. Dörner, Observation of the Efimov state of the helium trimer, Science348 (6234):551-555,经 AAAS 授权转载)。

彩插 1

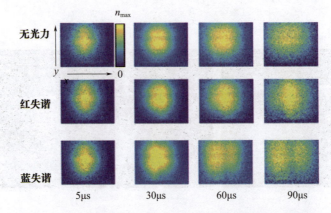

图 3.4　超冷中性等离子体中锶离子的激光诱导荧光图像

注：与自由演化相比（顶部），相对 Sr^+ 本跃迁（中间）红失谐的激光在冷却离子的同时阻碍了等离子体的膨胀。蓝失谐的激光则增强了膨胀（底部）。激光沿着 x 轴反传播（资料来源：改编自 T. K. Langin, G. M. Gorman, and T. C. Kil-lian, 中性等离子体中离子的激光冷却（Laser cooling of ions in a neutral plasma）, Science 363(6422): 61-64, 2019, doi: 10.1126/science.aat3158, 经 AAAS 许可转载）。

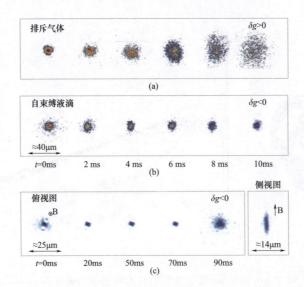

图 3.5　两种不同玻色子原子混合中自黏合的液滴密度，每种原子都具有内部排斥相互作用，但这种零程相互作用强度 g 可从排斥相互作用（$g<0$，图(a)）调谐为吸引相互作用（$g>0$，图(b)(c)）。当玻色-玻色混合物的平均场能量被调谐为排斥相互作用时，会产生气态相，液滴也会随着时间的增加而膨胀。具有磁偶极矩的原子（铒原子），偶极与偶极相互作用能够保证平均场能量在吸引相互作用区域，并且自黏合液滴的大小不随时间变化，但是因存在三体损耗过程，原子密度会逐渐衰减（资料来源：I Ferrier-Barbut, 超稀量子滴（ultra-dilute quantum droplets）, Physics Today 72(4): 46, 2019）。

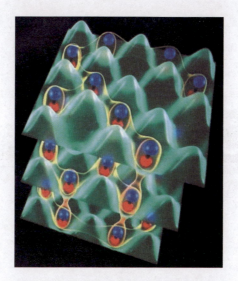

图 3.9　三维光学晶格中的超冷极性分子

注:当分子填满足够多的格点时,分子间长程电偶极-偶极相互作用非常强,足以实现每个分子与晶格中所有其他分子的有效耦合(资料来源:美国国家标准与技术研究院,宛如美人:JILA 的量子晶体现在更具价值(It's a Beauty:JILA's Quantum Crystal is Now More Valuable)News,November 5, 2015)。

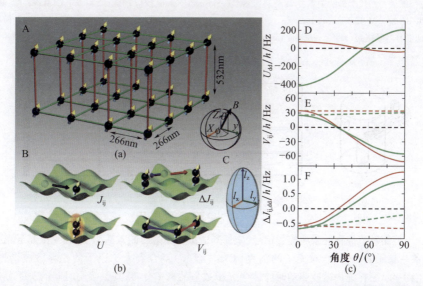

图 3.11　(a)(b)三维光晶体中的偶极原子,实现了 Bose-Hubbard 扩展模型;(c)隧穿(J)和相互作用项(U 和 V),包括离域项

(资料来源:S. Baier, M. J. Mark, D. Petter, K. Aikawa, L. Chomaz, Z. Cai, M. Baranov, P. Zoller, and F. Ferlaino,超冷磁性原子中扩展的 Bose-Hubbard 模型(Extended Bose-Hubbard models with ultracold magnetic atoms),Science 352(6282):201-205,2016,doi:10.1126/science.aac9812,经 AAAS 授权转载)。

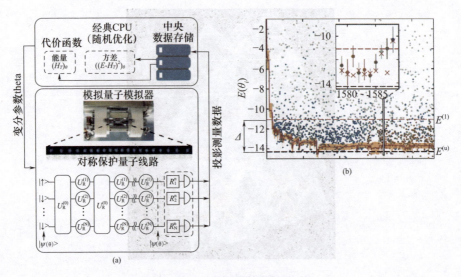

图 4.2 变分量子模拟

(a)量子-经典反馈回路示意图,量子态由参数(用 θ 表示)依赖的量子线路产生,它由纠缠相互作用(黄框)和单粒子旋转(蓝圈)组成。然后,投影测量结果被反馈给经典计算机,评估在参数向量 θ 上优化的成本函数。(b)当优化量子多体系统的能量时,在一个可编程的 20 量子比特离子阱量子模拟器上得到的优化轨迹(能量与迭代次数的关系)。(资料来源:经 Springer Nature 授权转载:C. Kokail, C. Maier, R. van Bijnen, T. Brydges, M. K. Joshi, P. Jurcevic, C. A. Muschik, P. Silvi, R. Blatt, C. F. Roos, and P. Zoller,格点模型的自验证变分量子模拟(Self-verifying variational quantum simulation of lattice models),Nature 569:355-360,2019,版权 2019)。

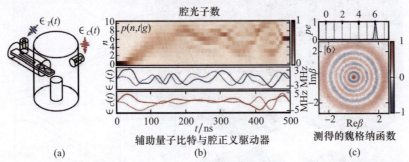

图 4.4 使用数值优化的微波控制信号,施加到谐振腔和附属的人造原子,在一个超导谐振腔中制备并验证了一个 $n=6$ 光子的福克(Fock)态(a)耦合到人工原子的超导微波谐振腔;(b)上图显示了在施加微波驱动时腔体中光子数量的概率分布,其振幅与时间的关系显示在下面两图;(c)上图:最终的光子数量分布;下图:测得的典型"牛眼"形状维格纳函数证实了系统最终在量子状态下正好有 6 个光子。(资料来源:R. W. Heeres, P. Reinhold, N. Ofek, L. Frunzio, L. Jiang, M. H. Devoret, and R. J. Schoelkopf,在谐振腔中编码的逻辑量子比特上实现通用门(Implementing a universal gate set on a logical qubit encoded in an oscillator),Nature Communications 8:94,2017,doi:10.1038/s41467017000451,知识共享开放获取)。

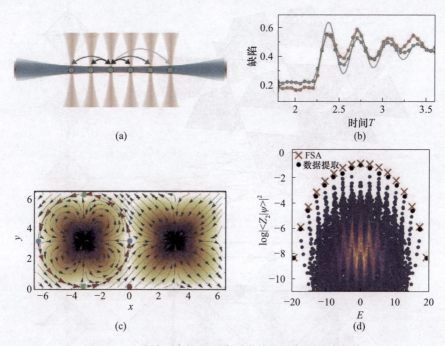

图4.6 一维被困中性原子阵列中的非平衡量子动力学

(a)实验装置的示意图,描述了原子之间通过里德堡激发态相互作用,每个原子的位置和内部状态都可以由外部激光器控制和操纵;(b)在一个最初制备成反铁磁构型的驱动系统中,实验观察到令人惊讶的长效振荡,图中显示了与反铁磁构型相关的缺陷密度与时间的关系,表明了序参量的周期性振荡;(c)动力学的理论分析,基于使用最小纠缠矩阵乘积态(由两个变量 x 和 y 来参数化)的变分原理,得出一个孤立的、周期性的轨道(红圈)的等效运动方程,这个轨道描述了非热化动力学,与其他通用初始条件下观察到的热化行为形成对比;(d)系统的光谱显示,存在一个特殊的本征态子集,与初始有序态有明显的高度重叠;这些状态产生了与复杂多体量子系统中稳定轨迹相关的多体瘢痕效应,该图显示了初始的、反铁磁有序态与系统的所有多体本征态之间的重叠与能量的函数关系。(资料来源:(a)(b)经 Springer Nature 许可转载:H. Bernien, S. Schwartz, A. Keesling, H. Levine, A. Omran, H. Pichler, S. Choi, A. S. Zibrov, M. Endres, M. Greiner, V. Vuletic. , and M. D. Lukin, 在51个原子的量子模拟器上探测多体动力学(Probing manybodydy namics on a 51 atom quantum simulator), Nature 551:579584, 2017, 版权 2017。(c) W. WeiHo, S. Choi, H. Pichler, and M. D. Lukin, 约束模型中的周期轨道、纠缠和量子多体疤痕:矩阵乘积态方法(Periodic orbits, entanglement, and quantum manybody scars in constrained models), Physical Review Letters122:040603,2019, 美国物理学会版权所有。(d)经 Springer Nature 许可转载:C. J. Turner, A. A. Michailidis, D. A. Abanin, M. Serbyn, and Z. Papic, 从量子多体伤痕处破坏的弱遍历性(Weak ergodicity breaking from quantum manybodey scars), Nature physics 14(7):745749,2018, 版权 2018)。

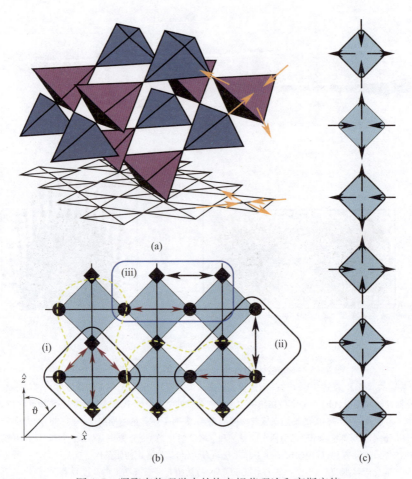

图 4.7 凝聚态物理学中的格点规范理论和高斯定律

(a)在自旋冰材料中,稀土离子的磁矩(黄色箭头)位于焦绿石晶格——一个共角四面体网格的角上。它们表现为几乎完美的伊辛自旋,并沿着从角到四面体中心的线指向内侧或外侧。由于自旋的不同伊辛轴,导致了一个有效的受挫反铁磁相互作用;(b)将三维焦绿石晶格投射到二维正方形晶格上会产生一个棋盘晶格,其中四面体被映射到交叉的方块上(浅蓝色)。位于・或◆格点上两个自旋之间的相互作用必须是阶梯状(作为距离的函数)和各向异性的,并且他们要求格点双向标记;(c)交叉块上的自旋简并基态构型。它们遵守"冰规则":在每个顶点强制要求两个自旋向内,两个自旋向外,令人联想到电动力学中的高斯定律(资料来源:Phys. Rev. X 4,041037,2014)。

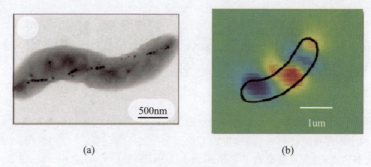

图 4.12　金刚石色心磁成像在生物学中的应用

(a)透射电子显微镜(TEM)对一个磁化细菌(MTB)的图像,磁小体链中的铁磁纳米颗粒显示为高电子密度的斑点;(b)金刚石芯片表面的一个 MTB 的金刚石色心磁成像,以亚细胞(400nm)的分辨率显示了磁小体产生的磁场模式。细胞轮廓(黑色)来自 MTB 的明场光学图像,一个群体中许多活的 MTB 的宽视场磁图像提供了新的生物信息,如某一 MTB 物种中单个细菌的磁矩分布(资料来源:改编自 D. Le Sage, K. Arai, D. R. Glenn, S. J. DeVience, L. M. Pham, L. RahnLee, M. D. Lukin, A. Yacoby, A. Komeili, and R. L. Walsworth,活细胞的光学磁成像(Optical magnetic imaging of living cells),Nature 496(7446):486489, 2013)。

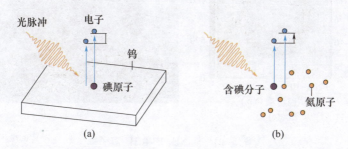

图 5.2　测量金属中光电效应的进行时序。通过与其他物质光电发射时间相关联,分两步测量钨表面的绝对光电发射时间。

(a)一个阿秒级的极紫外(XUV)脉冲(橙色)导致电子从钨表面以及沉积在表面的碘原子(蓝色箭头)中发射,作者测量两个电子之间的相对延迟(红色箭头);(b)与(a)相同,但是相对于从气体中含碘分子和氩原子中发射的电子,而来自氩原子的光电子的绝对发射时间可以被非常精确地计算出来,并作为参考(资料来源:M Ossiander, J Riemensberger, S Neppl, M Mittermair, M Schäffer, A Duensing, M S Wagner 等人的实验,光电效应的绝对时间,Nature 561:374 - 377,2018。图片经 Springer Nature 授权转载:T. Fennel,测定光对物质作用的时间(Timing the action of light on matter),Nature 561:314 - 315,2018,doi: 10.1038/d41586 - 018 - 06687 - 5,版权 2018)。

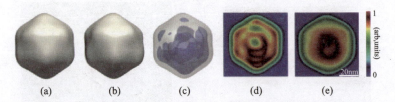

图 5.7　由数百万个病毒分子的 X 射线衍射图像重建而成的水稻矮化病毒图谱；(a),(b)病毒外部的两个不同视图；(c)~(e)病毒内部物质分布的不均匀性；(c)密度图；(d),(e)二维切片(资料来源：经许可转载自 R P Kurta,J J Donatelli,C H Yoon,P Berntsen,J Bielecki,B J Daurer H DeMirci 等,X 射线激光脉冲散射的相关性揭示了病毒的纳米级结构特征(Correlations in scattered Xray laser pulses reveal nanoscale structural features of viruses),Physics Review Letters 119:158102,2017,版权 2017 由美国物理学会所有)。

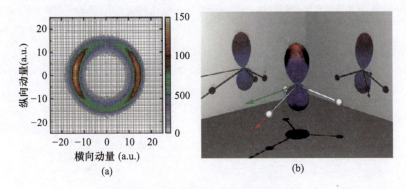

图 5.10　从 NH_3 产生 H^- 离子

(a)在 5.5eV 电子能量下测量的动量分布；(b)计算出的附着概率随分子架中入射电子方向的函数,绘制成一个面,其中棒状物表示 N—H 键,红色和绿色箭头表示相关的反冲轴,在参考文献中有进一步讨论(资料来源：经许可转载自 T. N. Rescigno, C. S. Trevisan, A. E. Orel, D. S. Slaughter, H. Adaniya, A. Belkacem, M. Weyland, A. Dorn, and C. W. McCurdy,游离电子附着于氨的动力学(Dynamics of dissociative electron attachment to ammonia),Physical Review A 93:052704,2017,版权 2017 归美国物理学会所有)。

图 5.11 （a）极强的 X 射线激光是如何从分子的碘端（右上）移除如此多的电子，以至于电子被从分子的另一端（左下）拉入，就像一个相当于黑洞的电磁场；（b）X 射线光子（蓝色）可以从碘原子上打掉多个电子。

注：来自甲基（CH_3）的电子将被吸引到分子中带正电的碘端（橙色箭头），在一定程度上补充了碘端缺失的电子。X 射线脉冲是如此之短，以至于分子没有时间解离，而且如此之强，以至于在脉冲结束之前，碘原子的电离和补充可以发生多次，从而导致一个高电荷的分子离子，分子中的碘和甲基端都缺少电子（资料来源：(a) 见 DESY，"X 射线脉冲创造'分子黑洞'（Xray Pulses Create 'Molecular Black Hole'）"，2017 年 6 月 1 日新闻，由 DESY/科学传播实验室提供。(b) 改编自 A. Rudenko, L. Inhester, K. Hanasaki, X. Li, S. J. Robatjazi, B. Erk, R. Boll 等人，多原子分子对超强硬 X 射线的飞秒响应（Femtosecond response of polyatomic molecules to ultraintense hard Xrays），Nature 546:129, 2017）。

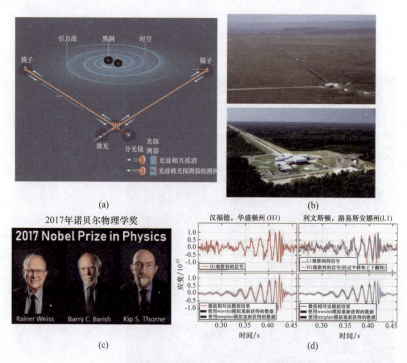

图 6.3 历史上首次探测到引力波

注：(从左上角顺时针方向)：通过检测激光干涉仪两臂中的光束干涉信号进行引力波探测；位于美国华盛顿和路易斯安那州的 LIGO 天文台鸟瞰图；LIGO 探测器在 2015 年 9 月 14 得到的第一个黑洞碰撞引力波信号；2017 年诺贝尔物理学奖授予 Rainer Weiss、Kip Thorne 和 Barry Barish，以表彰他们"对 LIGO 探测器和引力波观测所做出的决定性贡献"。LIGO 的成功可直接归功于 NSF 几十年的长期持续经费资助（资料来源（左上角顺时针方向）：© Johan Jarnestad/瑞典皇家科学院；加州理工学院/麻省理工学院/LIGO 实验室；诺贝尔奖媒体报道；Nergis Mavalvala/LIGO）。

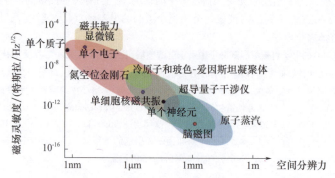

图 6.6 （见彩图）各类磁场测量方法所能达到的探测灵敏度与空间分辨力

注：图中各点分别显示了检测单个质子、单个电子、NMR 生物细胞、神经元，以及脑磁图（MEG）所需的磁场灵敏度和大体空间分辨力。众所周知，超导量子干涉仪（SQUID）是一直以来最灵敏的磁场测量手段，至今仍在大量使用。然而，基于 AMO 方法的磁力仪目前已在灵敏度和分辨力方面超越了 SQUID。当然，磁场传感器在实际应用中还暗含了与环境相关的各种要求，如需不需要冷却、杂散磁场怎么屏蔽、是否近零场运行等。图中 MRFM 为磁共振力显微镜，是原子力显微镜的一种（资料改编自：哈佛大学 Ron Walsworth）。

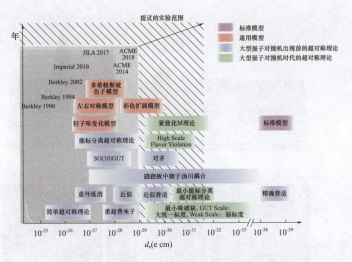

图 6.7 通过电子电偶极矩寻找新的基本粒子

注：图中横坐标为 EDM 的可能值，纵坐标为实验进行的时间（年）。灰色区域显示过去 30 年测量极限值的提升情况，彩色区域为各种粒子理论物理的预测范围。粒子理论中标准模型预测的值要比目前 ACME 实验值再精确约 9 个量级。然而，许多包含新粒子的新理论预测 EDM 值，恰在目前或下一步提议的实验范围内（阴影区域）。这里提示一句，由于大型强子对撞机（LHC）、直接暗物质探测、EDM 测量等实验中并没有检测到新粒子的存在，为了与这些实验结果保持一致，一些新理论对预测区域（有色区域）进行了修正（绿色区域）。基于 AMO 的 EDM 探测方法是为数不多的被认可的方法之一，它预期可在未来 10~20 年内发现质量超过 LHC 的新粒子（资料来源：耶鲁大学 David De Mille）。

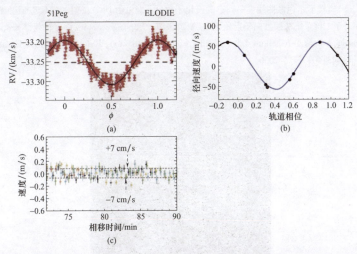

图 7.7 （a）Pegasus 51b 的原始数据，一颗轨道周期仅为 4.23 天的大质量行星运动导致母星以 50m/s 的径向速度振荡（资料来源：M Mayor，D Queloz，A Jupiter - mass companion to a solar - type star，Nature 378：355 - 359，1995）；（b）同样信号来源下，当前技术给出的误差明显减小；（c）残差显示 EXPRESS 光谱仪的径向速度精度为 7cm/s［资料来源：（a）D Naef，M Mayor，J L Beuzit，C Perrier，D Queloz，J P Sivan，S Udry，The ELODIE survey for northern extra - solar planets III. Three planetary candidates detected with ELODIE，Astronomy and Astrophysics 414（1）：351 - 359，2004.（b - c）Debra Fischer，Yale University］

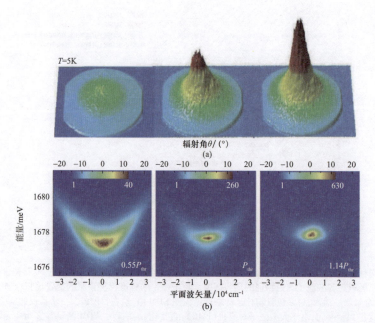

图7.10 温度为5K时二维量子阱中极化子的玻色-爱因斯坦凝聚(相变温度几十开)
(a)3种不同密度的极化子准平衡动量分布。动量矢量方向由光子的辐射角确定,凝聚态缓慢逃逸的光子通过反射率略小于1的分布式布拉格反射器(DBR)反射输出。注意,这与温度为100nK冷原子系统的观测结果非常相似。(b)直接显示色散曲线上不同点的极化子数量。能量由DBR反射的凝聚态辐射光子的频率决定。动量由相对于二维系统法线方向辐射角确定(资料来源:经Springer Nature许可转载,J Kasprzak,M Richard,S Kundermann,A Baas,P Jeambrun,J M J Keeling,F M Marchetti,et al, Bose - Einstein condensation of exciton polaritons,Nature 443:409 - 414,2006)。

图7.11 两组24个镜头的蜻蜓系统中400mm商用长焦镜头之一
(资料来源:Pieter van Dokkum 提供)。

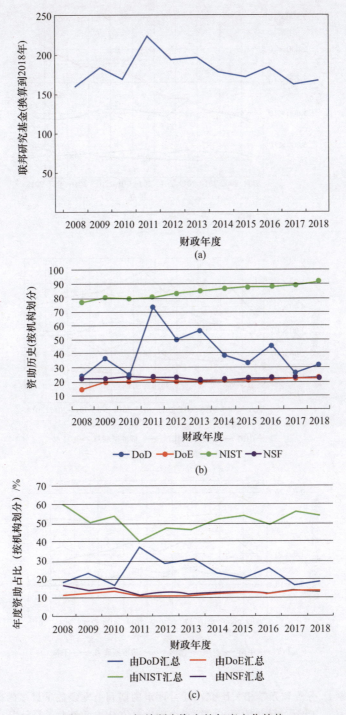

图8.1 AMO相关研究资金的年度变化趋势
(a)表8.1列出的各机构资助总额;(b)各机构年度资助值;(c)各机构年度资助占比。

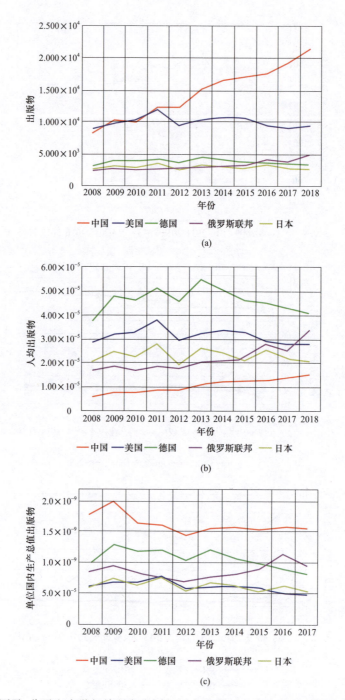

图 8.3 (a)原子、分子和光学相关研究在同行评审的期刊上发表数量最多的前 5 个国家；(b)这 5 个国家人均出版物数量情况；(c)这 5 个国家单位 GDP 出版物数量情况，其中 GDP 根据购买力进行了修正，俄罗斯联邦的巨大差异与俄罗斯金融危机(2014—2017 年)有关。

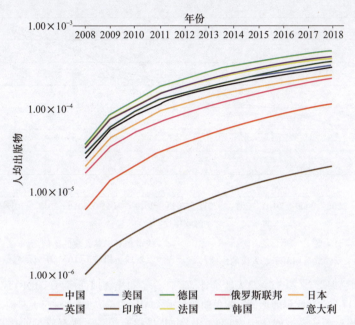

图 8.4 同行评议期刊上原子、分子和光学相关研究的人均出版物排名前十国家（为突出差异性以对数坐标显示）

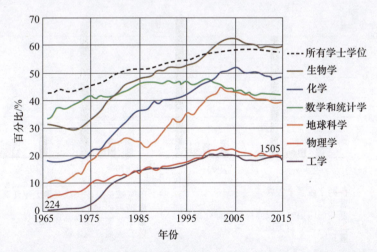

图 8.7 1965—2015 年美国女性获得科学、技术、工程和数学学士学位情况（资料来源：综合高等教育数据系统和美国物理学会提供）

图 8.8　美国物理学会(APS)会员人数统计,原子、分子和光物理分部(DAMOP)成员相对 APS 总数的比例,以及女性成员的比例。蓝色曲线显示了 APS 的总成员数,对应于左轴,其余曲线显示女性成员相对于总成员的比例(红色)、DAMOP 科学家相对于所有成员的比例(绿色)和 DAMOP 女性成员的比例(紫色),对应于图的右轴。(资料来源:APS 数据)

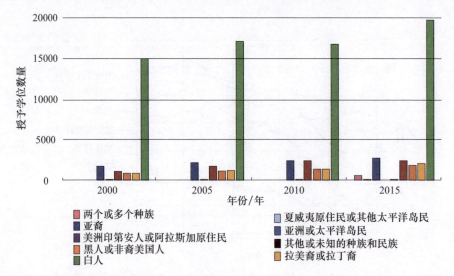

图 8.9　按照种族与民族划分的美国各机构在所有科学、技术、工程和医学(STEM)领域授予学生的博士学位数量。编委会从该报告中单独注意到,在所有授予的 STEM 博士学位中,2000 年和 2015 年分别有 4.3% 和 4.1% 是物理学博士学位。(资料来源:摘自美国科学院研究生 STEM 教育报告的图 2-4)